Atlas für Himmelsbeobachter

Mit 2 Schwarzweißfotos und einem Farbfoto vom Verfasser, 6 Schwarzweiß-Grafiken und 50 Sternkarten. Grafiken und Sternkarten: Rolf und Elke Köder und Gerhard Weiland nach Vorlagen des Verfassers.
Umschlaggestaltung: Atelier Reichert, Stuttgart, unter Verwendung einer Aufnahme des Verfassers sowie einer Aufnahme (Helix-Nebel) der Europäischen Südsternwarte ESO. Die Aufnahme zeigt den südwestlichen Teil des Sternbildes Sagittarius (Schütze) mit der hellsten Milchstraßenwolke. Norden ist links oben. Die kleinere Milchstraßenwolke am linken Bildrand ist M 24. Viele weitere Objekte lassen sich mit der Karte E 20 (Seite 91) identifizieren. Auch die Planeten Mars, Uranus und Neptun waren zum Aufnahmezeitpunkt (16. 4. 86) in diesem Gebiet. Auffallend ist nur der helle, rötliche Mars links unten.

Innendeckel: Das Schwertgehänge des Orion mit dem Orionnebel. Wer den Orionnebel in einer dunklen Nacht mit einem lichtstarken Fernrohr betrachtet, wird sich kaum daran sattsehen können. Hier wird Gas und Staub von ganz jungen Sternen beleuchtet, jünger als die Menschheit. Im Bild weiter oben leuchtet sehr schwach der Reflexionsnebel NGC 1973, während ganz oben die aufgelöste Sterngruppe NGC 1981 zu finden ist.

Die Deutsche Bibliothek - CIP Einheitsaufnahme

Karkoschka, Erich:
Atlas für Himmelsbeobachter : der Sternatlas zum Himmelsjahr ; mit 50 Sternkarten des gesamten Himmels ; Erläuterungen zum Gebrauch / Erich Karkoschka. [Sämtl. Grafiken u. Sternkt.: Rolf u. Elke Köder nach Vorlagen d. Verf.]. - Völlig neu bearb. Ausg. mit aktuellen Daten. - Stuttgart : Kosmos, 1997
ISBN 3-440-07488-9

3., völlig neu bearbeitete Auflage

ISBN 3-440-07488-9
Lektorat: Hermann-Michael Hahn
Herstellung: Siegfried Fischer
Printed in Czech Republic/Imprimé en République tchèque
Satz: G. Müller, Heilbronn
Druck und Bindung: Těšínská, Tiskárna, Český Těšín

Atlas für Himmelsbeobachter

Erläuterungen zum Gebrauch

Einleitung 5
Himmelsatlanten 5
Kataloge 6
Objektauswahl 7
Himmelskoordinaten 7
Präzession 8
Sternzeit 8
Anordnung der Sternkarten . 9
Richtungen am Himmel 10
Größenangaben, Maßstab ... 10
Bezeichnungen 11
Auflösungsvermögen 12
Adaption des Auges 13
Helligkeit 13
Farben 14
Leuchtkraft 16
Doppelsterne 16
Veränderliche Sterne 16
Nebel 17

Sternkarten mit Katalog

Katalogangaben 20
Nordpolumgebung NP ... 20
Nordhimmel N0–N24 22
Ekliptik, Äquator . E0–E24 48
Südhimmel S0–S24 98

Verzeichnisse

Hellste Sterne 116
Meteorströme 116
Mittel- und Extremwerte .. 117
Kalendarium 1998–2017 ... 118
Nebelnummern 120
Nebelnamen 121
Sternnamen 122
Sternbilder 124

Glossar 126

Übersichtskarte 130

Verzeichnis der Abbildungen und Tabellen

Sterne:	Namen	122
	Hellste Sterne ...	116
	Farben	15
	Veränderliche	17
	Sternbilder	124
	Übersichtskarte ..	130
Nebel:	Namen	121
	Nummern	120
	Typen	18
	Verteilung	19
	Sichtbarkeit	14
Mond und Planeten		118
Meteore		116

Helligkeiten:	Übersicht ..	8
	Skala	21
	Systeme ...	13
	Flächenhell.	14
Größen:	Übersicht ..	9
	Auflösung .	12
Maßstab: ..	Variation ..	10
	Skala	21
Entfernungen:	Übersicht ..	6
	Unsicherheit	7
Mittel- und Extremwerte ..		117
Julianisches Datum		118
Griechisches Alphabet		11

Erläuterungen zum Gebrauch

Einleitung

Wer war nicht schon beeindruckt von einem klaren Sternenhimmel fernab von störenden Lichtquellen? Richtet man dann mit einem Fernglas den Blick zur Milchstraße, so offenbaren sich einem eine Vielzahl von Sternen, Doppelsternen, Sternhaufen und Nebeln. Für den unerfahrenen Beobachter ist es nicht einfach, sich in diesem Gewimmel zurechtzufinden, aber dieser Atlas will es so einfach wie möglich machen. Der Einblick in das Universum bleibt damit nicht mehr geübten Himmelsbeobachtern vorbehalten.
Als zusätzliche Beobachtungshilfen seien noch eine drehbare Sternkarte und „Das Kosmos-Himmelsjahr“ empfohlen. Mit der drehbaren Sternkarte kann man sich am Himmel orientieren und die Sternbilder auffinden. „Das Kosmos-Himmelsjahr“ sorgt dafür, daß man die Stellungen der Planeten kennt und kein wichtiges Himmelsereignis versäumt. Machen wir uns damit auf in die nächtliche Natur und lassen wir uns zeigen, was das Universum uns zu bieten hat!

Himmelsatlanten

Die meisten Himmelsatlanten kann man nach ihrer Sternenzahl in zwei Gruppen einordnen: Die einen zeigen nur die mit freiem Auge sichtbaren Sterne. Da nur ein paar tausend Sterne mit freiem Auge sichtbar sind, kann man diesen Sternhimmel im übersichtlichen und handlichen Format unterbringen. Sie sind ideal für alle Beobachtungen mit freiem Auge. Die andere Gruppe von Atlanten zeigt die Sterne, die im Fernglas oder Fernrohr sichtbar sind.

Seite 4 oben: Das Sternbild Cygnus (Schwan) mitten in der nördlichen Milchstraße. Die Aufnahme läßt die unbegreifliche Sternenanzahl in unserer Milchstraße erahnen. Schweift man selbst mit einem Fernglas durch dieses Sternbild, so wird einem dies noch eindrucksvoller vor Augen geführt. In einer sehr dunklen Nacht kann man mit einem Fernglas nach dem Nordamerikanebel, Pelikannebel und Cirrusnebel Ausschau halten (vergleiche Sternkarte N 20, Seite 43). Sie sind keine leicht auffindbaren Objekte und sind auch auf dieser Aufnahme nicht einfach zu erkennen. Zur Orientierung: Deneb ist der helle Stern links. Albireo steht etwa auf gleicher Höhe nahe des rechten Bildrandes.

Seite 4 unten: Südliches Gebiet der Milchstraße in der Umgebung des Sternbildes Crux (Kreuz des Südens), von Europa aus leider nicht sichtbar. Neben den Magellanschen Wolken ist dieses Gebiet eine besondere Attraktion des Südhimmels. Direkt links unterhalb des Kreuzes liegt die auffällige Dunkelwolke des Kohlensacks, die im Fernglas interessante Strukturen zeigt. Umgeben von hellen Sternhaufen strahlt im rechten Bildteil der helle Eta Carinae Nebel. Der Stern Eta Carinae, der den Nebel zum Leuchten anregt, ist zur Zeit nicht mit freiem Auge sichtbar, obwohl er im 19. Jahrhundert 20 Jahre lang zweithellster Stern am Himmel war. Er ist Kandidat für die nächste nähere Supernova-Explosion. Vielleicht hat sich der ungeheure Lichtstrom der Explosion schon auf die etwa 6000 Jahre lange Reise zu uns begeben.

Erläuterungen

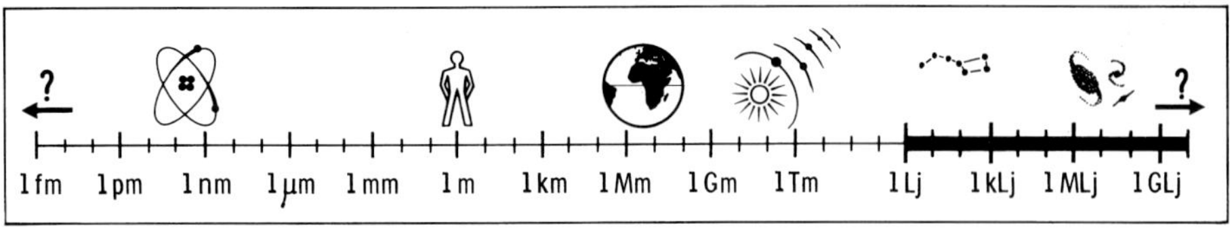

Abb. 1: Vom Atomkern bis zu den fernsten bekannten Objekten im Universum haben wir heutzutage etwa 41 Größenordnungen erfaßt. Dieser Atlas enthält Objekte ab 1 Lichtjahr Entfernung, also die letzten 10 Größenordnungen. Niemand kann sich diese Entfernungen richtig vorstellen. Verschiebt man allerdings die letzten 10 Größenordnungen nach links in uns geläufigere Größen, so gewinnt man doch eine Vorstellung von der Welt der Sterne und Galaxien in stark verkleinertem Maßstab.

Da schon in einem bescheidenen Fernglas beinahe eine Million Sterne gesehen werden können, benötigen solche Atlanten meist mehrere dicke Bände mit Hunderten von Sternkarten. Sie sind ideal für Beobachtungen mit Fernglas und Fernrohr.
Dieser Atlas geht einen Mittelweg. Er enthält den gesamten, mit freiem Auge sichtbaren Sternhimmel (Grenzgröße 6^m) und Umgebungen von 250 interessanten Fernglas- und Fernrohrobjekten (Grenzgröße 9^m). Da diese Umgebungen zusammen nur etwa zehn Prozent des Himmels überdecken, lassen sie sich in diesem handlichen Format unterbringen.
Manche Atlanten enthalten durch Kodierungen und Bezeichnungen so viele Informationen wie möglich. Sie sind für die Schreibtischarbeit geeignet. Das andere Extrem bilden fotografische Atlanten ohne Bezeichnungen, die sich leicht mit dem natürlichen Sternhimmel vergleichen lassen. Auch in dieser Beziehung geht dieser Atlas einen Mittelweg. Die Sternkarten konnten einfach und übersichtlich gehalten werden, da sich die zusätzlichen Informationen in dem Katalog auf der gegenüberliegenden Seite befinden.

Kataloge

Neben einem Atlas für das freie Auge und einem für das Fernglas verwendet der Himmelsbeobachter einen Katalog, um für die Beobachtung wichtige Größen wie Doppelsternabstände und Nebelhelligkeiten nachschlagen zu können. Der „Atlas für Himmelsbeobachter“ vereint diese drei Werke für die wichtigsten Himmelsobjekte. Mit verschiedenen Werken zu arbeiten ist oft mühevoll, da sich Bezeichnungsweisen und Objektauswahl unterscheiden. In diesem Atlas dagegen sind alle bezeichneten Objekte in den Tabellen der gegenüberliegenden Seiten katalogisiert, natürlich unter gleicher Bezeichnung, und alle katalogisierten Objekte finden sich auch in den Sternkarten. So wird das Beobachten so einfach wie möglich gemacht.
Bis zum Jahre 1997 mußte man die Entfernungen zu den meisten Sternen schätzen, da verläßliche Messungen nicht vorhanden waren. Im Sommer 1997 wurden genaue Messungen von 1 000 000 Sternen durch den europäischen Satelliten „Hipparcos“ veröffentlicht. In der vorliegenden Neubearbeitung des „Atlas für Himmelsbeobachter“ sind diese Messungen berücksichtigt. Sternentfernungen sind nun wesentlich besser bekannt (siehe Tab. 1, S. 7 oben). Jetzt kann man sich anhand der Angaben in diesem Buch genau klarmachen, welche Sterne eines Sternbildes im Vordergrund und welche im Hintergrund stehen.
Bis zum Jahre 1997 basierten viele Daten zu Doppelsternen wie Distanz, Helligkeit und Farbe enger Komponenten auf mehr oder weniger genauen Schätzungen von Beobachtern. Auch hier hat der Satellit „Hipparcos“ klare Verhältnisse geschaffen. Die neuen Daten sind hier ebenfalls

Entfernung (Lichtjahre)	10	20	40	80	150	300	600	1 200	2 500	5 000
Unsicherheit bis 1997 (%)	3	6	12	25	35	45	50	50	50	50
Unsicherheit seit 1997 (%)	0.25	0.5	1	2	4	8	15	25	40	50

Tab. 1: Der mittlere relative Fehler (Unsicherheit) von Entfernungsangaben der Sterne. Er ist durch die Veröffentlichung des Hipparcos-Kataloges im Jahre 1997 wesentlich gesunken. Alle Daten dieses Buches berücksichtigen diesen Fortschritt.

berücksichtigt. Weitere Quellen sind: Sky Catalogue 2000.0, Yale Bright Star Catalogue, Smithsonian Astrophysical Observatory (SAO) Star Catalog, 291 Doppelsternephemeriden für die Jahre 1975 – 2000, Ovschni Katalog Peremenich Zvjezd, Synopsis der Nomenklatur der Fixsterne, Délimitation Scientifique des Constellations, Burnham's Celestial Handbook und Webb Society Deep-Sky Observer's Handbook.

Objektauswahl

Dieser Himmelsatlas enthält 250 nonstellare (nicht sternförmige) Objekte, die hier unter dem Begriff „Nebel“ zusammengefaßt werden, also Planetarische Nebel, Gasnebel, Offene und Kugelförmige Sternhaufen und Galaxien. Neben allen 110 Messier-Objekten sind 140 Nebel ausgewählt, die helligkeitsmäßig vielen Messier-Objekten entsprechen. Bei gleichartigen Nebeln wurden nördlichere etwas bevorzugt ausgewählt. Alle diese Nebel lassen sich im Amateurfernrohr beobachten.

Der Sternkatalog enthält 900 mit freiem Auge sichtbare Sterne. Alle 556 Sterne bis zur Größe $4^{m}.0$ sind vollständig vertreten. Die schwächeren Sterne sind hauptsächlich Doppelsterne oder Veränderliche Sterne.

Mit einem Amateurfernrohr sind viele tausend Doppel- und Mehrfachsterne beobachtbar. Davon wurden 250 interessante ausgewählt, deren Komponenten mindestens $8^{m}.0$ hell sind und deren Gesamtlicht heller als $6^{m}.0$ ist. Abgesehen von zwei sehr engen Doppelsternen sind alle im Amateurteleskop trennbar.

Der Katalog enthält ferner Angaben zu 80 veränderlichen Sternen, die mit freiem Auge beobachtbar sind. Berücksichtigt sind Veränderliche mit einem Lichtwechsel von mehr als einer Viertelgrößenklasse, die im Maximum heller als 5. Größe sind. Einige etwas schwächere wurden ergänzt.

Himmelskoordinaten

In der Astronomie werden verschiedene Koordinatensysteme benutzt. Um sich am Sternhimmel erfreuen zu können, muß man sich nicht mit Koordinaten befassen. Es ist jedoch nützlich, das wichtigste Koordinatensystem zu kennen, nämlich das Äquatorialsystem. Man kann sich das Äquatorialsystem vorstellen, indem man sich die geographischen Längen- und Breitenkreise vom Erdmittelpunkt aus an die Himmelskugel projiziert denkt. Der geographischen Länge entspricht die *Rektaszension*, der geographischen Breite die *Deklination*. So wie Greenwich den Nullmeridian auf der Erde beschreibt, ist der Frühlingspunkt der Nullpunkt der Rektaszensionszählung. Dies ist der Punkt, an dem die Sonne am 20./21. März steht. Von dort aus wird nach Osten von 0° bis 360° oder meist von 0^{h} bis 24^{h} (Stunden) gezählt ($1^{h} = 15°$). Die Deklination wird wie die geographische Breite vom Äquator (0°) zu den Polen (90°) gezählt. Nördliche Deklinationen sind positiv, südliche negativ. Die Position eines Sterns ist durch Rektaszension und Deklination genau bestimmt.

Erläuterungen

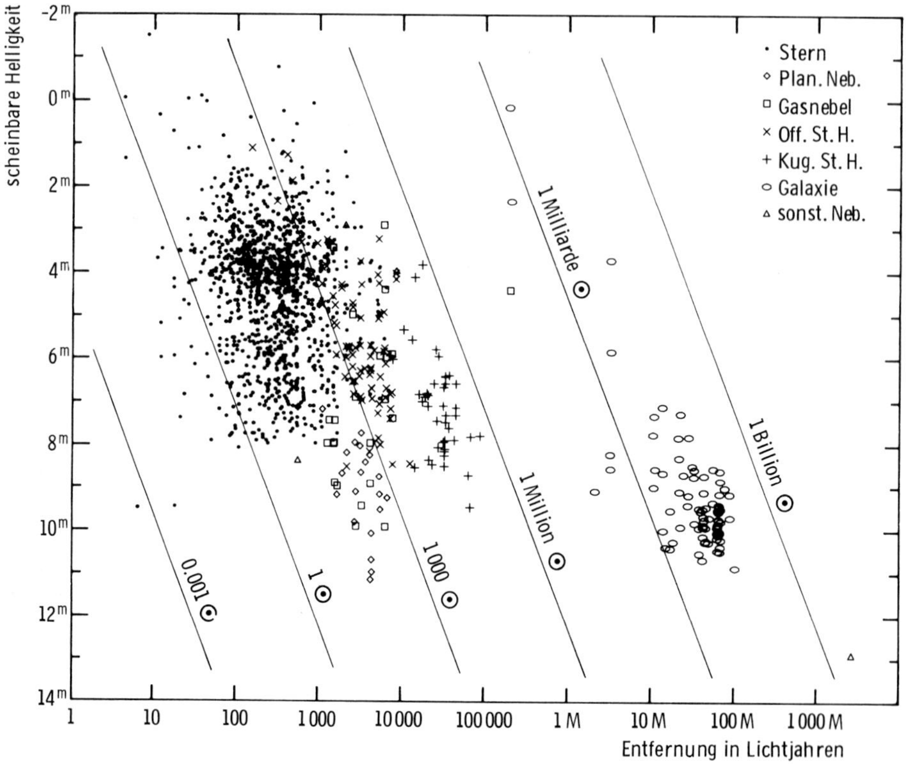

Abb. 2: Scheinbare Helligkeit und Entfernung der 1427 in diesem Atlas katalogisierten Objekte, jede Doppelsternkomponente einzeln gezählt. Anhand der Linien läßt sich die Leuchtkraft relativ zur Sonnenleuchtkraft abschätzen (wenn interstellare Absorption vernachlässigt wird).

Präzession

Da sich der Frühlingspunkt unter den Sternen langsam verschiebt, ändern sich ebenso die Koordinaten der Sterne. Die Koordinaten in diesem Atlas gelten genau für das Jahr 2000 (Äquinoktium 2000). Die Verschiebung ist bis zum Jahr 2015 maximal 0.2° und daher meist vernachlässigbar.

Sternzeit

Der Sternhimmel dreht sich mit dem Äquatorialsystem täglich einmal um uns herum. Sterne mit gleicher Deklination ziehen genau dieselbe Bahn am Himmel. Nach einem Sterntag von 23^h56^m steht jeder Stern wieder genau am selben Ort am Firmament. Die Sternzeit gibt nun an, wie weit sich der Himmel gedreht hat. Als Bezugspunkt gilt der Meridian, der sich vom Südpunkt über den Zenit zum Nordpunkt zieht. In ihm erreichen die Sterne ihre höchste Stellung. Um 0 Uhr Sternzeit steht der Frühlingspunkt im Meridian. Um 1 Uhr Sternzeit stehen Sterne der Rektaszension 1^h im Meridian usw. Die Sternzeit zeigt also an, welcher Teil des Himmels gerade am besten beobachtbar ist; sie läßt sich mit Hilfe einer drehbaren Sternkarte abschätzen.

Anordnung der Sternkarten

Der gesamte Sternhimmel ist in diesem Atlas in 48 Gebiete unterteilt, die sich in drei Gruppen gliedern: N = Nordhimmel, E = Ekliptik und Äquator, S = Südhimmel. Mit Nordhimmel ist hier das Gebiet nördlich von etwa 30° Deklination gemeint, das bei uns gut beobachtbar ist. Vorangestellt ist die Karte der Nordpolumgebung (NP), die auch Sternhelligkeiten bis zur 13. Größe enthält, um die Grenzgröße mit freiem Auge, Fernglas und Fernrohr abschätzen zu können. Das Gebiet der Ekliptik und des Äquators umfaßt etwa die Deklinationen, in denen sich Sonne, Mond und Planeten bewegen. Sternbilder in diesem Gebiet sind nur zu bestimmten Zeiten sichtbar, am besten natürlich nahe des Meridians. Unter Südhimmel ist hier das Gebiet südlich von –36° Deklination zusammengefaßt, das von Mitteleuropa aus unbeobachtbar ist. Kommt man einmal in südlichere Gegenden, so sollte man sich die schönsten Objekte des Südhimmels nicht entgehen lassen.

Innerhalb jeder dieser drei Gruppen sind die Sternkarten nach Rektaszension von 0 bis 24 angeordnet. Die Karten N12, E12 und S12 zeigen also Gebiete bei ungefähr 12^h Rektaszension. Auch die Katalogangaben sind nach Rektaszension geordnet, also von rechts nach links in den Sternkarten. Ferner zeigen die Karten E0, E2, E4 usw. hauptsächlich den Bereich südlich des Äquators, E1, E3 usw. eher nördlich davon. Für die genaue Verteilung der Karten ziehe man die Übersichtskarte des hinteren Innendeckels zu Rate.

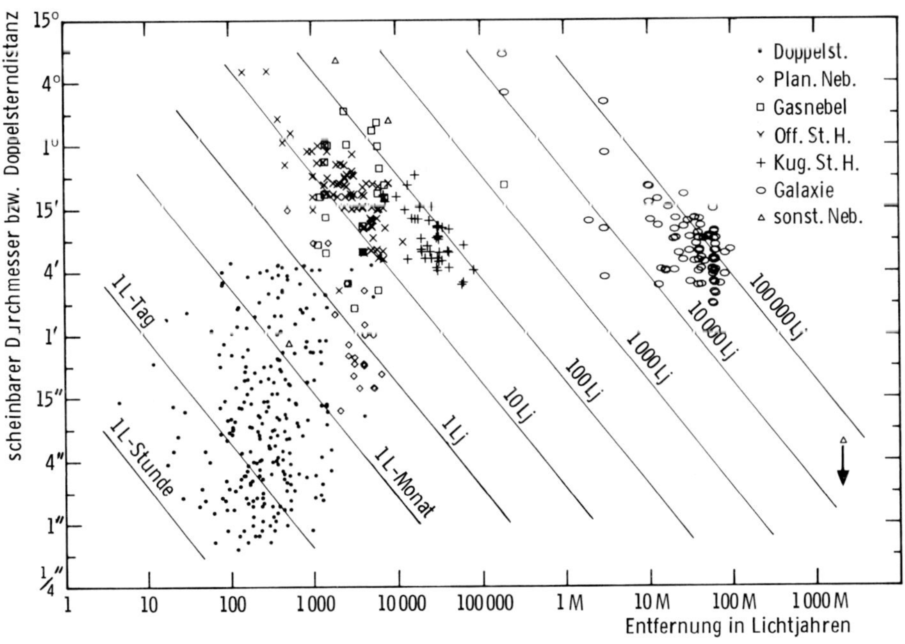

Abb. 3: Wahre Größen (schräge Linien) in Abhängigkeit der scheinbaren Größe und Entfernung. Wahre Größen beziehen sich nur auf die Ausdehnung senkrecht zur Beobachtungsrichtung. Die radiale Ausdehnung ist in vielen Fällen unbekannt. Eine Lichtstunde ist etwa 1 Milliarde Kilometer oder 7 Astronomische Einheiten.

Erläuterungen

In jeder Sternkarte sind hellere Sterne und Nebel im weißen Ausschnitt bezeichnet. Genauere Daten zu jedem Objekt finden sich jeweils im Katalog auf der linken Seite. Objekte im grauen Bereich sind auf anderen Seiten bezeichnet; die Nummern der Nachbarsternkarten sind an der weißgrauen Grenzlinie angegeben.
Im Katalog findet sich hinter der Sternbildangabe jeweils ein Rechteck, das die Sternkarte verkleinert darstellt und die Position des Objekts in der Sternkarte andeutet. Dabei zeigt ein Punkt die Lage in der Hauptsternkarte und ein kleiner Kreis die Lage in den runden Ausschnittsvergrößerungen. Auf diese Weise findet man ein Objekt auf der Karte schneller als mit Gradnetzen und Koordinaten.

Richtungen am Himmel

Auf der Erdkugel sind wir mit den Himmelsrichtungen wohl vertraut. Genauso gibt es an jeder Position der Himmelskugel die vier Richtungen. Norden ist die Richtung zum Polarstern (genauer Himmelsnordpol). Westen ist die Richtung, in die alle Gestirne als Abbild der Erdrotation wandern. Blicken wir zu einem Sternbild nach Süden, so ist Norden oben, Westen rechts, Süden unten und Osten links. Osten und Westen auf Sternkarten sind also gerade entgegengesetzt wie auf Landkarten. Wie bei Landkarten üblich, ist auch bei allen Sternkarten in diesem Atlas Norden oben.
Beim Vergleich zwischen Himmel und Sternkarten ist es wichtig, die Nordrichtung zu kennen, um die Sternkarte entsprechend drehen zu können.
Im umkehrenden Fernrohr ist Norden meist unten zu finden. Wer sich nicht ganz sicher ist, braucht nur die Bewegung der Sterne (bei abgestellter Nachführung) zu verfolgen; sie wandern immer nach Westen. Zu beachten ist weiterhin, daß bei der Fernrohrbeobachtung mit Zenitprisma ein gespiegeltes Bild entsteht, also wie eine Sternkarte durch einen Taschenspiegel betrachtet. Zenitprismen mit zwei inneren Reflexionen zeigen dagegen ein ungespiegeltes Bild; sie sind aber etwas teurer und daher leider kaum verbreitet.

Größenangaben, Maßstab

Am Himmel werden Distanzen und Größen in Grad, Bogenminuten und Bogensekunden angegeben ($1° = 60'$, $1' = 60''$). So sind hier Deklinationen in Grad, Durchmesser von Nebeln in Bogenminuten und Doppelsternabstände in Bogensekunden angegeben. Auf gemischte Angaben wie 8°48′ oder 3′12″ wurde verzichtet; sie werden in der Astronomie immer mehr vermieden.
Bei Benutzung von Sternkarten ist es immer wichtig, sich über den Maßstab im klaren zu sein. Die Sternkarten in diesem Atlas haben den Maßstab 4°/cm, die runden Ausschnittsvergrößerungen 1°/cm. Abstände am Himmel kann man mit Hilfe seiner ausgestreckten Hand abschätzen. Ist die Hand knapp 60 cm vom Auge entfernt, so gilt 1 cm = 1°. Eine „vermessende“

Abb. 4: Der Maßstab der Sternkarten in Rektaszensionsrichtung. Der Maßstab in Deklinationsrichtung beträgt überall genau 4.0°/cm. Der Unterschied zwischen beiden Werten bleibt gering; die Sternkarten sind damit kaum verzerrt.

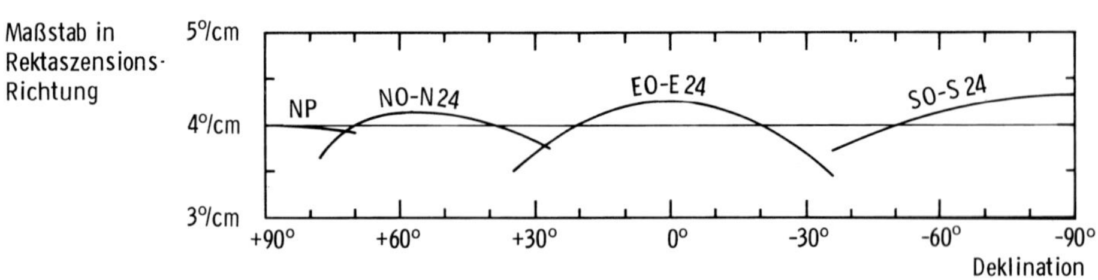

Hand ist somit ein gutes Hilfsmittel für den Beobachter.
Bei der Beobachtung mit Fernglas und Fernrohr ist es genauso nützlich, den Gesichtsfelddurchmesser zu kennen. Mit Hilfe des Vollmonds von etwa 0.5° = 30' Durchmesser kann man ihn abschätzen. Besser sind Herstellerangaben oder eigene Messungen. Beispielsweise entspricht ein Fernglas-Blickfeld von 5° einem 5 cm großen Kreis in den Ausschnittsvergrößerungen. Für einen Beobachter mit solch einem Fernglas mag eine durchsichtige Folie mit Kreisen von 1,25 cm und 5 cm Durchmesser hilfreich sein.
Jede Landkarte und jede Sternkarte ist in irgendeiner Weise verzerrt, d. h., der Maßstab ändert sich innerhalb der Karte. Sternkarten, die einen großen Teil des Himmels überdecken wie die Übersichtskarte auf Seite 130, haben notwendigerweise eine große Verzerrung. Für die übrigen Sternkarten konnte die Verzerrung durch geeignete Wahl der Projektionen klein gehalten werden. Diese Projektionen haben die Eigenschaft, daß die Rektaszensionskreise Geraden sind, welche die Deklinationskreise überall rechtwinklig schneiden. Der Maßstab in Nord-Süd-Richtung beträgt genau 4.0°/cm, während er in Ost-West-Richtung nur wenig um diesen Wert schwankt, wie Abbildung 4 auf der gegenüberliegenden Seite zeigt. Die Ausschnittsvergrößerungen sind stereographische Projektionen und wegen ihrer beschränkten Himmelsfläche praktisch verzerrungsfrei.

Bezeichnungen

Es gibt viele Bezeichnungen für astronomische Objekte. Für die Himmelsbeobachtung genügt es, mit den wichtigsten Bezeichnungsweisen vertraut zu sein. Sternbilder werden international in den lateinischen Namen der 88 offiziellen Sternbilder angegeben. Deutsche Namen und Abkürzungen finden sich auf Seite 124. Helle Sterne werden durch einen griechischen Buchstaben (nach Bayer) oder Nummer (nach Flamsteed) zusammen mit dem Sternbildnamen im Genitiv bezeichnet, z. B. α Ori = alpha Orionis = 58 Orionis. Ferner werden auch lateinische Buchstaben für Sternbezeichnungen verwendet, und zwar für Veränderliche und solche Sterne, die keine Bezeichnung nach Bayer oder Flamsteed besitzen. Viele Sterne haben auch Namen, die hier meist in der alten Schreibweise wiedergegeben sind, während heutzutage die Schreibweisen in verschiedenen Sprachen variieren. Zur Identifizierung sind Sternnamen wenig geeignet, mit Ausnahme vielleicht der häufig verwendeten, die in den Tabellen hervorgehoben sind. Ein Wort zur Aussprache der fremdsprachigen Namen: Buchstaben in lateinischen Sternbildnamen wurden ursprünglich immer gleich ausgesprochen, also ei wie [e-i], eu wie [e-u], c wie [k]. So wurde aus dem lateinischen Cepheus der deutsche Kepheus. ζ Cep sollte man also [tseta 'kefe-i] sprechen. Allerdings gibt es bei Aussprache kein richtig oder falsch. Dialekt ist ja auch kein falsches Deutsch.
Messier hat im 18. Jahrhundert 103 Nebel katalogisiert, die später auf 110 ergänzt wurden. In wenigen Fällen sind Messiers Beschreibungen nicht ganz eindeutig, so daß die Identifizierung umstritten ist. Messier-Objekte sind mit einem „M“ bezeichnet. Ein weit umfassenderes Verzeichnis bildet der New General Catalogue (NGC) zusammen mit dem Index Catalogue (IC). Objekte des NGC-Katalogs sind durch reine Nummern gekennzeichnet, während beim Index Catalogue „IC“ vorangestellt ist. Alle Nebel sind auf Seite 123 verzeichnet.

Kleines Griechisches Alphabet

α alpha	ι iota	ϱ rho
β beta	κ kappa	σ sigma
γ gamma	λ lambda	τ tau
δ delta	μ my, mü	υ ypsilon
ε epsilon	ν ny, nü	φ phi
ζ zeta, seta	ξ xi	χ chi
η eta	ο omikron	ψ psi
ϑ theta	π pi	ω omega

Erläuterungen

Instrument	Vergrößerung	Öffnung	Grenzgröße	Blickfeld	mondgroß	Auflösung	sichtbar: Kl.	Dopp.
freies Auge	1×	6 mm	6^m	120°	$30'$	$300''$	⚅	–
Operngläs	3×	20 mm	8^m	15°	$10'$	$100''$	≥⚄	36
Sucher	6×	30 mm	9^m	7°	$5'$	$50''$	≥⚃	56
Fernglas	12×	50 mm	10^m	4°	$2'\!.5$	$25''$	≥⚂	93
Leitrohr	60×	75 mm	11^m	$50'$	$30''$	$5''$	≥⚁	169
Teleskop	35× 350×	150 mm	13^m	$80'$ $8'$	$50''$ $5''$	$8''$ $0''\!.8$	≥⚀	248

Tab. 2: Grenzgröße und Auflösungsvermögen von verschiedenen Instrumenten unter guten Bedingungen (dunkler Himmel, ruhige Luft, hochstehendes Objekt, gute Optik). Für ausgedehnte Objekte (Nebel) sollte man eher eine Größenklasse weniger ansetzen. Außerdem sind für jedes Instrument das ungefähre Blickfeld und der tatsächliche Durchmesser eines mondgroß erscheinenden Scheibchens verzeichnet. Die letzte Spalte gibt die Anzahl der trennbaren Doppelsterne des Katalogs an. Sie sind durch Würfelsymbole in sechs Klassen unterteilt.

Auflösungsvermögen

Das Auge hat etwa ein Auflösungsvermögen von 5' = 300". Doppelsterne mit lichtschwachem Begleitstern sind hingegen schwieriger zu trennen. Beobachtet man mit einem Fernglas oder Teleskop, so verbessert sich die Auflösung auf 300" / Vergrößerung, vorausgesetzt, die Optik ist einwandfrei.

Nach diesem Kriterium ist in der Tabelle oben das Auflösungsvermögen verschiedener Instrumente berechnet. Doppelsterne sind im Katalog für die sechs Instrumentenklassen der Tabelle oben mit einem Würfelsymbol eingeteilt. So kann man schnell erkennen, welche Doppelsterne seinem Instrument zugänglich sind.

Sehr scharfe Augen mögen auch noch etwas engere Doppelsterne als 300 Bogensekunden Abstand trennen können.

Allerdings wird die Auflösung auch durch die Teleskopöffnung begrenzt und ist bestenfalls 120" / Öffnung (in mm). Die Auflösung des Auges und des Fernrohrs sind identisch, wenn die Vergrößerung etwa die 2,5-fache Fernrohröffnung (in mm) beträgt. Dies ist die höchste sinnvolle Vergrößerung. Sie kann für Doppelsterne unter guten Bedingungen benutzt werden. Nebel verlangen dagegen nach einer wesentlich kleineren Vergrößerung.

Leider haben Standardausrüstungen von Fernrohren oft höchste, unbrauchbare Vergrößerungen, während die so wichtige geringe Vergrößerung mit großem Blickfeld fehlt. Ein langbrennweitiges Okular kann da leicht Abhilfe schaffen. Eine Standardvergrößerung ist etwa 10mal kleiner als die höchste sinnvolle Vergrößerung, also Öffnung (in mm) / 4. Viele Ferngläser sind in diesem Sinne optimal und einfacher zu benutzen als Fernrohre, bei denen diese Vergrößerung fehlt. Sucher von vielen billigen Fernrohren verdienen ihren Namen, denn man muß wirklich lange damit suchen. Sucher mit 50 mm Öffnung und mindestens 5° wahrem Gesichtsfeld verdienen eher den englischen Namen „Finder“. Die Anschaffung eines guten Suchers kann mühevolle Sucharbeit in beeindruckende Beobachtungsstunden verwandeln.

Fernglasbeobachtern sei empfohlen, das Fernglas auf ein Fotostativ zu montieren. Dies erleichtert die Beobachtung ungemein.

Adaption des Auges

Die für die Beobachtung von Nebeln wichtigen lichtempfindlichen Rezeptoren im menschlichen Auge sind die Stäbchen. Sie sind zum Rand des Blickfeldes hin konzentriert. Der geübte Beobachter schaut deshalb an schwachen Nebeln vorbei, um sie sichtbar werden zu lassen. Man spricht vom indirekten Sehen.
Nach einer Blendung benötigen Stäbchen etwa 30 Minuten, um wieder voll empfindlich zu sein. Da Stäbchen für blaues und grünes Licht empfindlich sind, aber nicht für rotes, empfiehlt sich eine tief-rot gefilterte Taschenlampe zur nächtlichen Beobachtung. Auf diese Weise kann man Sternkarten lesen, ohne seine Adaption zu verlieren.

Helligkeit

In der Astronomie werden Helligkeiten in Größenklassen gemessen und durch ein hochgestelltes ^{m} gekennzeichnet. Mit freiem Auge lassen sich je nach Sichtbedingungen etwa Sterne bis 6^{m} beobachten (siehe Tab. 2). Mit Fernglas und Teleskop lassen sich wesentlich schwächere Sterne sehen. Sternkarten in diesem Atlas geben also etwa den Anblick mit freiem Auge wieder (Grenzgröße 6^{m}), die Ausschnittsvergrößerungen etwa den Anblick im kleinen Fernglas oder Fernrohrsucher (Grenzgröße 9^{m}).

Tab. 3: Helligkeitssysteme

V-Helligkeit	V im UBV-System, entspricht dem Spektralbereich des Auges bei direkter Beobachtung, angemessene Angabe für helle Sterne.	
v-Helligkeit	visuell, entspricht dem Spektralbereich des Auges bei indirekter Beobachtung nachts, daher angemessene Angabe für Nebel.	
Umrechnung	$v = V + (B-V)/3$	für Sterne
	$v \approx V - 1^{\mathrm{m}}$	für Planetarische Nebel und Emissionsnebel
	$v \approx V$	für Offene Sternhaufen und Reflexionsnebel
	$v \approx V + 0\overset{\mathrm{m}}{.}3$	für Kugelsternhaufen und Galaxien

Im Katalog ist vor der Helligkeitsangabe eines Sterns durch ein schwarzes Scheibchen angezeigt, wie groß der Stern in der Hauptsternkarte abgebildet ist. Dadurch wird der Vergleich von Sternkarte und Katalog erleichtert: Man erkennt auf den ersten Blick, wo die hellsten Sterne verzeichnet sind.
Sternhelligkeiten sind sehr genau bekannt. Sie sind hier auf $0\overset{\mathrm{m}}{.}1$ genau angegeben. Da Nebel aber keinen wohldefinierten Rand haben, hängt ihre Helligkeit von dem Bereich ab, den man noch zum Nebel zählt, so daß Nebelhelligkeiten nur auf eine halbe bis ganze Größenklasse genau bekannt sind. Deshalb sind sie hier wie schon im New General Catalogue (NGC) auf halbe Größenklassen gerundet verzeichnet. Nebelgrößen und -helligkeiten beziehen sich etwa auf den Bereich, der unter klarem Himmel erfaßt werden kann. Meist werden die Objekte kleiner und schwächer erscheinen, während professionelle Geräte wesentlich größere Außenbereiche vermessen können. Für den interessierten Beobachter sind genaue Helligkeitssysteme in der Tabelle oben vermerkt. Für die Praxis kommt es aber auf Unterschiede von wenigen zehntel Größenklassen zwischen verschiedenen Helligkeitssystemen nicht an.
Für die Beobachtung von Nebeln ist die Gesamthelligkeit oft weniger wichtig als die Flächenhelligkeit, die im Nebelkatalog ebenfalls unter „Helligkeit" aufgelistet ist. Sie wird hier als Helligkeit pro Quadrat-Bogenminute angegeben.
Nebel mit großer Flächenhelligkeit ($10\,\frac{\mathrm{m}}{\square'}$) erlauben große Vergrößerung und können damit auch bei Vollmond oder am künst-

Erläuterungen

Künstliche oder natürliche Beleuchtung: Lage	Mond	Himmels-hinter-grund-helligkeit	freies Auge ⚅	3×20 Opern-glas ≥⚄	6×30 Su-cher ≥⚃	12×50 Fern-glas ≥⚂	75mm Leit-rohr ≥⚁	150mm Tele-skop ≥⚀	Klasse
Großstadt	Voll ○	$10\frac{m}{\square'}$	5	10	12	14	25	32	⚅–⚀
Kleinstadt	¾	11	18	40	53	64	79	97	⚅–⚀
Vorort	Halb	12	24	63	86	112	148	170	⚅–⚀
Feld	Sichel	13	34	83	116	149	198	232	⚅–⚀ (offene Augen)
Gebirge	Neumond	14	35	89	123	161	216	250	⚅–⚀ (offene Augen)

Tab. 4: Helligkeit des Himmelshintergrundes in Abhängigkeit der künstlichen oder natürlichen Beleuchtung. Durch einen Nebelfilter erscheint der Himmel dunkler, was aber nur bei bestimmten Nebeln nützt. Im rechten Teil steht die Anzahl der im Katalog verzeichneten Nebel mit mindestens gleichgroßer Flächenhelligkeit für jede Instrumentenklasse. Im Katalog ist mit einem Würfelsymbol angezeigt, ab welchem Instrument ein Nebel als solcher erkannt werden kann. Nebel mit geringer Flächenhelligkeit (13-14 $\frac{m}{\square'}$) besitzen ein Würfelsymbol mit offenen Augen.

lich aufgehellten Himmel einer Stadt gesehen werden. Lichtschwächere Nebel (12 $\frac{m}{\square'}$) erfordern schwache Vergrößerung und dunklen Himmelshintergrund. Nebel mit sehr geringer Flächenhelligkeit (14 $\frac{m}{\square'}$) können selbst für geübte Beobachter eine Herausforderung sein. Solche Nebel mögen bei bestem Himmel schon mit freiem Auge sichtbar sein, aber bereits geringe Himmelsaufhellung macht sie unsichtbar, selbst für das größte Teleskop.
Im Zentrum haben viele Nebel eine größere Flächenhelligkeit als das verzeichnete Mittel über die gesamte Fläche, in ihren Randgebieten dagegen eher eine geringere. Helle Sterne in Sternhaufen und helle Galaxienkerne mögen auch bei hellerem Himmelshintergrund wahrnehmbar sein. Andererseits sind äußere Randpartien meist noch schwieriger zu beobachten, als die verzeichnete mittlere Flächenhelligkeit vermuten läßt. Angaben der Flächenhelligkeit finden sich nur in wenigen Katalogen, obwohl sie für den Beobachter sehr nützlich sind.
Diese Angaben mögen zusammen mit der Tabelle oben bei der persönlichen Objektauswahl helfen. Wer beispielsweise mit einem Fernglas auf einem Feld fernab einer Stadt ohne Mondlicht beobachten will, wählt Objekte der Klassen über 3 und der Flächenhelligkeit heller als $13\frac{m}{\square'}$. Geübte Beobachter werden sich an den Grenzen (Klasse 3 oder Flächenhelligkeit $13\frac{m}{\square'}$) versuchen.

Farben

Mit dem freien Auge kann man bestenfalls bei den hellsten Sternen eine Färbung erkennen. Im Fernglas zeigen hunderte Sterne ihre Färbung, nämlich die Sterne bis zur vierten Größenklasse. Im Teleskop erkennt man auch die Farbe der Sterne siebter Größe, ebenso die Farbe der helleren Nebel.
Farben von Sternen mißt man mit dem (B–V)-Farbindex, der im Sternenkatalog verzeichnet ist. Bei negativem Farbindex ist dabei die Null vor dem Dezimalpunkt weggelassen. Die Skala geht von blau mit einem knapp negativen Farbindex über weiß (B–V = $0\overset{m}{.}5$) zu gelb mit einem Farbindex von 1–2^m. Ganz wenige Sterne mit einem Farbindex von über 2^m leuchten orange-rot. Sie sind aber alle so lichtschwach, daß ihre Färbung nur im Teleskop deutlich wird. Zum Vergleich: Das

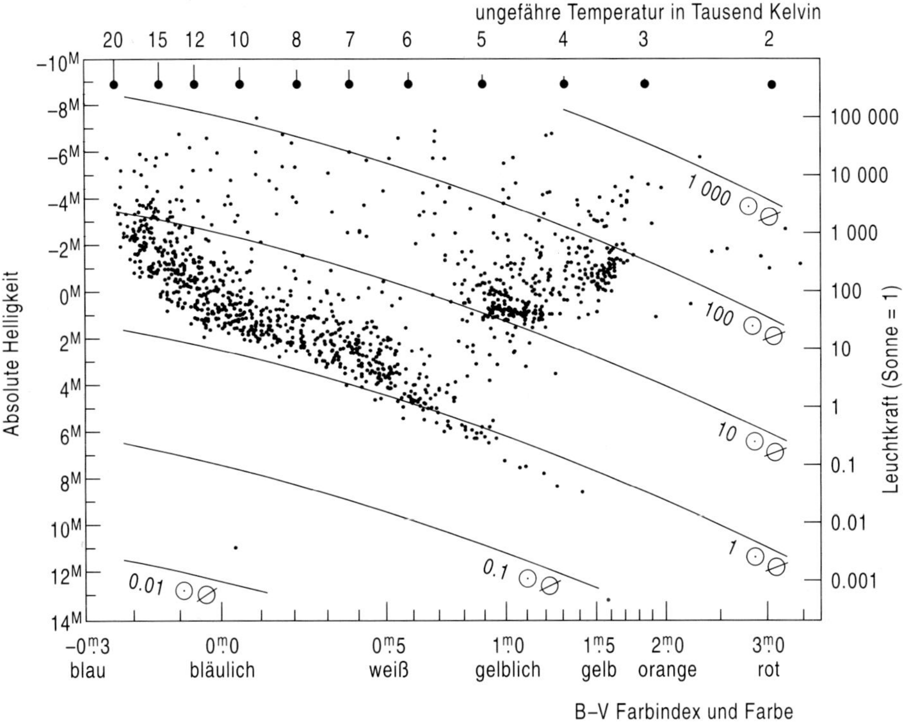

Abb. 5: Farben-Helligkeits-Diagramm aller Sterne des Katalogs. Durch die Auswahl nach Helligkeit scheinen die meisten Sterne heller als die Sonne zu sein. Tatsächlich leuchten aber über 80 Prozent der Sterne schwächer als die Sonne. Anhand der Linien kann man den Sterndurchmesser in Einheiten des Sonnendurchmessers (1.4 Millionen Kilometer) abschätzen.

Blau des klaren Taghimmels hat einen Farbindex von $-0^{m}_{.}3$, während das gelbe Licht einer Glühbirne einen Farbindex von etwa $1^{m}_{.}5$ besitzt. Ein roter Riesenstern mit einem Farbindex von $1^{m}_{.}5$ leuchtet gar nicht rot, sondern genauso gelblich wie eine Glühbirne. Davon kann man sich leicht überzeugen, wenn man Beteigeuze oder Antares in einem Teleskop betrachtet. Zu diesem Zweck stellt man den Stern am besten leicht unscharf, da die Farberkennung bei flächenhaften Objekten genauer ist als bei punktförmigen.

Farbaufnahmen zeigen gelbe Sterne und blau-grüne Nebel in rötlicher Farbe. Farbemulsionen sind auf Tagesbeleuchtung abgestimmt, nicht aber auf Beleuchtung von kühlen Sternen oder Emissionsnebeln. Farbemulsionen geben das Weltall in falschen Farben wieder, was ihren Reiz erhohen kann.

Die Farbe eines Sterns ist direkt mit seiner Oberflächentemperatur verknüpft. Sterne in Weißglut sind heißer als solche in Rotglut; noch heißere Sterne leuchten bläulich. Hinter dem Farbindex ist im Katalog die Sterntemperatur graphisch mit einem Themometersymbol dargestellt. Man achte auf dieses Symbol insbesondere bei Doppelsternen, denn Doppelsterne mit verschieden heißen Komponenten zeigen beeindruckende Farbkontraste.

Erläuterungen

Leuchtkraft

Die tatsächliche Leuchtkraft eines Sterns erkennt man an seiner absoluten Helligkeit; das ist die Helligkeit in der Normentfernung von 10 pc = 32.6 Lichtjahren. Sie ist im Sternkatalog verzeichnet. Bei veränderlichen Sternen ist nur die absolute Maximalhelligkeit angegeben. Zum Vergleich: Die Sonne hat eine absolute Helligkeit von $4^{M}.8$. Die leuchtkräftigsten Sterne mit einer absoluten Helligkeit von -8^{M} leuchten 100 000mal heller als die Sonne aus gleicher Entfernung betrachtet. Andererseits hat Barnards Pfeilstern (Karte E17) mit einer absoluten Helligkeit von $+13^{M}$ nicht einmal ein Tausendstel der Sonnenleuchtkraft.

Doppelsterne

Stehen zwei Sterne dichter beisammen als das Auflösungsvermögen des freien Auges (etwa 5' = 300"), so sieht man mit freiem Auge nur einen Stern. Der Sternkatalog enthält dann nur einen Stern mit dem Gesamtlicht beider Komponenten. Der Sternkatalog beschreibt also den Anblick mit freiem Auge. Hinter der Helligkeitsangabe bedeuten zwei Sternchen, daß es sich um einen Doppelstern handelt. Beide Komponenten sind dann mit Helligkeit und Farbindex im Katalog der Doppelsterne darunter verzeichnet.

Im Katalog der Doppelsterne ist die Distanz zwischen beiden Komponenten in Bogensekunden aufgelistet und der Winkel zwischen beiden Komponenten graphisch veranschaulicht. Dabei ist Norden oben und Westen rechts, genau wie in den Sternkarten. Doppelsterne, die sich zwischen 2000 und 2015 unwesentlich zueinander bewegen, besitzen nur eine Eintragung für Distanz und Winkel. Bei Systemen mit auffälliger Bewegung sind die Angaben für 2000 (erste Eintragung, abgekürzt ´0) und weitere Jahre bis 2015 verzeichnet. Genaugenommen gilt dies für den jeweiligen Jahresbeginn, was aber nur bei den schnellsten Systemen von Bedeutung ist. Bei ein paar sehr schnellen Systemen zeigt eine Graphik die Bahn des Begleitsterns von 1995 bis 2020. Auch hier ist Norden oben.

Bei Dreifachsternen mit vergleichbaren Distanzen ist die dritte Komponente in der nächsten Zeile aufgelistet. Bei Dreifachsystemen mit sehr unterschiedlichen Distanzen ist das enge Paar in der zweiten Zeile vermerkt. Die erste Zeile gibt dann den Anblick im kleinen Instrument an, wo das enge Paar noch nicht getrennt werden kann.

Doppelsterne unterteilt man in physische (eigentliche) Doppelsterne und optische Doppelsterne, bei denen die Komponenten zwar in gleicher Richtung stehen, aber in verschiedener Entfernung von uns und damit räumlich weit getrennt. Mit den im Jahre 1997 veröffentlichten Sternentfernungen des Satelliten „Hipparcos“ kann man von den meisten Doppelsternen entscheiden, ob sie physisch oder optisch sind. Im Katalog der Doppelsterne erkennt man dies an der Dezimale der Distanzangabe. Bei physischen Doppelsternen sind Distanzen auf zehntel Bogensekunden vermerkt, bei optischen Doppelsternen auf volle Bogensekunden gerundet. Bei optischen Doppelsternen sind außerdem beide Entfernungen im Katalog der Sterne verzeichnet. Es gibt auch ein paar physische Doppelsterne, die sich mit freiem Auge trennen lassen. Beide Komponenten sind dann im Katalog der Sterne und nicht im Katalog der Doppelsterne verzeichnet.

Veränderliche Sterne

Veränderliche kann man in zwei Gruppen unterteilen: Bedeckungsveränderliche (zwei Sterne bedecken sich) und physisch Veränderliche (physische Veränderung eines Sterns). Bei den Bedeckungsveränderlichen unterscheidet man den Algol-Typ vom β Lyrae-Typ. Algol-Sterne leuchten die meiste Zeit im konstanten, maximalen Licht, während sich die Helligkeit von β Lyrae-Sternen dauernd verändert. Physisch Veränderliche unterteilt man in unregelmäßige, halbregelmäßige, δ Cephei-

Physisch Veränderliche	typische Lichtkurve, Anzahl	
unregelmäßig: } großer Stern in nicht stabilem Zustand		18
halbregelmäßig: } großer Stern in nicht stabilem Zustand		23
Mira-Typ: langperiodisch, große Amplitude, Lichtkurve variabel	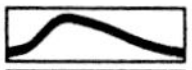	14
Cepheid: kurzperiodisch, regelmäßig, nach δ Cephei benannt	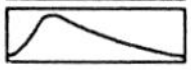	10
Bedeckungsveränderliche (sehr regelmäßig)		
Algol-Typ: kurze Minima, lange konstant im Maximumslicht	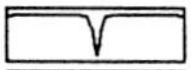	6
Beta Lyrae- (β Lyr-) Typ: Helligkeit fast dauernd wechselnd	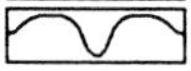	9

Tab. 5: Klassifikation der veränderlichen Sterne.

Sterne (kurzperiodische), Mira-Sterne (langperiodische) und ferner Novae, die in diesem Atlas nicht verzeichnet sind. Diese Einteilung ist ziemlich grob. Zuweilen unterscheidet man 50 verschiedene Klassen von Veränderlichen.

Für Beobachter von Veränderlichen enthält der Katalog wichtige Daten: Maximums- und Minimumszeiten (Max., Min.) von Veränderlichen werden im Julianischen Datum angegeben, das auf Seite 120 tabelliert ist. Damit lassen sich alle Maxima oder Minima durch Addieren eines Vielfachen der Periode (Per.) relativ einfach berechnen.

Bei Algol-Sternen ist ferner die gesamte Bedeckungsdauer, also die Dauer des Lichtabfalls und -anstiegs, verzeichnet. Das Minimum liegt zentral in der Bedeckungsdauer. Viele physisch Veränderliche benötigen regelmäßig länger für den Lichtabfall als für den Lichtanstieg. Beispielsweise besagt die Angabe „Min. = Max + 10", daß das Minimum regelmäßig 10 Tage nach dem Maximum eintritt.

Bedeckungsveränderliche haben auch ein Nebenminimum in der Mitte zwischen zwei Hauptminima, das aber in vielen Fällen unauffällig ist. Nicht in jeder Periode erreichen alle Veränderlichen ihre absoluten Extremhelligkeiten. Beispielsweise wird Mira bis zu $2\overset{\mathrm{m}}{.}0$ hell, in manchen Maxima aber nur $4\overset{\mathrm{m}}{.}0$. Im Katalog der Sterne ist die durchschnittliche Amplitude vermerkt, während im Katalog der Veränderlichen extreme Helligkeiten unter „Extrema" aufgeführt sind.

Nebel

Die meisten Nebel kann man in fünf Gruppen einteilen: Planetarische Nebel, Gasnebel, Offene und Kugelförmige Sternhaufen und Galaxien.

Planetarische Nebel: Sie bekamen ihren Namen durch ihr Aussehen, das in Farbe und Größe oft an den grünlichen Uranus erinnert. Es handelt sich hierbei um die von einem heißen Zentralstern abgestoßenen äußeren Gashüllen. Im Fernglas erscheinen sie oft punktförmig. Erst bei stärkerer Vergrößerung kann man ihre Gestalt erkennen. Ringe und Scheiben sind die häufigsten Formen. Planetarische Nebel erscheinen wesentlich auffälliger, wenn man Grünfilter verwendet, am besten sogenannte Nebelfilter. Sie lassen das grüne oder blaugrüne Licht der Nebel hindurch, absorbieren aber einen großen Teil des übrigen Spektrums, wodurch sich der Kontrast zwischen Nebel und Hintergrund deutlich verbessert. Im Amateurteleskop läßt sich ihre Färbung höchstens erahnen. Erst in Riesenteleskopen leuchten sie intensiv grün oder blaugrün.

Gasnebel: Hier handelt es sich meist um Gas und Staub in der Nähe von Sternentstehungsgebieten. Offene Sternhaufen mit jungen Sternen finden sich oft in diesen Gebieten. Kommt der größte Teil des Lichts von leuchtendem Gas (Emissionsnebel), so gilt für Farbe und Verwendung von Nebelfiltern das gleiche wie für planetarische Nebel. Auch filamentartige Supernovaüberreste zeigen ein Emissionsspektrum. Sie künden jedoch nicht von Sternentstehung, sondern vom Ende eines

Erläuterungen

Typ,Form	Beschreibung	Anzahl	Typ,Form	Beschreibung	Anzahl
PN	**Planetarischer Nebel**		**KS**	**Kugelförmiger Sternhaufen**	
R	Ring	7	I–IV	Kern hell, klein, konzentriert	14
K	Kreis, Scheibe	10	V–VIII	mittelmäßig konzentriert	17
U	unregelmäßige Form	4	IX–XII	gleichmäßig, ohne Kern	12
GN	**Gas-Nebel**		**Glx**	**Galaxie**	
Em	Emissionsnebel	16	E	elliptische Galaxie	12
Re	Reflexionsnebel	4	0–7	Abplattung	
Fi	Filamente, Supernova-Überrest	3	S0	lentikuläre Galaxie	10
			Sa–m	Spiralgalaxie:	
			a	großer Kern, kaum Spiralarme	9
OS	**Offener Sternhaufen**		b	mittlerer Kern, kürzere Arme	15
r	reiche Sternenzahl	21	c	kleiner Kern, längere Arme	14
m	mittlere Sternenzahl	36	d	ohne Kern, lange Spiralarme	12
p	sternenarm, engl. poor	21	m	unregelmäßige Spiralarme	4
n	erkennbarer Gasnebel	11	Ir	irreguläre Galaxie	5

Abplattung $= 10(a-b)/a$	Abpl.:	0	1	2	3	4	5	6	7	8	9
a Längs-, b Querdurchmesser	Form:	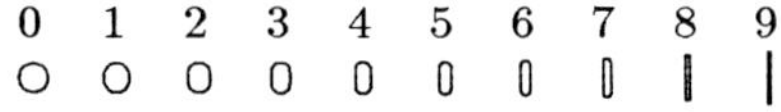									

Tab. 6: Klassifikation der Nebel. Die unter Typ und Form genannten Abkürzungen sowie die graphisch dargestellte Abplattung finden sich im Katalog der Nebel.

Sternenlebens. Reflexionsnebel sind interstellarer Staub, der von hellen Sternen beleuchtet wird.
Offene Sternhaufen: Sie erscheinen höchstens dem freien Auge oder Fernglas als Nebel. Im Fernrohr sind immer die einzelnen Sterne sichtbar. Viele offene Sternhaufen sind sehr junge Objekte. In vielen Fällen sieht man noch Gas und Staub, aus dem die Sterne gerade entstanden sind. Offene Sternhaufen mit reicher Sternenzahl haben über hundert Sterne, solche mit armer Sternenzahl nur wenige und sind meist unauffällig.
Kugelförmige Sternhaufen: Sie sind so weit entfernt, daß Einzelsterne nur im Teleskop sichtbar sind. In diesem Fall sagt man, der Sternhaufen ist aufgelöst. Ansonsten erscheinen die hunderttausende Sterne eines Kugel-Sternhaufens als ein mehr oder weniger zur Mitte hin konzentrierter Nebelfleck. Die Konzentration zum Zentrum wird auf der Skala von I (extrem konzentriert) bis XII gemessen.
Galaxien: Sie sind fremde Milchstraßensysteme. Im Amateurteleskop lassen sich die wichtigsten Formen unterscheiden. Elliptische Galaxien (E) zeigen sich als elliptischer Nebelfleck. Ähnlich erscheinen lentikuläre Galaxien (S0); sie besitzen Staubwolken, die als dunkle Flecken sichtbar sein können. Spiralgalaxien haben selbst die unterschiedlichsten Gestalten. Manche sind lentikulären ähnlich, haben aber außen schwache Spiralarme (Sa). Das andere Extrem bilden Spiralgalaxien, die keinen Kern und nur Spiralarme haben (Sd). Unregelmäßige Spiralgalaxien (Sm) bilden den Übergang zu den unregelmäßigen Galaxien (Ir), die sich in keine der genannten Gruppen einteilen lassen. Es gibt wesentlich differenziertere Klassifikationsschemen, die beispielsweise auch Balkenspiralen von normalen Spiralen unter-

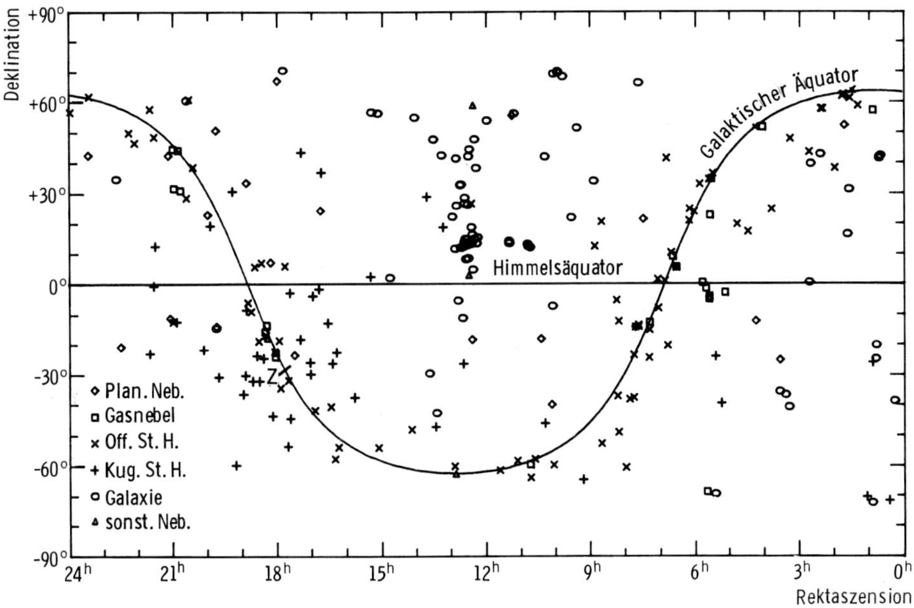

Abb. 6: Verteilung der Nebel am Himmel. Planetarische Nebel, Gasnebel und Offene Sternhaufen befinden sich nahe der Milchstraßenebene (= galaktischer Äquator). Kugelförmige Sternhaufen finden sich auch abseits davon, sind aber zum Milchstraßenzentrum Z hin konzentriert. Galaxien meiden den galaktischen Äquator und sind zum Virgohaufen (Mitte) hin konzentriert. In der Milchstraßenebene kann man wegen interstellarer Absorption durch Staub nur etwa 10 000 Lichtjahre weit blicken. Abseits der Milchstraße sieht man aber Millionen Lichtjahre in die Tiefe des Universums. Ähnlich kann man an einem dunstigen Tag in Richtung Horizont nur einige Kilometer weit blicken, trotzdem scheint die Sonne am Himmel aus 150 Millionen Kilometer Entfernung.

scheiden. Im Amateurteleskop lassen sich jedoch feine Unterschiede meist nicht erkennen.

Abplattung: Elliptische Galaxien werden durch ihre Abplattung von E0 (kreisrund) bis E7 (ziemlich länglich) klassifiziert. Auch für andere Nebel ist die Abplattung interessant. Beispielsweise sehen wir bei einer kreisrunden Spiralgalaxie die Spiralarme am besten. Bei einer sehr länglichen Spiralgalaxie in Kantenlage kann hingegen dunkler Staub der zentralen Ebene sichtbar werden. Im Katalog ist unter der Formangabe die Abplattung jedes Nebels graphisch angedeutet, von einem Kreis bis zur dünnen Linie.

Die Beschreibungen der Nebel beruhen im wesentlichen auf Beobachtungen des Autors, der alle Nebel bei guten Bedingungen mit einem 150-mm-Teleskop beobachtet hat, und auf dem umfassenden Werk Observing Handbook and Catalogue of Deep-Sky Objects. Beschreibungen für den Anblick im Fernglas beziehen sich auf ein 12x50-mm-Fernglas. Die sichtbaren Details hängen natürlich sehr von äußeren Bedingungen ab, so daß die Beschreibungen nur als grober Anhaltspunkt gelten können.

Sternkarten mit Katalog

Katalogangaben

NEBEL	NGC–, IC–, M–Nummer
Bild	Sternbildabkürzung
Ort	Lage in der Sternkarte
v-Helligk.	visuelle Gesamthelligkeit ^{m} und Flächenhelligkeit $\frac{m}{\square'}$
Größe	scheinbarer Durchmesser
Form, Typ	siehe Tabelle Seite 18
Kl.	Klasse, siehe Tabelle S. 14
Entf.	Entfernung, M = Millionen
Rekt., Dekl.	Koordinaten 2000.0

STERN	Bezeichnung
Ort	Lage in der Sternkarte
V-Helligk.	Helligkeit } im UBV-System
B–V	Farbindex } im UBV-System
Te.	Temperatur, Farbe ↓: bläulich, ↓: gelblich
Abs.	absolute V-Helligkeit
Entf.	Entfernung, Lichtjahre
Rekt.	Rektaszension 2000.0
Dekl.	Deklination 2000.0

DOPPELSTERN	Bezeichnung, Ort
V-Helligk.	Helligkeiten } beider Komponenten
B–V	Farbindices } beider Komponenten
Te.	Temperaturen } beider Komponenten
Dist., ∀	Distanz und Winkel
Kl.	Klasse, siehe Tabelle S. 12

VERÄNDERLICHER
Bezeichnung, Ort, Helligkeit und Lichtkurve bzw. Typ, siehe S. 17

Per.	Periode, d = Tage
Max.	Maximumszeitpunkt
Min.	Minimumszeitpunkt

STERN			Ort	V-Helligk.			B–V	Te.	Abs.	Name	Entf.	Rekt.	Dekl.
48		Cas	⊡	•	$4^m.5$	⁑	$0^m.2$	↓	2^M	....	117Lj	$2^h02^m.0$	70°.91
50		Cas	⊡	•	4.0		0.0	↓	0	....	160	2 03.4	72.42
1	α	UMi	⊡	●	2.0		0.6	↓	−4	. . **Polaris** . .	430	2 31.8	89.26
78		Cam	⊡	•	4.8	⁑	0.0	↓	0	auch 32 Cam	320	12 49.2	83.41
5		UMi	⊡	•	4.3		1.4	↓	−1	....	350	14 27.5	75.70
7	β	UMi	⊡	●	2.1		1.5	↓	−1	. . Kochab . .	125	14 50.7	74.16
13	γ	UMi	⊡	●	3.0		0.1	↓	−3	. . Pherkad . .	460	15 20.7	71.83
16	ζ	UMi	⊡	•	4.3		0.0	↓	−1	....	370	15 44.1	77.79
21	η	UMi	⊡	•	5.0		0.4	↓	3	....	97	16 17.5	75.76
22	ε	UMi	⊡	•	4.2		0.9	↓	−1	....	350	16 46.0	82.04
23	δ	UMi	⊡	•	4.4		0.0	↓	1	....	180	17 32.2	86.59
41,40		Dra	⊡	•	5.1	⁑	0.5	↓	1	....	170	18 00.1	80.00
75		Dra	⊡	•	5.1	⁑	1.0	↓	−1	....	500	20 28.0	81.43

DOPPELSTERN		Ort		V-Helligk.		B–V		Te.	Dist.	∀	Kl.
48	Cas	⊡	•	$4^m.7$	$6^m.7$	$0^m.1$	$0^m.4$	↓↓'0	0″.8	••	⊡
								2015	0.6	••	▢
78	Cam	⊡	•	5.3	5.8	0.0	0.0	↓↓	21.5	••	⚁
41,40	Dra	⊡	•	5.7	6.0	0.5	0.5	↓↓	18.8	••	⚁
75	Dra	⊡	•	5.4	6.6	1.0	1.0	↓↓	196.7	••	⚄

Polaris	**Koordinaten**	
1950.0	$1^h48^m.8$	89°.03
2000.0	2 31.8	89.26
2010.0	2 43.7	89.31
2020.0	2 57.1	89.35
2050.0	3 48.3	89.45

Sterngrößen und Maßstab der Sternkarten

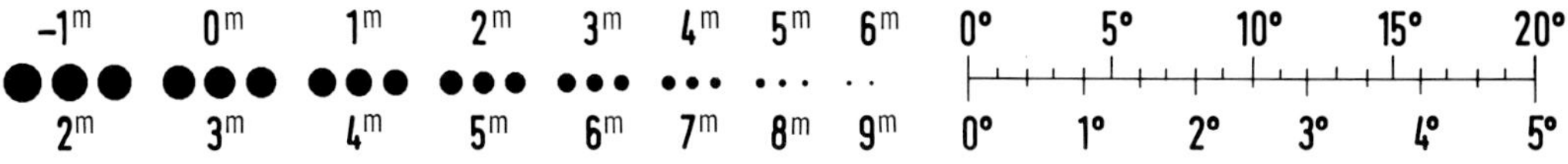

runde Ausschnittsvergrößerungen

Sternhelligkeiten in Zehntels-Größenklassen (20=2.m0, usw.)

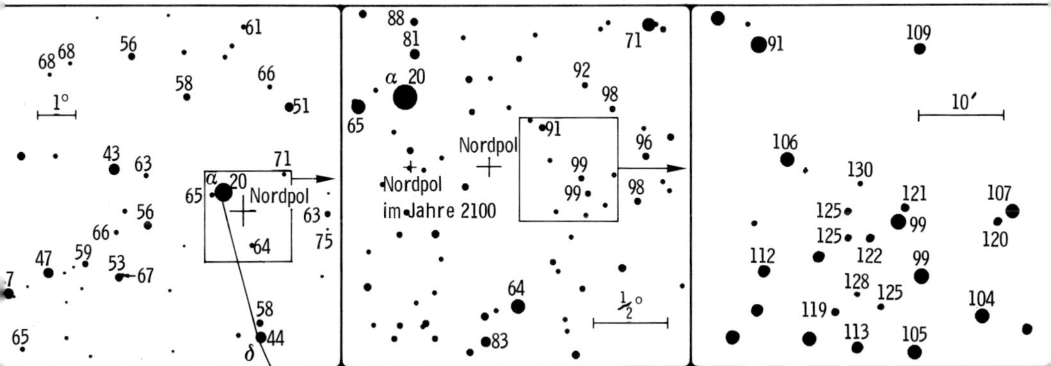

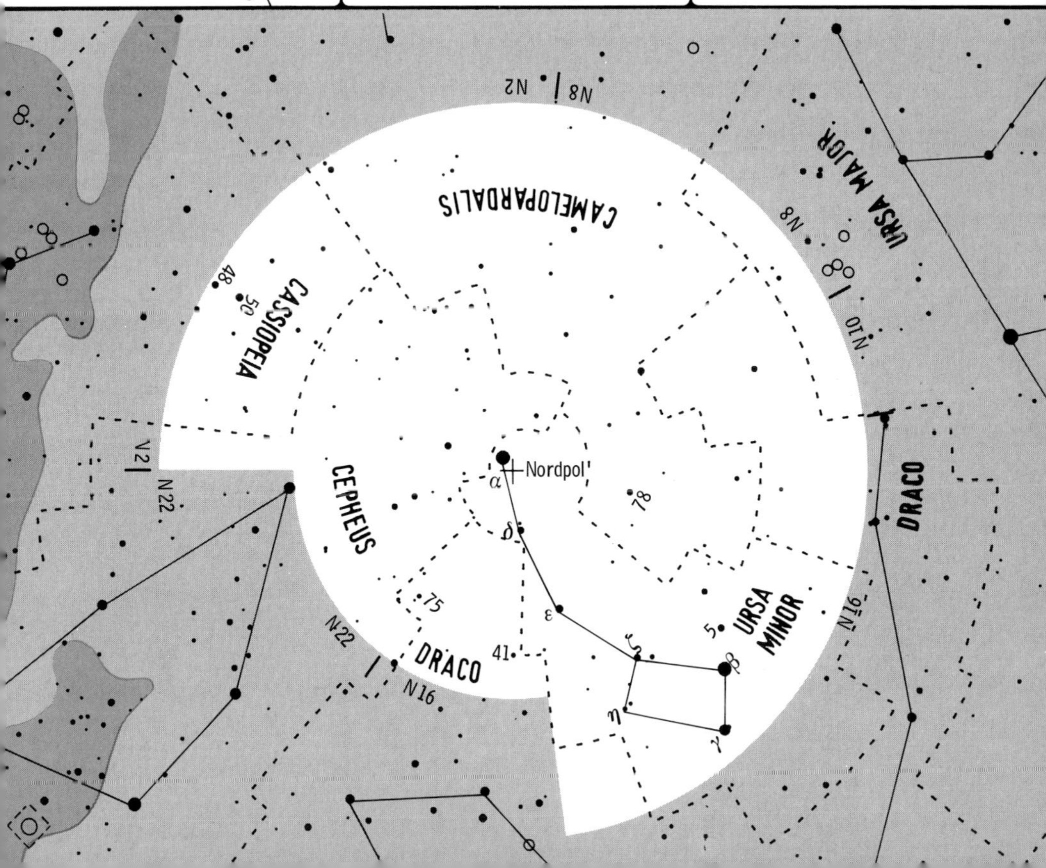

NEBEL		Bild	Ort	v-Helligk.		Größe	Form	Typ		Kl.	Entf.	Rekt.	Dekl.
205	M110	And		$8\frac{1}{2}^{m}$	$12^{m}_{\square'}$	$10'$		E5	**Glx**		3 MLj	$0^{h}40^{m}.4$	$41^{\circ}.69$
221	M32	And		$8\frac{1}{2}$	11	3.5		E2	**Glx**		3 M	0 42.7	40.87
224	M31	And		4	13	150		Sb	**Glx**		3 M	0 42.7	41.27
598	M33	Tri		6	14	50		Sd	**Glx**		3 M	1 33.9	30.66
650	M76	Per		10	11	2.5		U	**PN**		4000	1 42.4	51.57
752	.....	And		6	14	50		m	**OS**		1500	1 57.8	37.68
891	.....	And		$10\frac{1}{2}$	13	10		Sb	**Glx**		40 M	2 22.6	42.33

205 M110 Begleitgalaxie des Andromedanebels, leicht asymmetrisch.

221 M32 Begleiter des Andromedanebels, beinahe punktförmig im Fernglas.

224 M31 **Andromedanebel, Andromeda-Galaxie**, nächste größere Galaxie, vergleichbar mit unserer Milchstraße, ziemlich heller Kern, Staubbänder westlich des Kerns, äußere Spiralarme schwach.

598 M33 **Triangulum-Galaxie, Galaxie im Dreieck**, dunkler Himmel und kleinste Vergrößerung notwendig, im Teleskop zwei bis drei Spiralarme mit Emissionsnebeln und Sternassoziationen.

650 M76 **Kleiner Hantelnebel**, unregelmäßige Form (NGC 650 und 651).

752 ..... Eventuell mit freiem Auge, schön aufgelöst im Fernglas.

891 ..... Lichtschwach, langgestreckt, Kantenlage deutlich im Teleskop.

STERN			Ort		V-Helligk.		B–V	Te.	Abs.	Name	Entf.	Rekt.	Dekl.
21	α	And			$2^{m}.1$		$0^{m}.0$		0^{M}	**Alpheratz, Sirrah**	98Lj	$0^{h}08^{m}.4$	$29^{\circ}.09$
31	δ	And			3.3		1.3		1	....	102	0 39.3	30.86
35	ν	And			4.5		–.1		–2	....	650	0 49.8	41.08
37	μ	And			3.9		0.1		1	....	140	0 56.8	38.50
43	β	And			2.1		1.6		–2	.. **Mirach** ..	200	1 09.7	35.62
50	υ	And			4.1		0.5		3	....	44	1 36.8	41.41
51		And			3.6		1.3		0	....	180	1 38.0	48.63
	φ	Per			4.0		–.1		–3	....	800	1 43.7	50.69
2	α	Tri			3.4		0.5		2	. Elmuthalleth .	64	1 53.1	29.58
56		And			5.0	⁑	1.3		–2	....	320, 900	1 56.0	37.26
57	γ	And			2.1	⁑	1.2		–3	.. **Alamak** ..	370	2 03.9	42.33
4	β	Tri			3.0		0.1		0	....	125	2 09.5	34.99
59		And			5.6	⁑	0.0		1	....	300	2 10.9	39.04
6	ι	Tri			4.9	⁑	0.8		0	....	300	2 12.4	30.30
9	γ	Tri			4.0		0.0		1	....	120	2 17.3	33.85
15		Tri			5.1	⁑	1.1		–2	....	1000	2 35.8	34.70
R		Tri			6.0–10		1.3		–2	....	1000	2 37.0	34.26

DOPPELSTERN					V-Helligk.		B–V		Te.	Dist.	∀	Kl.
56		And			$5^{m}.7$	$5^{m}.9$	$1^{m}.1$	$1^{m}.6$		$201''$		
57	γ	And			2.2	4.9	1.4	0.0		9.6		
59		And			6.1	6.8	0.0	0.1		16.7		
6	ι	Tri			5.2	6.7	0.8	0.5		3.9		
15		Tri			5.4	6.7	1.6	0.2		142.2		

VERÄNDERLICHER

R Tri

Per.	267 d
Max.	2451096
Min.	Max. + 150
Extrema	$5^{m}.4$–$12^{m}.6$

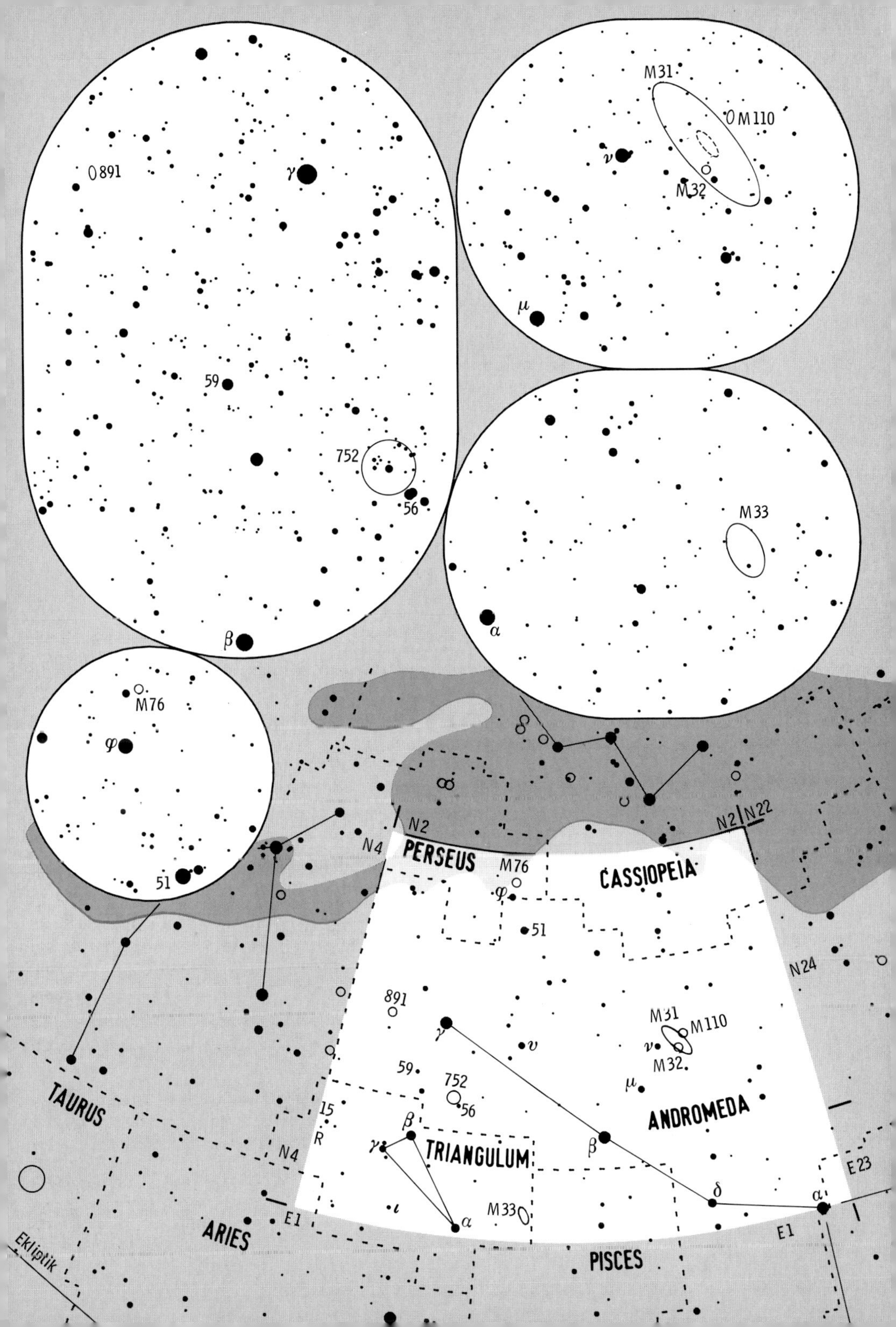
M31
M110
M32
891
59
752
56
M33
M76
51
N2
N4
PERSEUS
CASSIOPEIA
N22
N24
ANDROMEDA
TRIANGULUM
15
R
M33
TAURUS
ARIES
PISCES
E1
E23
Ekliptik

NEBEL		Bild	Ort	v-Helligk.		Größe	Form	Typ	Kl.	Entf.	Rekt.	Dekl.
281	.....	Cas		$7\frac{1}{2}^m$	14^m	20′	0 Em	GN		7000Lj	$0^h52^m.8$	56°.60
457	.....	Cas		$6\frac{1}{2}$	11	12	O r	OS		5000	1 19.1	58.33
559	.....	Cas		8	11	6	0 m	OS		4000	1 29.5	63.30
581	M 103	Cas		$7\frac{1}{2}$	11	6	0 p	OS		7000	1 33.2	60.70
654	.....	Cas		7	10	5	O m	OS		7000	1 44.1	61.88
663	.....	Cas		7	12	15	0 m	OS		7000	1 46.0	61.27
869	.....	Per		4	11	25	O r	OS		8000	2 19.0	57.13
884	.....	Per		4	11	25	0 r	OS		8000	2 22.4	57.12

281 ..... Schwach im Fernglas, interessant im Teleskop mit Nebelfilter.
457 ..... Im Fernglas gut aufgelöst, schöne Sternenanordnung im Teleskop.
559 ..... Im Fernglas schwacher Nebel, aufgelöst im Teleskop, länglich.
581 M 103 Aufgelöst im Fernglas, wenig besser im Teleskop, enthält 7^m Stern.
654 ..... Enthält viele schwache Sterne, erscheint daher meist nebelförmig.
663 ..... Schon im Fernglas wunderbar, viele Einzelsterne in unregelmäßiger Form, enthält zwei Gebiete mit vielen lichtschwachen Sternen.
869 ..... h Persei }
884 ..... χ Persei } **Doppel-Sternhaufen, h und chi im Perseus**, einfach mit freiem Auge als länglicher Nebel sichtbar, Prachtstück im Fernglas, noch besser im Teleskop bei schwacher Vergrößerung; je etwa 60 Sterne sichtbar, tatsächlich je etwa 300 Sterne.

STERN			Ort		V-Helligk.		B−V	Te.	Abs.	Name	Entf.	Rekt.	Dekl.
11	β	Cas		●	$2^m.3$		$0^m.4$		1^M	. . Chaph . .	55Lj	$0^h09^m.2$	59°.15
14	λ	Cas		•	4.7		−.1		0	....	340	0 31.8	54.52
17	ζ	Cas		•	3.7		−.2		−3	....	600	0 37.0	53.90
18	α	Cas		●	2.2		1.2		−2	. . Schedir . .	240	0 40.5	56.54
24	η	Cas		•	3.4	⁑	0.6		5	....	19.4	0 49.1	57.82
27	γ	Cas		●	2.2–2.5		−.1		−4	....	600	0 56.7	60.72
34	φ	Cas		•	4.8	⁑	0.6		−7	bei NGC 457	5000	1 20.1	58.23
37	δ	Cas		●	2.7		0.2		0	. Ruchbah .	100	1 25.8	60.24
45	ε	Cas		•	3.4		−.1		−2	....	450	1 54.4	63.67
	ι	Cas		•	4.5	⁑	0.1		1	....	140	2 29.1	67.40
SU		Cas		·	5.7–6.2		0.7		−3	....	1500	2 52.0	68.89
9	α	Cam		•	4.3		0.0		−7	....	4000	4 54.1	66.34
10	β	Cam		•	4.0	⁑	0.9		−4	....	1000	5 03.4	60.44
11,12		Cam		•	4.8	⁑	0.2		−2	....	700	5 06.2	58.98

DOPPELSTERN					V-Helligk.		B−V		Te.	Dist.	∀	Kl.
24	η	Cas		•	$3^m.5$	$7^m.4$	$0^m.6$	$1^m.4$	'0	12″.8		
									2015	13.3		
34	φ	Cas		•	5.0	7.0	0.7	0.4		134.1		
	ι	Cas		•	4.6	6.9	0.1	0.4	'0	2.9		
									2015	3.0		
10	β	Cam		•	4.0	7.4	0.9	0.3		83.4		
11,12		Cam		•	5.2	6.1	−.1	1.1		178.5		

VERÄNDERLICHER

27 γ Cas ● unregel.
Per. > 1 d
Extrema $1^m.6$–$3^m.0$

SU Cas · 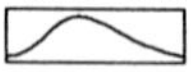
Per. 1.94931 d
Max. 2451000.70
Min. Max. + 1.2

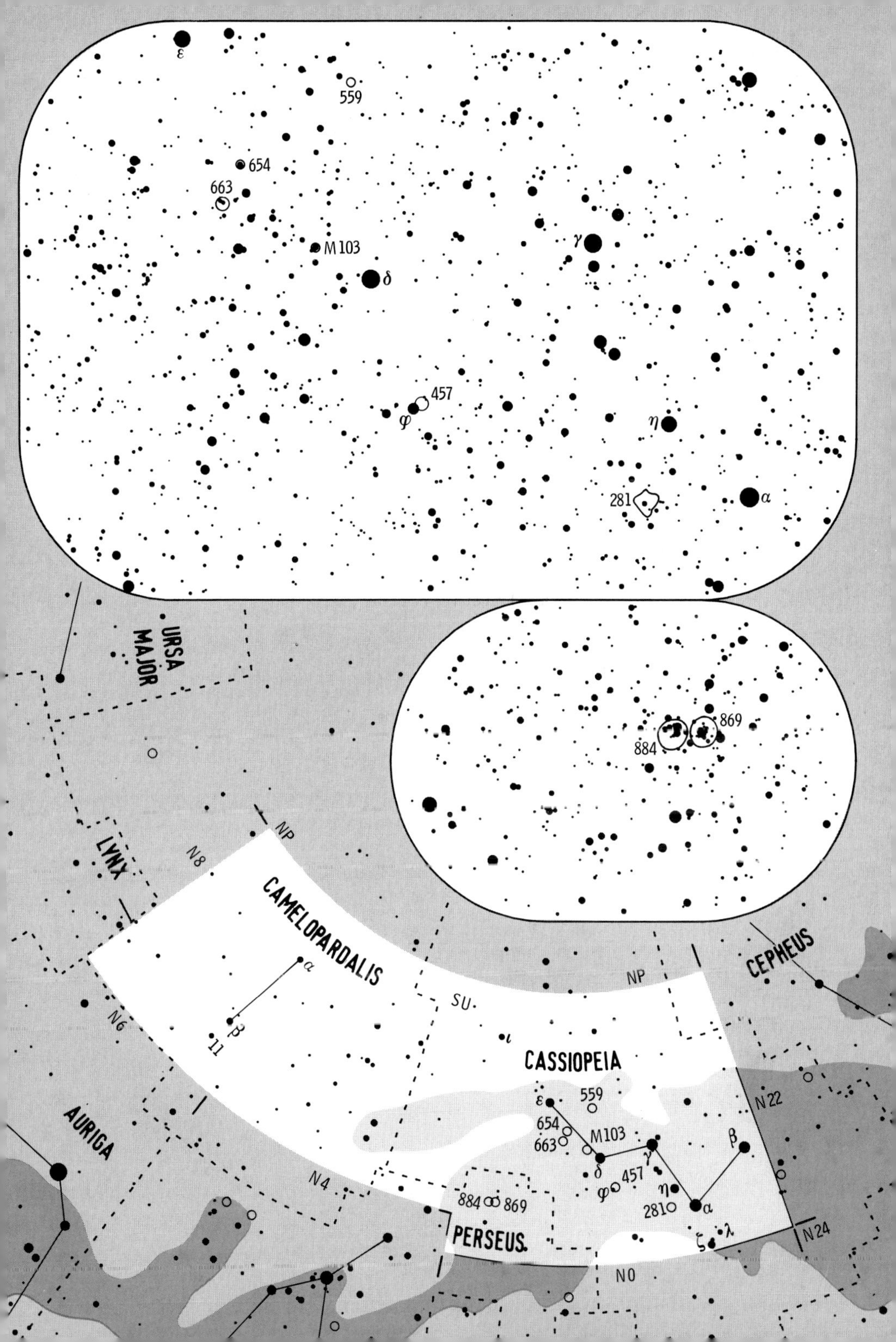

ε
559
654
663
M103
δ
γ
φ
457
η
281
α
884
869
URSA MAJOR
LYNX
NP
N8
CAMELOPARDALIS
α
β
11
N6
SU
ι
NP
CASSIOPEIA
CEPHEUS
AURIGA
N4
884 869
PERSEUS
N0
N22
N24
ζ
λ
β

NEBEL		Bild	Ort	v-Helligk.		Größe	Form	Typ	Kl.	Entf.	Rekt.	Dekl.
1023	.....	Per		10^m	12^m	5′	S0	**Glx**		45 MLj	$2^h40^m.4$	39°.06
1039	M 34	Per		5½	12	30	m	**OS**		1 500	2 42.0	42.78
1245	.....	Per		8½	13	10	r	**OS**		7 000	3 14.7	47.27
1491	.....	Per		10	12	3	Em	**GN**		2 500	4 03.4	51.32
1528	.....	Per		6½	13	25	m	**OS**		2 500	4 15.4	51.23

1023 ..... Schwacher elliptischer Nebel mit hellerem Kern im Teleskop.

1039 M 34 Sehr schöner Sternhaufen für das Fernglas, im Teleskop nur bei schwacher Vergrößerung interessant, einige Sterne entlang von Armen aneinandergereiht, deutliche Zentralkondensation.

1245 ..... Schwacher Nebel im Fernglas, Einzelsterne im Teleskop sichtbar, der Hintergrund bleibt aber neblig durch viele schwache Sterne.

1491 ..... Erst bei stärkerer Vergrößerung gut vom 11^m hellen Stern getrennt.

1528 ..... Interessanter Sternhaufen in jedem Instrument, einige Einzelsterne im Fernglas sichtbar, schwache Sterne unregelmäßig verteilt.

STERN			Ort	V-Helligk.	B–V	Te.	Abs.	Name	Entf.	Rekt.	Dekl.
16		Per		$4^m.2$	$0^m.3$		1^M	....	130Lj	$2^h50^m.6$	38°.32
15	η	Per		3.8	1.7		−4	....	1 200	2 50.7	55.90
18	τ	Per		3.9	0.8		−1	....	250	2 54.3	52.76
23	γ	Per		2.9	0.7		−2	....	250	3 04.8	53.51
25	ϱ	Per		3.3–3.5	1.6		−2	....	310	3 05.2	38.84
26	β	Per		2.1–3.4	0.0		0	. . **Algol** . .	93	3 08.2	40.96
	ι	Per		4.1	0.6		4	....	34.5	3 09.1	49.61
27	κ	Per		3.8	1.0		1	....	113	3 09.5	44.86
33	α	Per		1.8	0.5		−5	. **Mirphak** .	600	3 24.3	49.86
39	δ	Per		3.0	−.1		−3	....	600	3 42.9	47.79
38	o	Per		3.8	0.0		−4	. . . Atik . .	1 200	3 44.3	32.29
41	ν	Per		3.8	0.4		−3	....	600	3 45.2	42.58
44	ζ	Per		2.8	0.1		−5	....	1 200	3 54.1	31.88
45	ε	Per		2.9 ⁑	−.2		−3	....	600	3 57.9	40.01
46	ξ	Per		4.0	0.0		−4	. . Menkib . .	1 500	3 59.0	35.79
48	υ	Per		4.0	0.0		−2	....	600	4 08.7	47.71
51	μ	Per		4.1	0.9		−3	....	750	4 14.9	48.41
1		Cam		5.4 ⁑	0.1		−5	....	4 000	4 32.0	53.91
57		Per		5.6 ⁑	0.3		1	....	220	4 33.4	43.05
2		Cam		5.4 ⁑	0.3		1	....	280	4 40.0	53.47

DOPPELSTERN			Ort	V-Helligk.		B–V		Te.	Dist.	∀	Kl.
45	ε	Per		$2^m.9$	$7^m.5$	$-^m.2$	$0^m.0$		9″.0		
1		Cam		5.8	6.9	0.1	0.1		10.3		
57		Per		6.1	6.8	0.4	0.2		120.9		
2		Cam		5.6	7.4	0.3	0.5	'0	0.7		
								2007	0.8		
								2015	0.8		

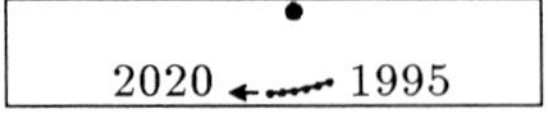

VERÄNDERLICHER

25 ϱ Per ● halbreg.
Extrema $3^m.3$–$4^m.0$

26 β Per ●
Per. 2.86731 d
Min. 2451000.53
Dauer 10 Stunden

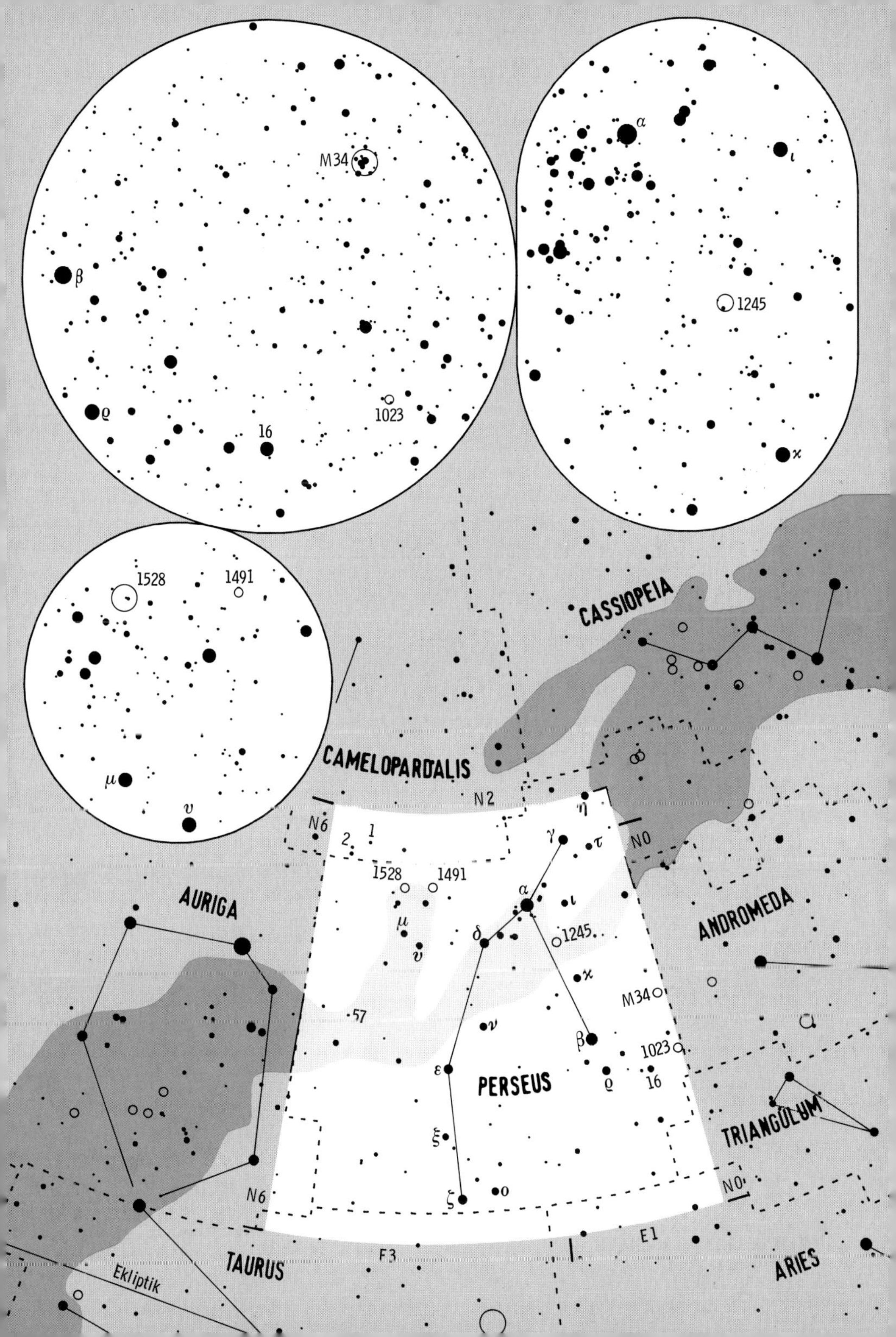
M34
β
ϱ
16
1023
α
ι
1245
κ
1528
1491
μ
υ
CASSIOPEIA
CAMELOPARDALIS
N2
N6
1
2
η
γ
τ
NO
AURIGA
δ
ν
ε
PERSEUS
57
ξ
ζ
o
ANDROMEDA
TRIANGULUM
TAURUS
E3
E1
ARIES
Ekliptik

NEBEL		Bild	Ort	v-Helligk.		Größe	Form	Typ	Kl.	Entf.	Rekt.	Dekl.
1912	M 38	Aur	▫	$6\frac{1}{2}^m$	$12^m_{\square'}$	20′	O m	**OS**	⚄	4 000Lj	$5^h28^m.7$	35°.83
1931	.....	Aur	▫	10	11	2.5	O Em	**GN**	⚀	6 000	5 31.4	34.23
1960	M 36	Aur	▫	6	12	15	O m	**OS**	⚄	4 000	5 36.1	34.13
2099	M 37	Aur	▫	6	12	25	O r	**OS**	⚄	4 000	5 52.4	32.53
2281	.....	Aur	▫	6	12	20	O p	**OS**	⚄	2 000	6 49.3	41.07

1912 M 38 Teilweise aufgelöst, interessante Anordnung der schwachen Sterne.
1931 ..... Kleiner Gasnebel, stärkere Vergrößerung zeigt Sterne im Nebel.
1960 M 36 Einige Sterne im Fernglas aufgelöst, etwa 60 Sterne im Teleskop, zum Zentrum hin konzentriert, wenig schwache Sterne, Sternketten.
2099 M 37 Im Fernglas als heller großer ovaler Nebel sichtbar, der sich im Teleskop in eine imposante Anzahl von Sternen auflöst.
2281 ..... Im Fernglas hellere, unregelmäßig verstreute Sterne, Kern oval.

STERN			Ort	V-Helligk.		B−V	Te.	Abs.	Name	Entf.	Rekt.	Dekl.
3	ι	Aur	▫	● $2^m.7$		$1^m.5$	↓	-3^M	....	500Lj	$4^h57^m.0$	33°.17
4	ω	Aur	▫	• 4.9	⁑	0.0	↓	1	....	160	4 59.3	37.89
7	ε	Aur	▫	● 3.0–3.8		0.5	↓	−7	....	3 000	5 02.0	43.82
8	ζ	Aur	▫	● 3.7–4.0		1.2	↓	−3	....	800	5 02.5	41.08
10	η	Aur	▫	● 3.2		−.2	↓	−1	....	220	5 06.5	41.23
14		Aur	▫	• 4.9	⁑	0.2	↓	0	....	270	5 15.4	32.69
13	α	Aur	▫	⬤ 0.1		0.8	↓	0	. . **Capella** . .	42	5 16.7	46.00
26		Aur	▫	· 5.4		0.4	↓	0	....	450	5 38.6	30.49
32	ν	Aur	▫	• 4.0		1.1	↓	0	....	220	5 51.5	39.15
33	δ	Aur	▫	• 3.7		1.0	↓	1	....	140	5 59.5	54.28
34	β	Aur	▫	● 1.9		0.1	↓	0	. Menkalinan .	82	5 59.5	44.95
37	ϑ	Aur	▫	● 2.6	⁑	−.1	↓	−1	....	175	5 59.7	37.21
41		Aur	▫	· 5.8	⁑	0.1	↓	1	....	300	6 11.6	48.71
5		Lyn	▫	· 5.1	⁑	1.5	↓	−2	......	650, 1 500	6 26.8	58.42
48		Aur	▫	· 4.9–5.8		0.7	↓	−4	. RT Aurigae .	2 000	6 28.6	30.49
12		Lyn	▫	· 4.8	⁑	0.1	↓	1	....	230	6 46.2	59.44
15		Lyn	▫	• 4.4		0.8	↓	1	....	170	6 57.3	58.42
19		Lyn	▫	· 5.3	⁑	−.1	↓	−1	....	500	7 22.9	55.29

DOPPELSTERN				V-Helligk.		B−V		Te.	Dist.	∀	Kl.
4	ω	Aur	▫	· $5^m.0$	$8^m.0$	$0^m.0$	$0^m.5$	↓↓	4″.9	⁝	⚀
14		Aur	▫	· 5.0	7.9	0.2	0.4	↓↓	14.3	⁝	⚁
37	ϑ	Aur	▫	● 2.7	7.1	−.1	0.5	↓↓	3.6	⁝	⚀
41		Aur	▫	· 6.2	7.0	0.1	0.2	↓↓	7.6	⁝	⚁
5		Lyn	▫	· 5.2	7.8	1.5	1.1	↓↓	95	⁝	⚂
12		Lyn	▫	· 4.9 ⁑	7.2	0.1	0.3	↓↓	8.9	⁝	⚁
				5.4	6.0	0.1	0.1	↓↓ '0	1.8	⁝	⚀
								2015	1.9	⁝	⚀
19		Lyn	▫	· 5.4 ⁑	7.6	−.1	0.0	↓↓	213.5	⁝	⚅
				5.8	6.8	−.1	0.0	↓↓	14.8	⁝	⚁

VERÄNDERLICHER

7 ε Aur ▫ ●
Min. Juli 2010
Dauer 22 Monate

8 ζ Aur ▫ •
Per. 972.2 d
Min. 2451025
Dauer 40 d

48 RT Aur ▫ ·
Per. 3.7281 d
Max. 2451003.3

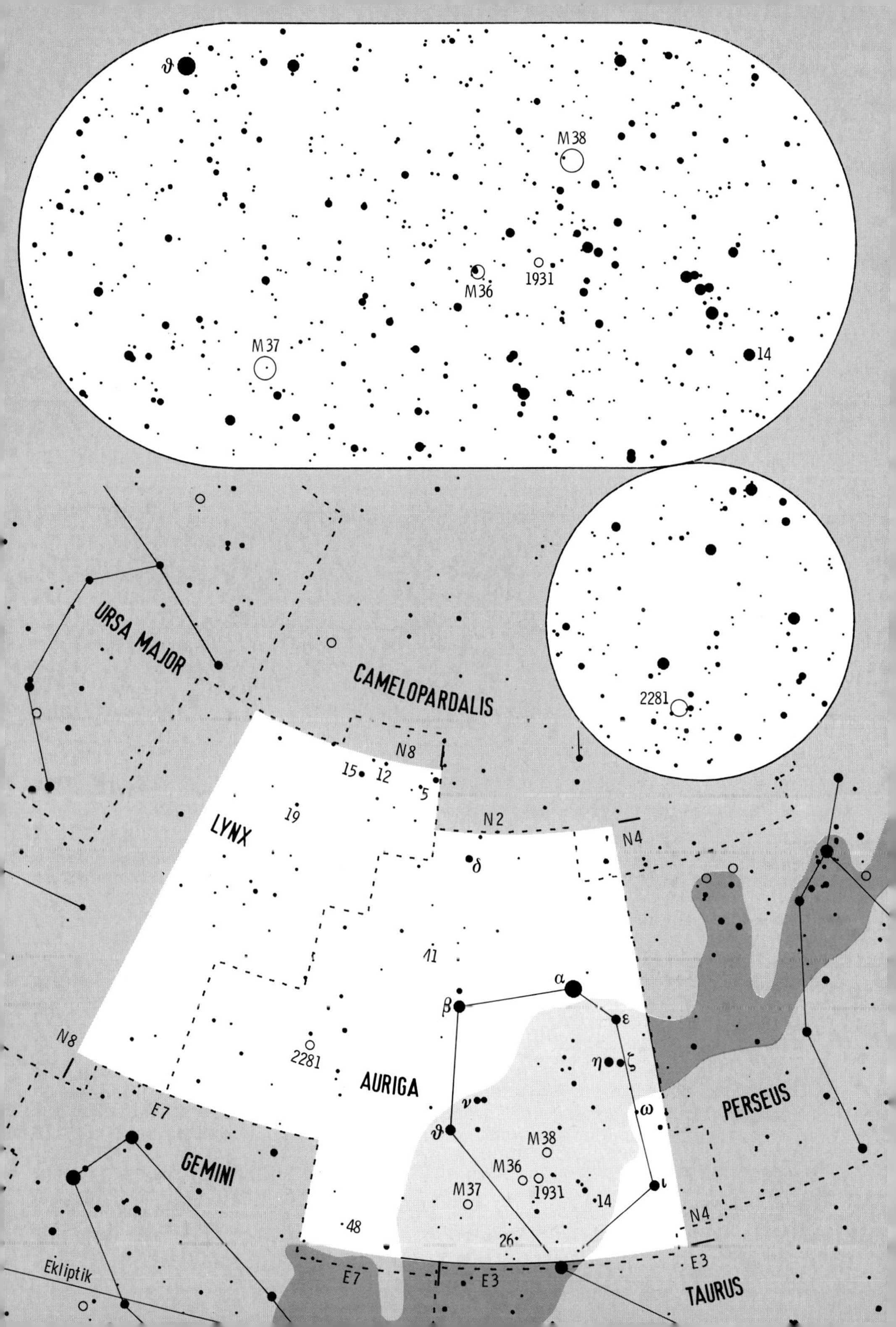

ϑ
M38
M36
1931
M37
14
2281
URSA MAJOR
CAMELOPARDALIS
N8
15
12
5
19
LYNX
N2
N4
δ
41
α
β
ε
η
ζ
N8
2281
AURIGA
ν
ω
PERSEUS
E7
ϑ
M38
M36
1931
ι
GEMINI
M37
14
48
26
N4
E3
Ekliptik
E7
E3
TAURUS

NEBEL		Bild	Ort	v-Helligk.		Größe	Form	Typ	Kl.	Entf.	Rekt.	Dekl.
2403	.....	Cam		$8\frac{1}{2}^m$	$13^m_{\square'}$	12′	0	Sd	**Glx**		10 MLj	$7^h36^m.9$	65°.60
2683	.....	Lyn		10	12	8	|	Sb	**Glx**		20 M	8 52.7	33.42
2841	.....	UMa		$9\frac{1}{2}$	13	7	0	Sb	**Glx**		35 M	9 22.0	50.98
2976	.....	UMa		$10\frac{1}{2}$	12	4	0	Sc	**Glx**		13 M	9 47.3	67.91
3031	M 81	UMa		7	12	18	0	Sa	**Glx**		13 M	9 55.6	69.07
3034	M 82	UMa		$8\frac{1}{2}$	12	10	0	Ir	**Glx**		13 M	9 55.9	69.68
3077	.....	UMa		10	12	3	O	Ir	**Glx**		13 M	10 03.4	68.73

2403 ..... Im Fernglas gut sichtbar, Spiralarme im Teleskop angedeutet.
2683 ..... Lichtschwach, Kantenlage, Staubstrukturen schwach im Teleskop.
2841 ..... Hellerer kleiner Kern in einem länglichen Nebel.
2976 ..... Begleitgalaxie von M 81, schwacher elliptischer Nebel im Teleskop.
3031 M 81 Hauptgalaxie einer Gruppe von Galaxien, einfach im Fernglas, helles rundes Zentralgebiet, punktförmiger Kern, länglicher Halo; ab 45′ Gesichtsfeld schöner Anblick zusammen mit M 82.
3034 M 82 Hellste Begleitgalaxie von M 81, aktive Galaxie in nahezu Kantenlage, wunderbare Staubstrukturen im Teleskop, Zentralgebiet dreigeteit, asymmetrische Helligkeitsverteilung.
3077 ..... Begleitgalaxie von M 81, hellerer kreisförmiger Kern, strukturlos.

STERN			Ort	V-Helligk.		B−V	Te.	Abs.	Name	Entf.	Rekt.	Dekl.
31		Lyn		• $4^m.3$		$1^m.5$		-1^M	....	400Lj	$8^h22^m.8$	43°.19
1	*ο*	UMa		• 3.3–3.4		0.9		0	....	180	8 30.3	60.72
9	*ι*	UMa		• 3.1		0.2		2	. . Talitha . .	48	8 59.2	48.04
10		UMa		• 4.0		0.5		3	Sternbild Lynx	53	9 00.6	41.78
12	*κ*	UMa		• 3.6		0.0		−2	....	400	9 03.6	47.16
38		Lyn		• 3.8	⁑	0.1		1	....	122	9 18.8	36.80
40	*α*	Lyn		• 3.1		1.5		−1	....	220	9 21.1	34.39
41		Lyn		· 5.3	⁑	1.0		1	Sternbild UMa	290	9 28.7	45.60
23		UMa		• 3.7		0.4		2	....	76	9 31.5	63.06
25	*ϑ*	UMa		• 3.2		0.5		3	....	44	9 32.9	51.68
24		UMa		• 4.5		0.8		2	....	105	9 34.5	69.83
29	*υ*	UMa		• 3.8		0.3		1	....	115	9 51.0	59.04
31	*β*	LMi		• 4.2		0.9		1	....	145	10 27.9	36.71
46		LMi		• 3.8		1.0		1	. auch *o* LMi .	98	10 53.3	34.21

Sternbildgrenzen (gestrichelt in den Sternkarten): Als Flamsteed vor 300 Jahren die Sterne durchnumerierte, gab es keine festen Sternbildgrenzen. Sie wurden erst im Jahre 1930 von der Internationalen Astronomischen Union festgelegt. Ein paar Sterne wechselten bei dieser Festlegung ihr Sternbild. So stehen 10 Ursae Majoris und 41 Lyncis nicht mehr in dem Sternbild ihrer Bezeichnung.

DOPPELSTERN			V-Helligk.		B−V		Te.	Dist.	∀	Kl.
38	Lyn		• $3^m.9$	$6^m.2$	$0^m.1$	$0^m.5$		2″.7		
41	Lyn		· 5.4	7.8	1.0	0.6		71.3		

VERÄNDERLICHER

1 *o* UMa • unreg.?
Extrema $3^m.3$–$3^m.8$

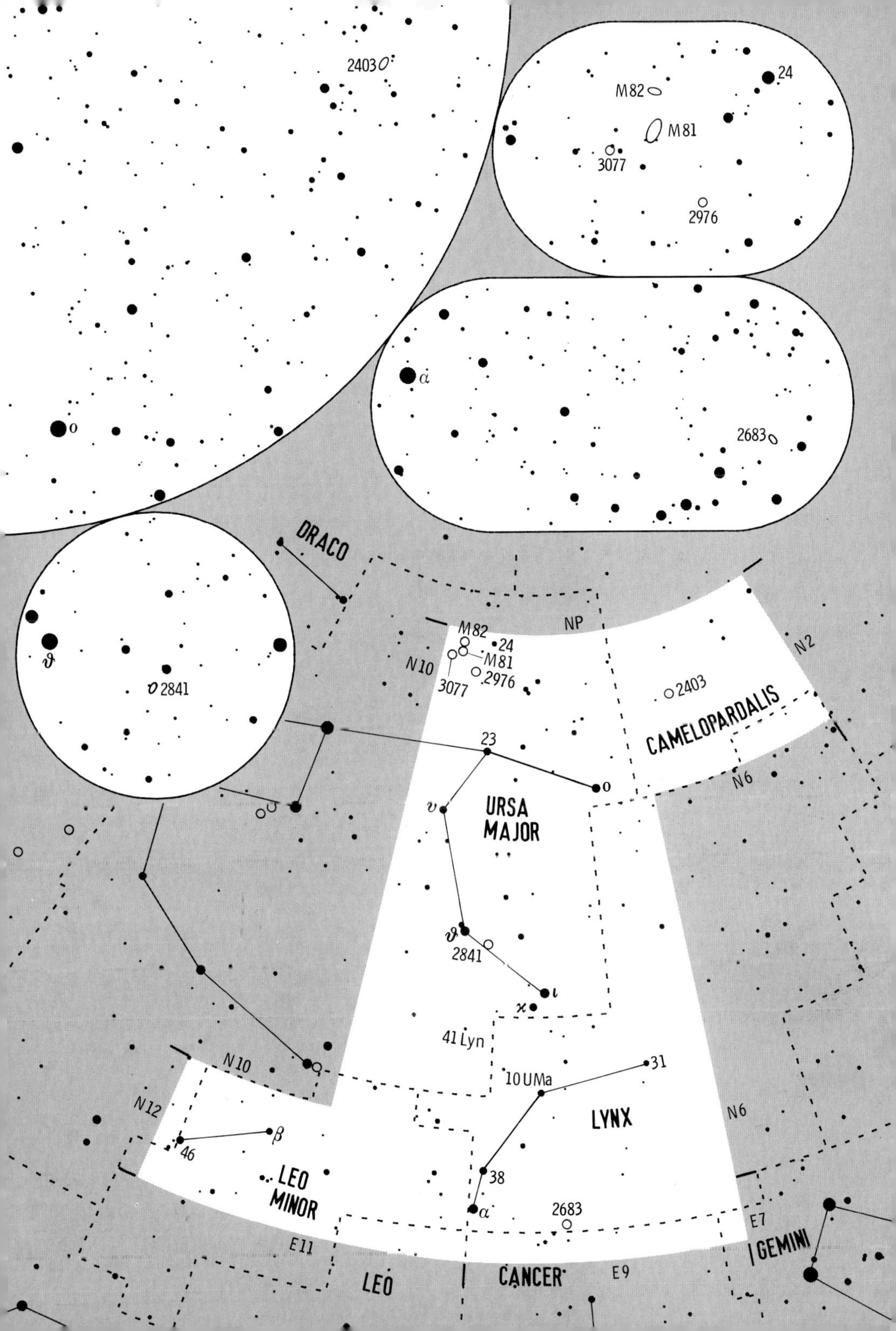
2403
M82
24
M81
3077
2976
α
2683
o
DRACO
ϑ
2841
NP
N10
M82
24
M81
3077
2976
2403
CAMELOPARDALIS
N2
23
o
N6
υ
URSA
MAJOR
ϑ
2841
ι
κ
41 Lyn
N10
10 UMa
31
N12
LYNX
N6
β
46
LEO
MINOR
38
α
2683
E7
GEMINI
E11
LEO
CANCER
E9

NEBEL		Bild	Ort	v-Helligk.		Größe	Form	Typ		Kl.	Entf.	Rekt.	Dekl.
3184	.....	UMa		10^{m}	$13^{m}_{\square'}$	5′	0	Sd	**Glx**		35 MLj	$10^{h}18^{m}.3$	41°42
3556	M 108	UMa		10½	13	8	|	Sd	**Glx**		45 M	11 11.5	55.67
3587	M 97	UMa		10	12	3	O	K	**PN**		2 500	11 14.8	55.02
3992	M 109	UMa		10	13	6	0	Sc	**Glx**		60 M	11 57.6	53.38
	M 40	UMa		8½	(8)	0.8	|	Doppelstern			500	12 22.4	58.08
5457	M 101	UMa		8	14	20	O	Sd	**Glx**		25 M	14 03.2	54.35

3184 ..... Lichtschwach, kaum Struktur, Spiralstruktur unbeobachtbar.

3556 M 108 Deutliche Kantenlage, längliches Zentralgebiet, Staubstrukturen im Teleskop angedeutet; im 1° Gesichtsfeld zusammen mit M 97.

3587 M 97 **Eulennebel**, kreisförmig, beide dunklen Augen kaum erkennbar.

3992 M 109 Lichtschwaches Messier-Objekt, hellerer Kern im Teleskop.

M 40 Doppelstern, zwei 9^{m} Sterne in 50″ Distanz, Messier beschreibt genau diesen Doppelstern als M 40, Identifizierung zweifelsfrei.

5457 M 101 **Spiralrad-Galaxie**, helleres Kerngebiet am ehesten beobachtbar, bei exzellenten Bedingungen und schwächster Vergrößerung auch der enorm große Halo; Spiralarme kaum erkennbar, aber zumindest ein paar hellere Stellen, besonders am Südwestrand.

STERN			Ort	V-Helligk.		B−V	Te.	Abs.	Name	Entf.	Rekt.	Dekl.
33	λ	UMa		•	$3^{m}.5$	$0^{m}.0$		0^{M}	Tania Borealis	135Lj	$10^{h}17^{m}.1$	42°91
34	μ	UMa		•	3.1	1.6		−1	Tania Australis	250	10 22.3	41.50
VY		UMa		·	5.9–6.1	2.4		−2	....	1 200	10 45.1	67.41
48	β	UMa		●	2.3	0.0		0	... **Merak** ...	80	11 01.8	56.38
50	α	UMa		●	1.8	1.1		−1	... **Dubhe** ...	125	11 03.7	61.75
52	ψ	UMa		•	3.0	1.1		0	....	145	11 09.7	44.50
63	χ	UMa		•	3.7	1.2		0	....	200	11 46.1	47.78
64	γ	UMa		●	2.4	0.0		0	**Phegda, Phad**	84	11 53.8	53.69
69	δ	UMa		•	3.3	0.1		1	.. **Megrez** ..	81	12 15.4	57.03
77	ε	UMa		●	1.8	0.0		0	... **Alioth** ...	82	12 54.0	55.96
78		UMa		·	4.9 ⁑	0.4		3	....	82	13 00.7	56.37
79	ζ	UMa		●	2.0 ⁑	0.1		0	**Mizar** } Dist. 11′.8	80	13 23.9	54.93
80		UMa		•	4.0	0.2		2	**Alcor** }	80	13 25.2	54.99
85	η	UMa		●	1.9	−.1		−1	**Alkaid, Benetnasch**	102	13 47.5	49.31

Mizar, Alcor: Dieser Doppelstern wird gerne als Augenprüfer bezeichnet. Der Abstand von 11.8 Bogenminuten ist deutlich größer als das Auflösungsvermögen des normalen Auges (etwa 5′). Deshalb sollte man Alcor, das Reiterlein, bei dunklem Himmel mit freiem Auge gut erkennen können. Weitere Augenprüfer sind ϑ Tau (Karte E3), α Cap = Algiedi (E22), μ Sco (S21) und δ Gru (S24).

DOPPELSTERN			V-Helligk.		B−V		Te.	Dist.	∀	Kl.
78		UMa	· $5^{m}.0$	$7^{m}.8$	$0^{m}.3$	$0^{m}.7$	'0	1″.4		
							2015	1.1		
79	ζ	UMa	● 2.3	3.9	0.0	0.1		14.4		

VERÄNDERLICHER

VY UMa · unregel.
Extrema $5^{m}.8$–$7^{m}.0$
Sehr orangefarben.

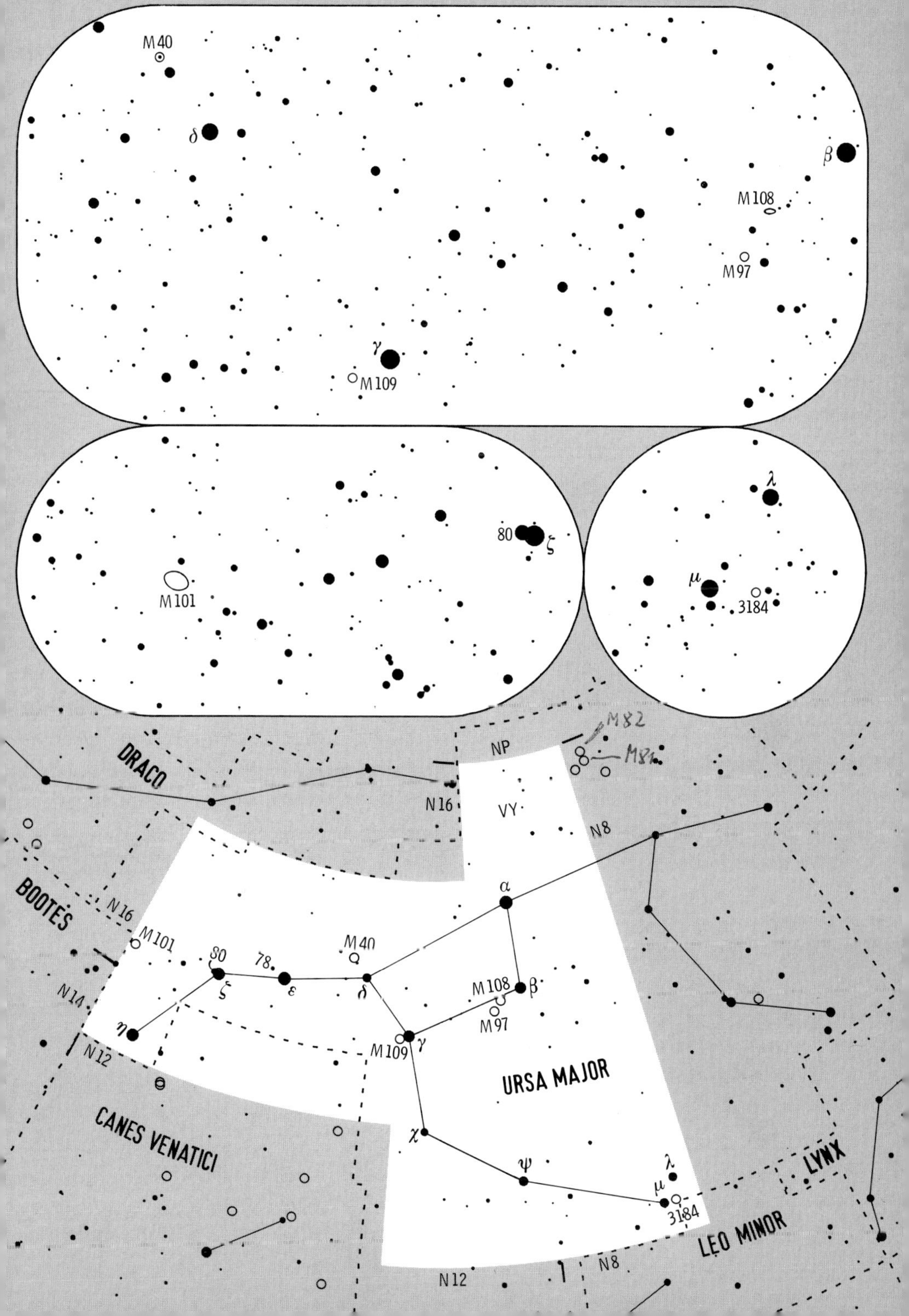

M40
δ
β
M108
M97
γ
M109
80
ζ
M101
λ
μ
3184
M82
M81
NP
DRACO
N16
VY
N8
BOOTES
N16
M101
80
78
M40
α
ζ
ε
δ
M108
β
M97
N14
η
M109
γ
N12
URSA MAJOR
CANES VENATICI
χ
ψ
λ
μ
3184
LYNX
LEO MINOR
N12
N8

NEBEL		Bild	Ort	v-Helligk.		Größe	Form		Typ	Kl.	Entf.	Rekt.	Dekl.
4244	.....	CVn		$10\frac{1}{2}^m$	13^m	15′	|	Sd	**Glx**		16 MLj	$12^h17^m.5$	37°.81
4258	M 106	CVn		$8\frac{1}{2}$	13	12	0	Sc	**Glx**		30 M	12 19.0	47.30
4449	.....	CVn		$9\frac{1}{2}$	12	4	0	Ir	**Glx**		16 M	12 28.2	44.09
4490	.....	CVn		10	12	5	0	Sd	**Glx**		40 M	12 30.6	41.64
4736	M 94	CVn		$8\frac{1}{2}$	11	4	0	Sa	**Glx**		20 M	12 50.9	41.12
5055	M 63	CVn		9	12	6	0	Sc	**Glx**		30 M	13 15.8	42.04
5194	M 51	CVn		$8\frac{1}{2}$	13	8	0	Sc	**Glx**		30 M	13 29.9	47.20
5195	.....	CVn		10	12	3	0	Ir	**Glx**		30 M	13 30.0	47.27

4244 ..... Ziemlich lichtschwache Galaxie, aber auffällige Kantenlage.

4258 M 106 Im Fernglas ovaler Nebel, im Teleskop deutliches Zentralgebiet mit hellem Kern, schwache Staubstrukturen, Ansätze der Spiralarme; $11\frac{1}{2}^m$ Galaxien NGC 4217 und 4220 35′ westlich und 45′ nordwestlich.

4449 ..... Etwa rechteckige Form, helleres längliches Zentralgebiet, im Teleskop Staubwolken angedeutet, Halo im Nordwesten etwas heller.

4490 ..... Längliches Zentralgebiet vor einem größeren lichtschwachen Hintergrundhalo; Lichtbrücke zur 12^m Galaxie NGC 4485, nur 4′ nördlich.

4736 M 94 Heller markanter kreisrunder Kern, lichtschwacher Halo oval in Richtung Ost-West, Ansätze von Strukturen im Teleskop.

5055 M 63 Deutlicher Kern, ovaler Halo, Spiralarme unbeobachtbar.

5194 M 51 **Strudel-Galaxie**, hellerer Kern einfach sichtbar, lange Spiralarme im Teleskop schwach erkennbar, ein Arm windet sich auf NGC 5195 zu, wunderbar, vielleicht die schönste Spirale am Firmament.

5195 ..... Wahrscheinlich Begleitgalaxie von M 51, berührt M 51, Abstand der Kerne 5′, erscheint kaum schwächer aber kleiner als M 51.

STERN			Ort	V-Helligk.			B–V	Te.	Abs.	Name	Entf.	Rekt.	Dekl.
53	ξ	UMa		•	$3^m.8$	☆	$0^m.6$	↓	4^M	Alula Australis	25Lj	$11^h18^m.2$	31°.53
54	ν	UMa		•	3.5		1.4	↓	−2	Alula Borealis	420	11 18.5	33.09
8	β	CVn		•	4.2		0.6	↓	5	....	27.3	12 33.7	41.36
Y		CVn		·	5.2–5.6		2.9	↓	−2	....	800	12 45.1	45.44
12	α	CVn		●	2.8	☆	−.1	↓	0	. Cor Caroli .	110	12 56.0	38.32
17,15		CVn		·	5.3	☆	0.1	↓	−1	......	200, 1 000	13 09.9	38.51
25		CVn		·	4.8	☆	0.2	↓	1	....	190	13 37.5	36.29

DOPPELSTERN				V-Helligk.			B–V		Te.	Dist.	∀	Kl.
53	ξ	UMa		•	$4^m.3$	$4^m.8$	$0^m.6$	$0^m.6$	↓↓'0	1″.8	••	
									2003	1.8	••	
									2006	1.7	••	
									2009	1.6	••	
									2012	1.7	••	
									2015	1.8	••	
12	α	CVn		●	2.9	5.5	−.1	0.3	↓↓	19.3	••	
17,15		CVn		·	5.9	6.3	0.3	−.1	↓↓	278	••	
25		CVn		·	5.0	7.0	0.2	0.3	↓↓	1.8	••	

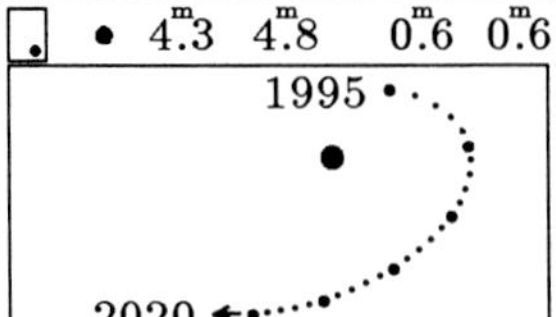

VERÄNDERLICHER

Y CVn · halbreg.
Per. ca. 157 d
Extrema $4^m.9$–$6^m.0$
Roter Riesenstern mit 400 Millionen Kilometer Durchmesser; die Farbe ist nur bei großer Öffnung auffällig.

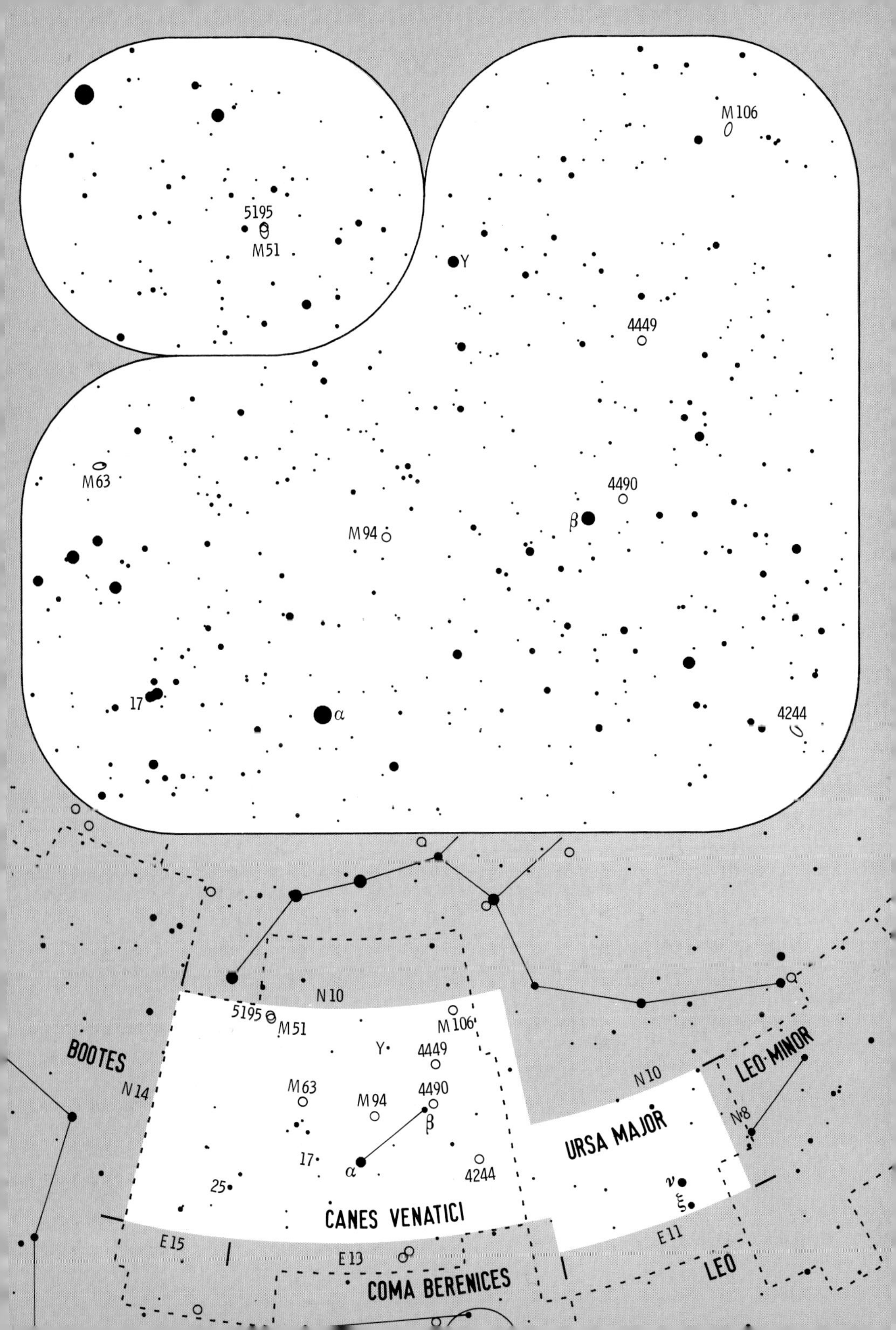

5195
M51
M106
Y
4449
M63
4490
M94
β
17
α
4244
N10
BOOTES
N14
LEO·MINOR
URSA MAJOR
N8
25
CANES VENATICI
ν
ξ
E15
E13
E11
COMA BERENICES
LEO

NEBEL		Bild	Ort	v-Helligk.		Größe	Form	Typ	Kl.	Entf.	Rekt.	Dekl.
6205	M 13	Her		6^m	12^m	15′	O V	**KS**		25 000Lj	$16^h 41^m.7$	36°.46
6341	M 92	Her		$6\frac{1}{2}$	11	8	O IV	**KS**		30 000	17 17.1	43.14

6205 M 13 **Kugelsternhaufen im Herkules**, heller Nebel im Fernglas, Randpartien schön aufgelöst im stärker vergrößernden Teleskop.

6341 M 92 Ähnlich M 13, einige Einzelsterne am Rand im Teleskop, Halo oval.

STERN			Ort	V-Helligk.	B–V	Te.	Abs.	Name	Entf.	Rekt.	Dekl.
17	κ	Boo		$4^m.4$	$0^m.2$		1^M	Dist. 36′	165Lj	$14^h 13^m.5$	51°.79
21	ι	Boo		4.7	0.2		2		98	14 16.2	51.37
23	ϑ	Boo		4.0	0.5		3		48	14 25.2	51.85
27	γ	Boo		3.0	0.2		1	Ceginus	86	14 32.1	38.31
39		Boo		5.7	0.5		1		230	14 49.7	48.72
42	β	Boo		3.5	1.0		−1	Nekkar	220	15 01.9	40.39
44	i	Boo		4.7–4.9	0.6		4		42	15 03.8	47.65
49	δ	Boo		3.4	0.9		1		118	15 15.5	33.31
51	μ	Boo		4.2	0.3		1	Alkalurops	120	15 24.5	37.38
7	ζ	CrB		4.6	−.1		−1		450	15 39.4	36.64
11	φ	Her		4.2	−.1		0		230	16 08.8	44.93
17	σ	CrB		5.2	0.6		4		71	16 14.7	33.86
22	τ	Her		3.9	−.1		−1		320	16 19.7	46.31
30	g	Her		4.5–5.2	1.4		−1		360	16 28.6	41.88
35	σ	Her		4.2	0.0		−1		300	16 34.1	42.44
40	ζ	Her		2.8	0.7		3		35	16 41.3	31.60
44	η	Her		3.5	0.9		1		112	16 42.9	38.92
58	ε	Her		3.9	0.0		0		165	17 00.3	30.93
67	π	Her		3.2	1.4		−2		360	17 15.0	36.81
68	u	Her		4.8–5.5	−.1		−2		900	17 17.3	33.10
75	ϱ	Her		4.1	0.0		−1		400	17 23.7	37.15
85	ι	Her		3.8	−.2		−2		500	17 39.5	46.01
91	ϑ	Her		3.9	1.4		−3		600	17 56.3	37.25

DOPPELSTERN				V-Helligk.		B–V		Te.	Dist.	Kl.
17	κ	Boo		$4^m.5$	$6^m.6$	$0^m.2$	$0^m.4$		13″.6	
21	ι	Boo		4.8	8.1	0.2	0.8		38.8	
39		Boo		6.2	6.6	0.5	0.5		2.7	
44	i	Boo		5.1	6–7	0.6	0.7	'0	2.2	
								2007	2.3	
								2015	2.1	
49	δ	Boo		3.5	7.8	1.0	0.6		104.9	
51	μ	Boo		4.3	6.5	0.3	0.6		108.8	
				7.0	7.6	0.6	0.6		2.2	
7	ζ	CrB		5.0	6.0	−.1	−.1		6.3	
17	σ	CrB		5.6	6.6	0.6	0.6		7.1	
75	ϱ	Her		4.5	5.5	0.0	0.0		4.1	

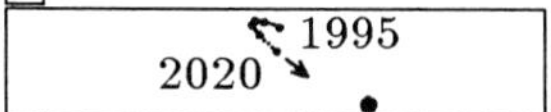

VERÄNDERLICHER

44 i Boo
Per. 0.267819 d
Min. 2451000.12
Hauptstern $5^m.1$
Begleiter $6^m.0$–$6^m.6$

30 g Her · halbreg.
Per. 70–90 d
Extrema $4^m.3$–$6^m.3$

68 u Her
Per. 2.05107 d
Min. 2451001.9
Dauer ca. 10 Std.

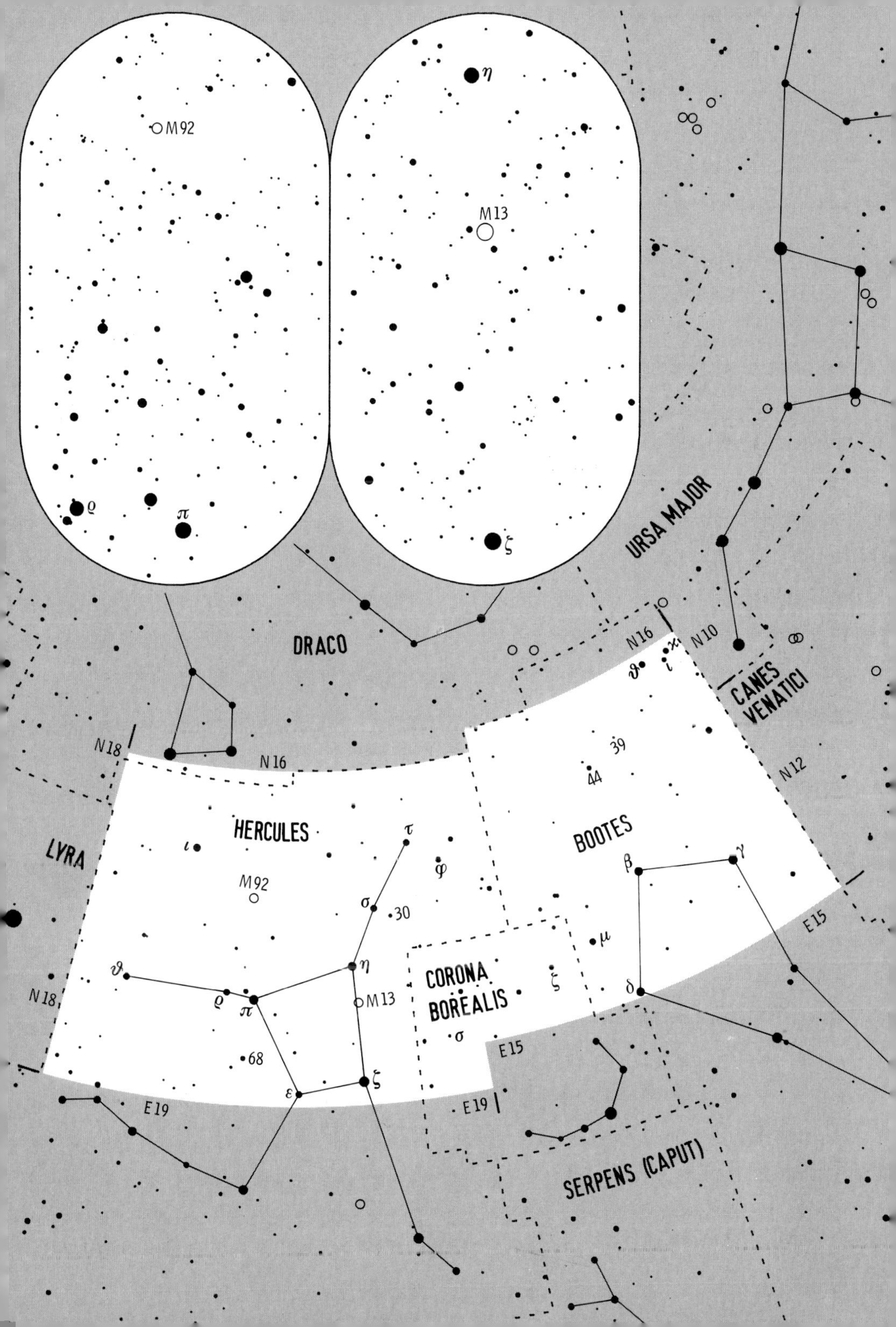
M92
M13
URSA MAJOR
DRACO
N16
N10
CANES VENATICI
N18
N16
39
44
N12
HERCULES
BOOTES
LYRA
M92
30
CORONA BOREALIS
M13
68
E15
E19
E19
E15
SERPENS (CAPUT)

NEBEL		Bild	Ort	v-Helligk.		Größe	Form	Typ	Kl.	Entf.	Rekt.	Dekl.
5866	M 102	Dra		$10\frac{1}{2}^{m}$	$11^{m}_{\square'}$	3′		S0	**Glx**		40 MLj	$15^{h}06^{m}.5$	55°.76
5907	.....	Dra		$10\frac{1}{2}$	13	9		Sc	**Glx**		40 M	15 15.9	56.33
6503	.....	Dra		$10\frac{1}{2}$	11	4		Sd	**Glx**		16 M	17 49.5	70.14
6543	.....	Dra		8	6	0.4		K	**PN**		3 000	17 58.6	66.63

5866 M 102 Deutlich elliptischer Nebel, strukturlos, siehe Bemerkung unten.
5907 ..... Schwierig wegen Lichtschwäche, aber auffällige Kantenlage.
6503 ..... Nahezu Kantenlage, länglich, nördlichster Nebel des Katalogs.
6543 ..... Einfach sichtbar aber nur punktförmig im Fernglas, helle blaugrüne Ellipse im Teleskop, nur 10′ nordwestlich des Ekliptik-Nordpols.

STERN		Bild	Ort	V-Helligk.		B−V	Te.	Abs.	Name	Entf.	Rekt.	Dekl.
1	λ	Dra		$3^{m}.8$		$1^{m}.6$		-1^{M}	. . Giauzar . .	330Lj	$11^{h}31^{m}.4$	69°.33
5	κ	Dra		3.9		−.1		−2	. . . .	520	12 33.5	69.79
11	α	Dra		3.7		0.0		−1	. . Thuban . .	310	14 04.4	64.38
12	ι	Dra		3.3		1.2		1	. . Edasich . .	102	15 24.9	58.97
13	ϑ	Dra		4.0		0.5		2	. . . .	68	16 01.9	58.57
14	η	Dra		2.7		0.9		1	. . . .	88	16 24.0	61.51
17,16		Dra		4.5	⁑	0.0		−1	. . . .	400	16 36.2	52.91
21	μ	Dra		4.9	⁑	0.5		3	. . . .	88	17 05.3	54.47
22	ζ	Dra		3.2		−.1		−2	. . . .	340	17 08.8	65.71
23	β	Dra		2.8		1.0		−3	. Rastaben .	370	17 30.4	52.30
25	ν	Dra		4.1	⁑	0.3		2	25 und 24 Dra	100	17 32.2	55.18
26		Dra		5.2	⁑	0.6		4	. . . .	46	17 35.0	61.87
31	ψ	Dra		4.3	⁑	0.5		3	. . . .	72	17 41.9	72.15
32	ξ	Dra		3.7		1.2		1	. Grumium .	112	17 53.5	56.87
33	γ	Dra		2.2		1.5		−1	. . Ettanin . .	150	17 56.6	51.49
44	χ	Dra		3.6		0.5		4	. . . .	26.3	18 21.1	72.73
39		Dra		4.9	⁑	0.1		1	. . . .	190	18 23.9	58.80
57	δ	Dra		3.1		1.0		1	. . Altais . .	100	19 12.6	67.66
63	ε	Dra		3.8	⁑	0.9		1	. . . .	145	19 48.2	70.27

DOPPELSTERN			Ort	V-Helligk.		B−V		Te.	Dist.	∀	Kl.
17,16		Dra		$5^{m}.1$ ⁑	$5^{m}.5$	$0^{m}.0$	$-^{m}.1$		90″.2		
17		Dra		5.4	6.4	0.0	0.1		3.2		
21	μ	Dra		5.6	5.7	0.5	0.5	’0	2.2		
								2015	2.4		
25	ν	Dra		4.9	4.9	0.3	0.3		61.9		
26		Dra		5.3	8.0	0.6	1.0	’0	1.7		
			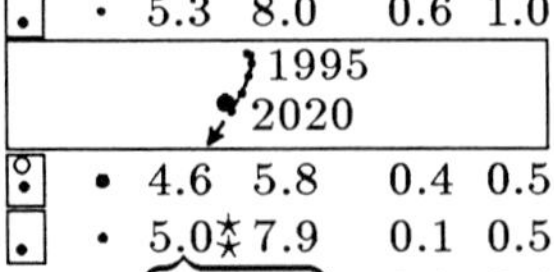					2007	1.3		
								2015	0.6		
31	ψ	Dra		4.6	5.8	0.4	0.5		30.1		
39		Dra		5.0 ⁑	7.9	0.1	0.5		88.9		
				5.1	7.8	0.1	0.4		3.8		
63	ε	Dra		3.9	6.9	0.9	0.6		3.2		

Bemerkung zu M 102

Messiers Liste enthält als 102. Objekt eine Galaxie nahe der Position von NGC 5866. Seine Beschreibung deutet aber auf eine Doppelbeobachtung von M 101. Unterlief Messier ein Fehler von 1^{h} in Rektaszension? Die Bezeichnung M 102 ist daher zweideutig.

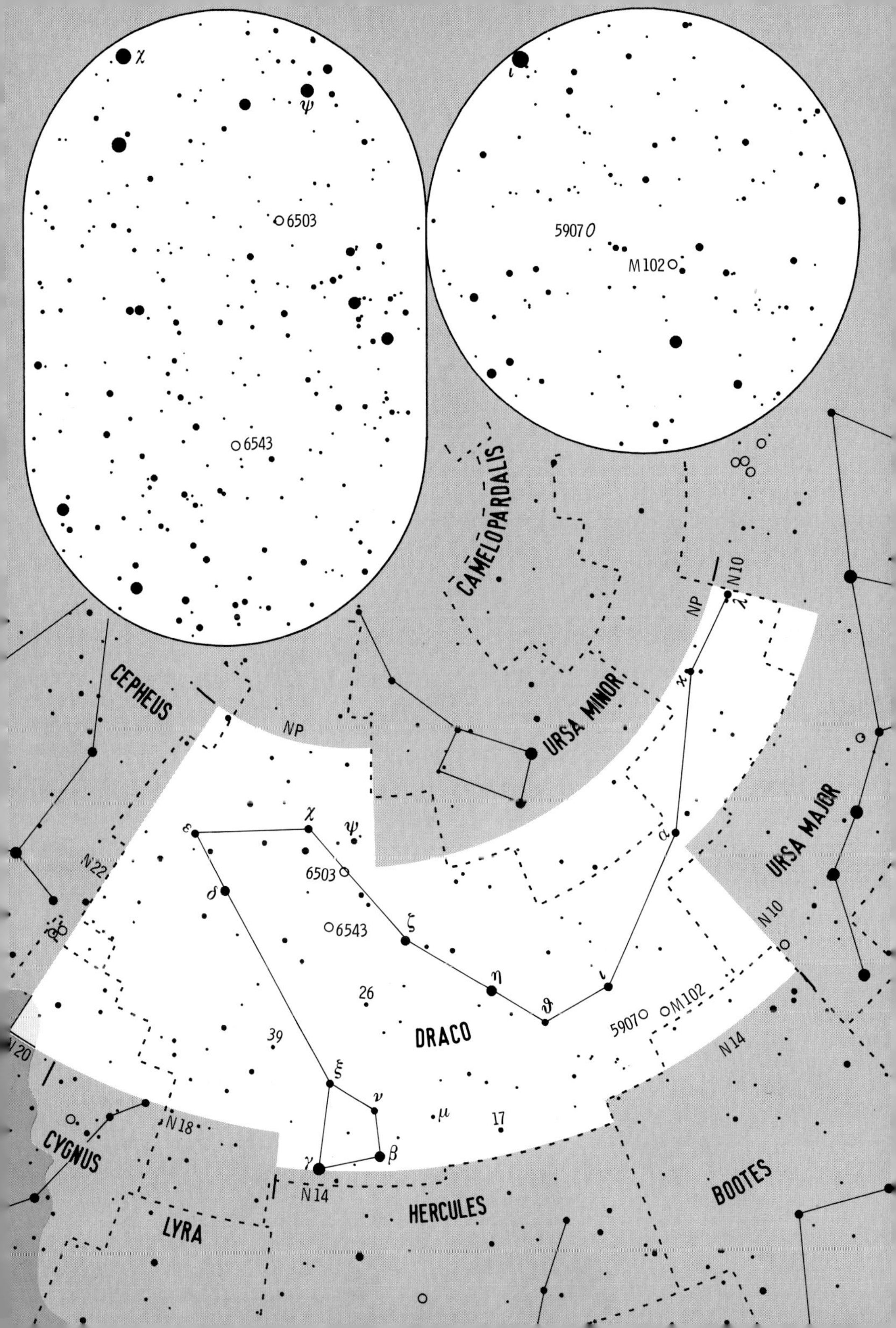

6503
6543
5907
M102
CAMELOPARDALIS
CEPHEUS
URSA MINOR
URSA MAJOR
DRACO
CYGNUS
LYRA
HERCULES
BOOTES
NP
N10
N14
N18
N20
N22
26
39
17

NEBEL		Bild	Ort	v-Helligk.		Größe	Form	Typ		Kl.	Entf.	Rekt.	Dekl.
6720	M 57	Lyr		$8\frac{1}{2}^m$	$9^m_{\square'}$	1'.5	O	R	PN		1 800Lj	$18^h53^m.6$	33°.03
6779	M 56	Lyr		$8\frac{1}{2}$	12	5	O	X	KS		30 000	19 16.6	30.18
6826	.....	Cyg		$8\frac{1}{2}$	7	0.5	O	K	PN		3 000	19 44.8	50.52

6720 M 57 **Ringnebel in der Leier**, der bekannteste Planetarische Nebel, einfach zu finden, im Fernglas beinahe punktförmig, im Teleskop scheibchenförmig, bei starker Vergrößerung schöner ovaler Ring mit leicht aufgehelltem Zentralgebiet, Nebelfilter hilft.

6779 M 56 Schwächerer Kugelsternhaufen, schwierig in Sterne auflösbar.

6826 ..... **Blinkender Planetarischer Nebel**, im stark vergrößernden Teleskop sieht man den Nebel mit indirektem Sehen, beim direkten Anblick zwar nicht den Nebel, aber dafür den $10\frac{1}{2}^m$ Zentralstern.

STERN			Ort	V-Helligk.		B–V	Te.	Abs.	Name	Entf.	Rekt.	Dekl.
1	κ	Lyr		$4^m.3$		$1^m.2$		0^M	....	240Lj	$18^h19^m.9$	36°.06
3	α	Lyr		0.0		0.0		1	. **Vega, Wega** .	25.3	18 36.9	38.78
5,4	ε	Lyr		3.9	*	0.2		0	(Vierfachstern)	160	18 44.4	39.64
6,7	ζ	Lyr		4.1	*	0.2		1	....	155	18 44.8	37.60
10	β	Lyr		3.3–4.2	*	0.0		−4	. . Sheliak . .	800	18 50.1	33.36
12	δ^2	Lyr		4.2		1.5		−3	....	900	18 54.5	36.90
13		Lyr		4.0–4.3		1.5		−1	. . R Lyrae . .	350	18 55.3	43.95
14	γ	Lyr		3.2		0.0		−3	. Sulaphat .	700	18 58.9	32.69
1	κ	Cyg		3.8		0.9		1	....	122	19 17.1	53.37
10	ι	Cyg		3.8		0.1		1	....	123	19 29.7	51.73
6	β	Cyg		2.9	*	0.9		−3	. . **Albireo** . .	390	19 30.7	27.96
13	ϑ	Cyg		4.3	*	0.5		0	....	61,600	19 36.4	50.22
16		Cyg		5.4	*	0.6		4	....	70	19 41.8	50.52
18	δ	Cyg		2.9	*	0.0		−1	....	170	19 45.0	45.13
	χ	Cyg		6.0–12		1.9		1	....	340	19 50.6	32.91
24	ψ	Cyg		4.9	*	0.1		0	....	290	19 55.6	52.44
21	η	Cyg		3.9		1.0		1	....	140	19 56.3	35.08

DOPPELSTERN				V-Helligk.		B–V		Te.	Dist.	∀	Kl.
5,4	ε	Lyr		$4^m.6$*	$4^m.7$*	$0^m.2$	$0^m.2$		209''.0		
5	ε^2	Lyr		5.2	5.5	0.2	0.2		2.4		
4	ε^1	Lyr		5.0	6.1	0.1	0.3	'0	2.5		
								2015	2.4		
6,7	ζ	Lyr		4.3	5.7	0.2	0.3		43.7		
10	β	Lyr		3–4	7.2	0.0	−.1		45.7		
6	β	Cyg		3.1	5.1	1.1	−.1		34.5		
13	ϑ	Cyg		4.5	6.5	0.4	1.0		300		
16		Cyg		6.0	6.2	0.6	0.7		39.6		
18	δ	Cyg		2.9	6.5	0.0	0.3	'0	2.6		
								2015	2.7		
24	ψ	Cyg		5.0	7.4	0.1	0.3		3.0		

VERÄNDERLICHER

10 β Lyr
Per. 12.94 d
Min. 2451009
Nebenminim. $3^m.8$

13 R Lyr halbreg.
Per ca. 46 d
Extrema $3^m.9$–$5^m.0$

χ Cyg
Per. 407 d
Max. 2451125
Min. Max. + 240
Extrema $3^m.3$–$14^m.2$

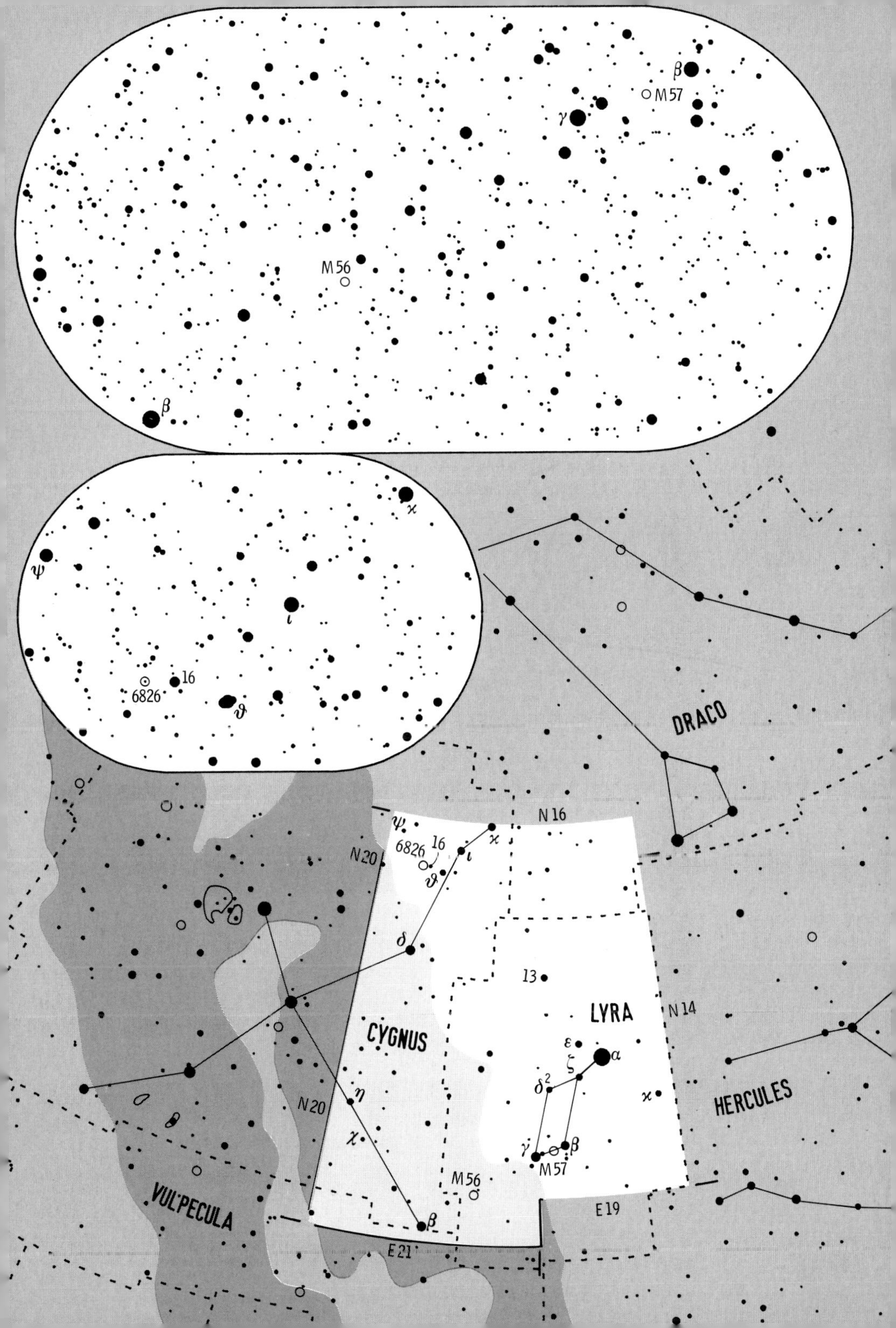

β
M57
γ
M56
β
ϰ
ψ
ι
16
6826
ϑ
DRACO
N16
ψ
6826
16
ϰ
ι
N20
ϑ
δ
13
LYRA
N14
CYGNUS
ε
α
ζ
δ²
ϰ
HERCULES
η
N20
χ
γ
β
M57
M56
E19
VULPECULA
β
E21

NEBEL	Bild	Ort	v-Helligk.		Größe	Form	Typ	Kl.	Entf.	Rekt.	Dekl.
6913 M29	Cyg		7^m	11^m	6′	O p n	OS		4000Lj	$20^h23^m.9$	38°.53
6940	Vul		6½	13	25	O m	OS		2500	20 34.6	28.30
6960	Cyg		9	14	60	| Fi	GN		1500	20 45.7	30.72
IC5067 ...	Cyg		7	14	60	0 Em	GN		2500	20 50.0	44.00
6992	Cyg		7½	14	60	0 Fi	GN		1500	20 57.0	31.40
7000	Cyg		5	14	120	0 Em	GN		2500	20 58.8	44.33
7027	Cyg		8½	5	0.3	0 U	PN		3500	21 07.0	42.24

6913 M29 Nur wenige Sterne, ganz unauffällig bei zu starker Vergrößerung.

6940 ..... Größerer Nebel im Fernglas, schön aufgelöst im Teleskop.

6960 ..... **Cirrusnebel, Schleiernebel**, schwache Filamente beiderseits des Vordergrundsterns 52 Cygni, Supernovaüberrest, siehe NGC6992.

IC5067 ... **Pelikannebel**, unsichtbar außer bei kleinster Vergrößerung, Strukturen nur mit Nebelfilter, Testobjekt für dunklen Himmel.

6992 ..... **Cirrusnebel, Schleiernebel**, etwas einfacher als NGC6960, aber trotzdem dunkelster Himmel und kleinste Vergrößerung erforderlich, eindrucksvolle Filamente mit Nebelfilter (NGC6992–6995).

7000 ..... **Nordamerikanebel**, eventuell mit freiem Auge sichtbar, fast zu groß für das Teleskop, Nebelfilter hilft sehr, deutlichster Teil ist „Mexiko", nördlicher Teil geht in helles Gebiet der Milchstraße über.

7027 ..... Einfach sichtbar, punktförmig außer bei sehr starker Vergrößerung.

STERN	Ort	V-Helligk.	B−V	Te.	Abs.	Name	Entf.	Rekt.	Dekl.
31 o^1 Cyg		$3^m.4$ ⁑	$0^m.7$		-5^M	31, 30 Cyg	1400, 750Lj	$20^h13^m.6$	46°.76
29 Cyg		4.7 ⁑	0.3		−3	......	135, 2000	20 14.6	36.80
32 o^2 Cyg		4.0	1.5		−4	....	1000	20 15.5	47.71
34 Cyg		4.7–4.9	0.4		−7	.. P Cygni ..	5000	20 17.8	38.03
37 γ Cyg		2.2	0.7		−6	... Sadr ...	1400	20 22.2	40.26
41 Cyg		4.0	0.4		−3	....	750	20 29.4	30.37
46 ω^2 Cyg		5.1 ⁑	1.0		−1	....	430	20 31.2	49.22
50 α Cyg		1.3	0.1		−8	.. **Deneb** ..	2000	20 41.4	45.28
52 Cyg		4.2	1.0		0	bei NGC6960	205	20 45.7	30.72
53 ε Cyg		2.5	1.0		1	....	72	20 46.2	33.97
54 λ Cyg		4.5 ⁑	−.1		−3	....	900	20 47.4	36.49
T Vul		5.4–6.1	0.7		−4	....	2000	20 51.5	28.25
58 ν Cyg		3.9	0.0		−1	....	350	20 57.2	41.17
62 ξ Cyg		3.7	1.6		−4	....	1200	21 04.9	43.93
64 ζ Cyg		3.2	1.0		0	....	150	21 12.9	30.23

DOPPELSTERN		V-Helligk.		B−V		Te.	Dist.	∀	Kl.
31 o^1 Cyg		$3^m.8$	$4^m.8$	$1^m.2$	$0^m.1$		336″		
		"	7.0	"	−.1		107.0		
29 Cyg		4.9	6.6	0.1	1.3		216		
46 ω^2 Cyg		5.4	6.6	1.6	0.0		256.9		
54 λ Cyg		4.8	6.1	−.2	0.2		0.9		

VERÄNDERLICHER

34 P Cyg • unregel.
Extrema $3^m.0$–$6^m.0$

T Vul
Per. 4.4355 d
Max. 2451001.9

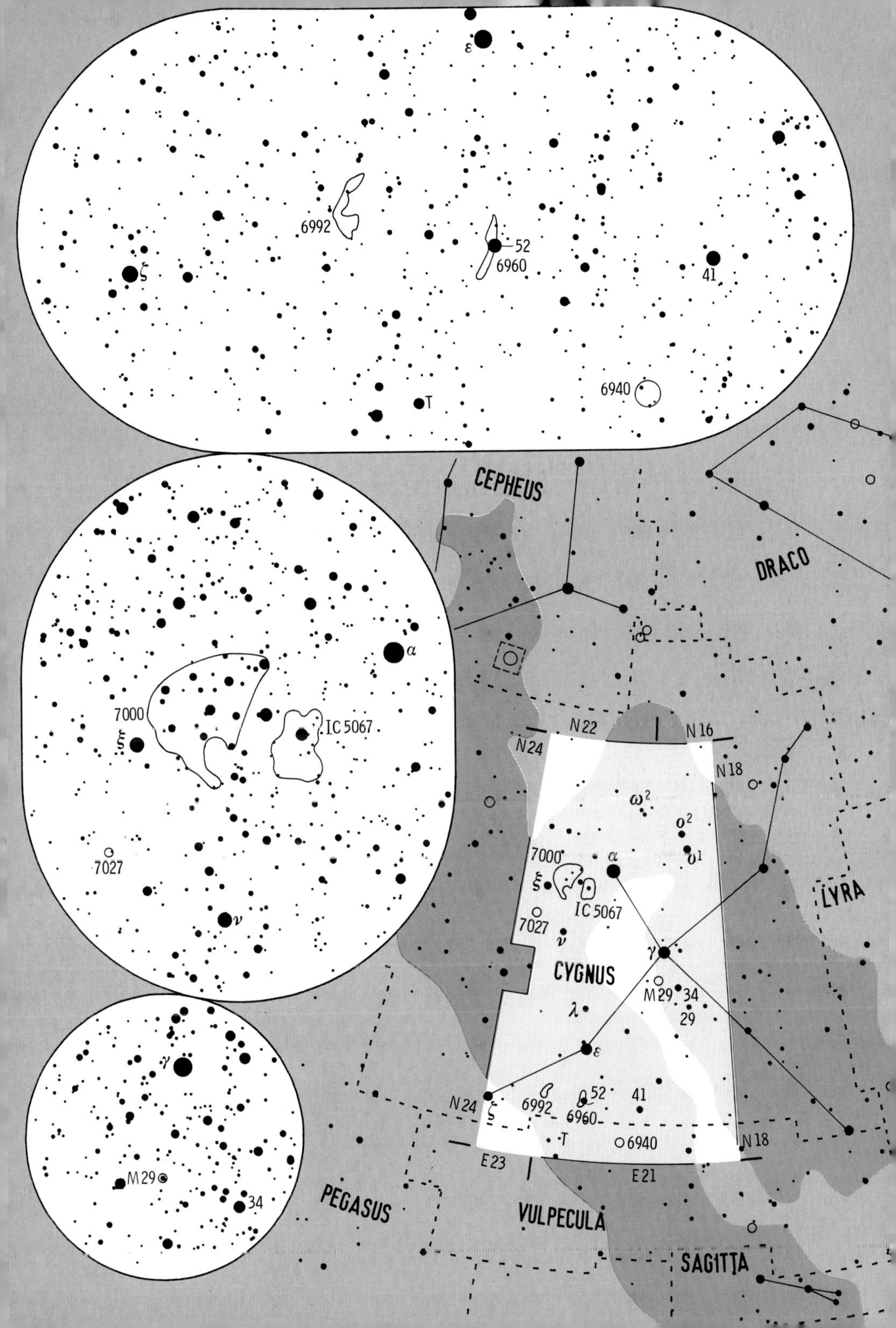

ε
6992
52
6960
ζ
41
T
6940
α
7000
IC 5067
ξ
7027
ν
γ
M29
34
CEPHEUS
DRACO
N 22
N 16
N 24
N 18
ω²
o²
o¹
7000
α
ξ
IC 5067
7027
ν
LYRA
γ
CYGNUS
M29
34
29
λ
ε
N 24
ζ
6992
52
6960
41
T
6940
N 18
E 23
E 21
PEGASUS
VULPECULA
SAGITTA

NEBEL	Bild	Ort	v-Helligk.		Größe	Form	Typ	Kl.	Entf.	Rekt.	Dekl.
6939	Cep		8^m	$13^m_{\square'}$	10'	O m	**OS**		5 000Lj	$20^h31^m.4$	60°.63
6946	Cep		9	14	10	O Sd	**Glx**		20 M	20 34.8	60.17
IC 1396 ...	Cep		4	12	50	O m n	**OS**		3 000	21 39.1	57.50
7654 M 52	Cas		7	12	12	O r	**OS**		5 000	23 24.2	61.58
7789	Cas		7	13	15	O r	**OS**		6 000	23 57.0	56.73

6939 ..... Erscheint als Nebel, sehr schwierig in Einzelsterne aufzulösen.
6946 ..... Schwierig sichtbare Galaxie, ohne zentrale Aufhellung, strukturlos.
IC 1396 ... Verstreute Sterne, unscheinbar im Teleskop, besser im Fernglas; umgebender Gasnebel (gestrichelt) ist mit Nebelfilter sichtbar.
7654 M 52 Im Fernglas nebelförmig, viele schwache Sterne im Teleskop.
7789 ..... Enorme Sternenzahl für einen Offenen Sternhaufen, nur im Teleskop aufgelöst, Hintergrund immer noch ungleichmäßig neblig.

STERN		Ort	V-Helligk.		B–V	Te.	Abs.	Name	Entf.	Rekt.	Dekl.
3 η	Cep		• $3^m.4$		$0^m.9$		3^M	....	47Lj	$20^h45^m.3$	61°.84
T	Cep		· 5.6–10		1.3		−1	....	700	21 09.5	68.49
5 α	Cep		● 2.5		0.3		2	. Alderamin .	49	21 18.6	62.59
8 β	Cep		● 3.2	☆	−.2		−3	. . Alfirk . .	600	21 28.7	70.56
μ	Cep		• 3.9–4.5		2.3		−6	(riesiger Stern)	3 000	21 43.5	58.78
17 ξ	Cep		• 4.3	☆	0.4		2	....	100	22 03.8	64.63
21 ζ	Cep		● 3.4		1.6		−4	....	800	22 10.9	58.20
23 ε	Cep		• 4.2		0.3		2	....	84	22 15.0	57.04
27 δ	Cep		• 3.4–4.2	☆	0.5		−4	....	1 000	22 29.2	58.42
32 ι	Cep		● 3.5		1.0		1	....	116	22 49.7	66.20
33 π	Cep		• 4.4	☆	0.8		0	....	225	23 07.9	75.39
34 ο	Cep		• 4.7	☆	0.8		1	....	210	23 18.6	68.11
4	Cas		• 4.9	☆	1.7		−2	....	750	23 24.8	62.28
AR	Cas		• 4.8	☆	−.1		−2	....	600	23 30.0	58.55
35 γ	Cep		● 3.2		1.0		3	. . Errai . .	45	23 39.3	77.63
7 ϱ	Cas		• 4.4–4.6		1.2		−8	....	6 000	23 54.4	57.50
8 σ	Cas		• 4.9	☆	−.1		−4	....	1 500	23 59.0	55.76

DOPPELSTERN			V-Helligk.		B–V		Te.	Dist.	∀	Kl.
8 β	Cep		● $3^m.2$	$7^m.9$	$-^m.2$	$0^m.1$		13".3		
17 ξ	Cep		• 4.4	6.5	0.3	0.5	'0	7.9		
							2015	8.0		
27 δ	Cep		• 4	6.3	0.6	0.0		40.7		
33 π	Cep		• 4.5	6.8	0.8	0.5	'0	1.1		
							2015	1.1		
34 ο	Cep		• 4.9	7.1	0.8	0.5	'0	3.3		
							2015	3.4		
4	Cas		• 5.0	7.6	1.7	1.4		95.9		
AR	Cas		• 4.9	7.0	−.1	0.0		75.6		
8 σ	Cas		• 5.0	7.2	−.1	−.1		3.2		

VERÄNDERLICHER

T Cep · 
Per. 400 d
Max. 2451354
Extrema $5^m.2$–$11^m.2$

μ Cep • halbreg.
Extrema $3^m.4$–$5^m.1$

27 δ Cep • 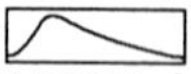
Per. 5.3663 d
Max. 2451004.5

7 ϱ Cas • halbreg.
Extrema $4^m.1$–$6^m.2$

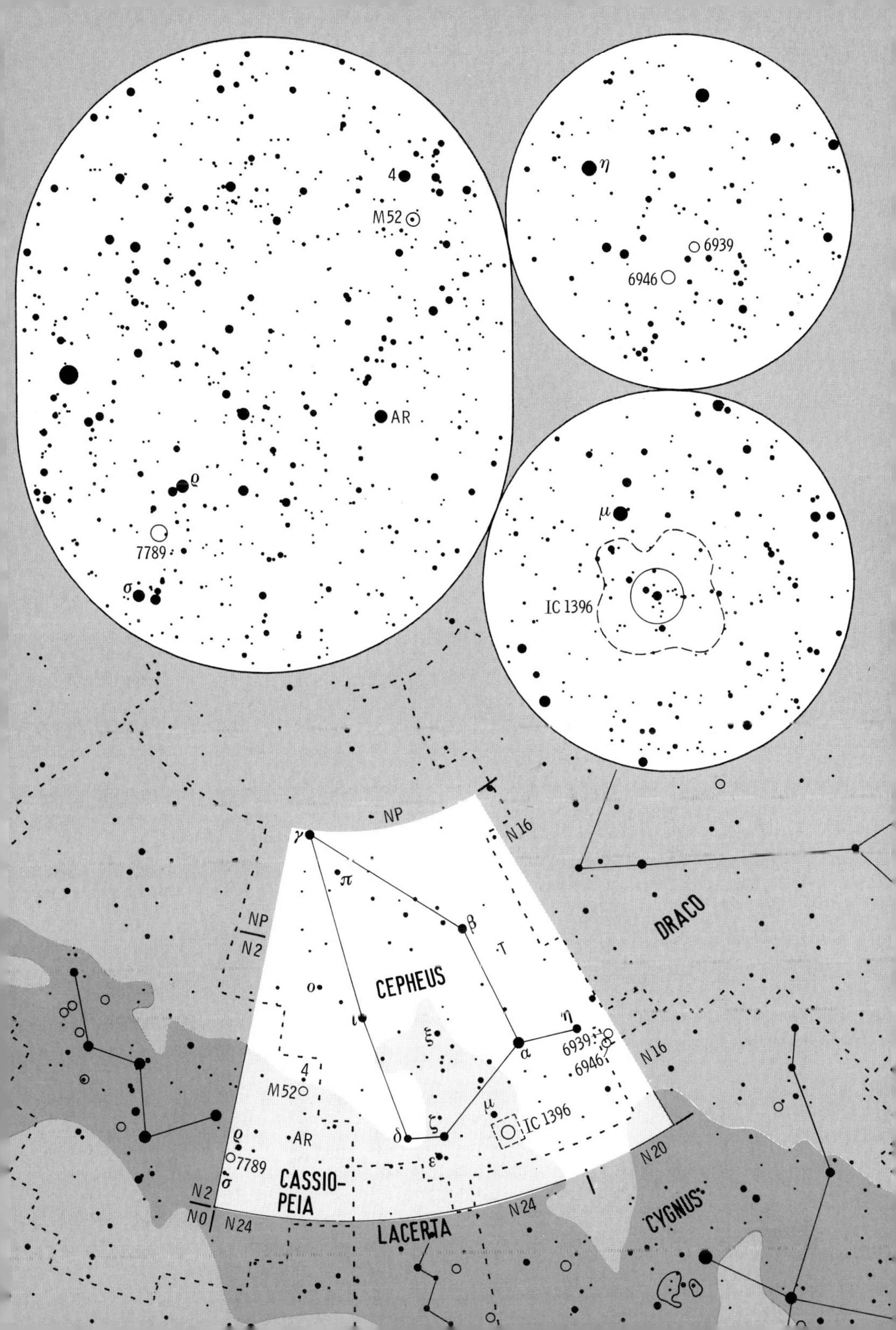
4
M52
AR
ϱ
7789
σ
η
6939
6946
μ
IC 1396
NP
N16
γ
π
β
T
DRACO
CEPHEUS
o
ι
ξ
η
α
6939
6946
N16
4
M52
μ
IC 1396
ζ
δ
ϱ
AR
7789
ε
N20
NP
N2
CASSIO-
PEIA
σ
N2
N0
N24
N24
LACERTA
CYGNUS

NEBEL	Bild	Ort	v-Helligk.	Größe	Form	Typ	Kl.	Entf.	Rekt.	Dekl.
7092 M 39	Cyg		5^m $12^m_{\square'}$	30'	O p	OS		1000Lj	$21^h32^m.2$	48°.43
7209	Lac		7 13	20	O m	OS		3000	22 05.2	46.50
7243	Lac		6½ 13	20	O p	OS		3000	22 15.3	49.88
7662	And		8½ 7	0.5	O R	PN		4000	23 25.9	42.54

7092 M 39 Wenige, aber helle Sterne, die schon einfach im Fernglas getrennt werden können, Anblick im Teleskop eher enttäuschend.

7209 ..... Im Fernglas wenige Einzelsterne vor einem nebligen Hintergrund, der sich erst im Teleskop in viele Sterne auflöst.

7243 ..... Schon im Fernglas teilweise aufgelöst, unregelmäßige Form, vier hellere Sterngruppen halbkreisförmig angeordnet.

7662 ..... Im Fernglas punktförmig, Nebelcharakter im stark vergrößernden Teleskop erkennbar, blaugrüner Ring mit heller Stelle im Nordosten, Zentralgebiet weniger hell; auch Blauer Schneeball genannt.

STERN		Ort	V-Helligk.	B–V	Te.	Abs.	Name	Entf.	Rekt.	Dekl.
61	Cyg		· $4^m.8$ ★	$1^m.1$		7^M	(siehe unten)	11.4Lj	$21^h06^m.9$	38°.75
65 τ	Cyg		• 3.7	0.4		2	....	68	21 14.8	38.05
67 σ	Cyg		• 4.2	0.1		−7	....	4000	21 17.4	39.39
73 ρ	Cyg		• 4.0	0.9		1	} Dist. 25'	125	21 34.0	45.59
W	Cyg		· 5.4–6.2	1.5		−1	....	600	21 36.0	45.37
79	Cyg		· 5.4 ★	0.0		1	....	270, 370	21 43.5	38.29
78 μ	Cyg		• 4.4 ★	0.5		2	....	73, 250	21 44.2	28.75
81 π^2	Cyg		• 4.2	−.1		−4	....	1100	21 46.8	49.31
1	Lac		• 4.1	1.5		−2	....	650	22 16.0	37.75
2	Lac		• 4.6	−.1		−1	....	500	22 21.0	46.54
3 β	Lac		• 4.4	1.0		1	....	170	22 23.6	52.23
4	Lac		• 4.6	0.1		−6	....	3000	22 24.5	49.48
5	Lac		• 4.3	1.7		−3	....	1100	22 29.5	47.71
7 α	Lac		• 3.8	0.0		1	....	103	22 31.3	50.28
8	Lac		· 5.3 ★	−.2		−2	....	1000	22 35.9	39.63
1 ο	And		• 3.6	−.1		−3	....	700	23 01.9	42.33
16 λ	And		• 3.7–4.0	1.0		2	....	83	23 37.6	46.46
17 ι	And		• 4.3	−.1		−2	....	480	23 38.1	43.27
19 κ	And		• 4.1	−.1		0	....	175	23 40.4	44.33

DOPPELSTERN			V-Helligk.	B–V	Te.	Dist.	∀	Kl.
61	Cyg		· $5^m.2$ $6^m.0$	$1^m.1$ $1^m.3$		'0 31".9		
						2015 33.1		
79	Cyg		· 5.7 7.0	0.0 0.1		150		
78 μ	Cyg		• 4.5★6.9	0.5 0.4		198		
			4.8 6.2	0.5 0.6		'0 1.8		
						2007 1.6		
						2015 1.3		
8	Lac		· 5.7 6.5	−.2 −.1		22.4		

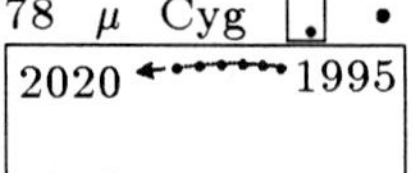

VERÄNDERLICHER

W Cyg · halbreg.
Per. ca. 130 d

16 λ And • halbreg.
Per. 54–56 d

Bemerkung zu 61 Cyg
Große Eigenbewegung 5".2/Jahr nordöstlich.

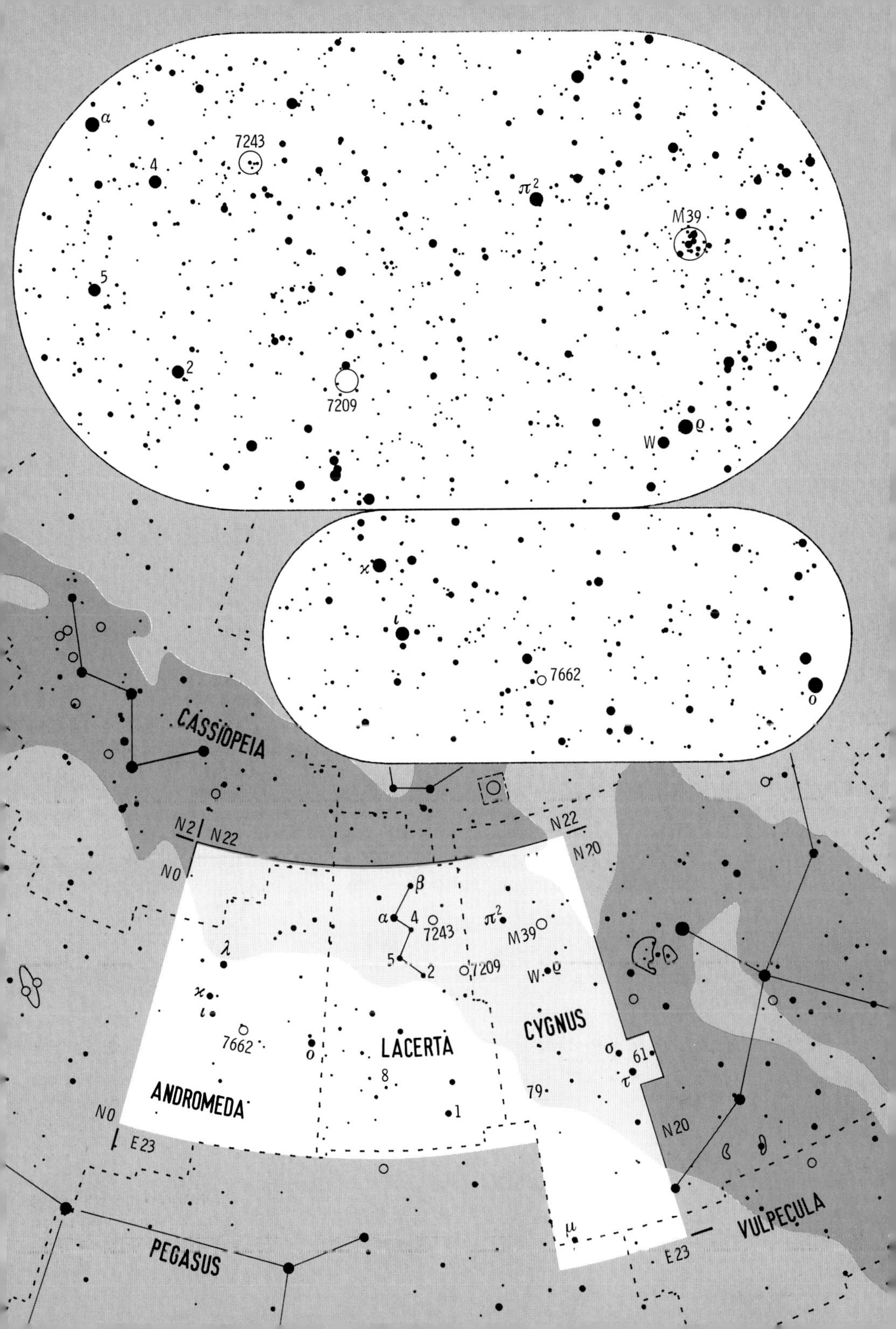

α
7243
4
π²
M39
5
2
7209
ϱ
W
ϰ
ι
7662
o
CASSIOPEIA
N2
N22
N22
N20
N0
β
α
4
7243
π²
M39
λ
5
2
7209
W
ϱ
ϰ
ι
7662
o
LACERTA
CYGNUS
σ
61
τ
8
79
ANDROMEDA
1
N0
N20
E23
VULPECULA
μ
PEGASUS
E23

NEBEL		Bild	Ort	v-Helligk.		Größe	Form	Typ	Kl.	Entf.	Rekt.	Dekl.
247	.....	Cet		9^m	$14^m_{\square'}$	18′	▯ Sd	**Glx**		10 MLj	$0^h47^m.1$	−20°.76
253	.....	Scl		7½	13	25	▯ Sc	**Glx**		10 M	0 47.6	−25.29
288	.....	Scl		8½	13	10	0 X	**KS**		30 000	0 52.8	−26.59
1068	M 77	Cet		9	11	3	0 Sb	**Glx**		70 M	2 42.7	−0.01

247 ..... Große Galaxie, deshalb schwach vergrößern, schwierig, strukturlos.
253 ..... **Sculptor-Galaxie, Galaxie im Bildhauer**, phantastische Galaxie, länglicher Nebel im Fernglas, Staubstrukturen im Teleskop.
288 ..... Schwieriger Kugelsternhaufen, ein paar Einzelsterne im Teleskop.
1068 M 77 Helle kleine Seyfert Galaxie, aktiver, sehr heller Kern auffallend bei starker Vergrößerung, im Fernglas beinahe punktförmig.

STERN			Ort	V-Helligk.		B−V	Te.	Abs.	Name	Entf.	Rekt.	Dekl.
	κ¹	Scl		· $5^m.4$	⁑	$0^m.4$		1^M	....	220Lj	$0^h09^m.4$	−27°.99
8	ι	Cet		• 3.6		1.2		−1	....	280	0 19.4	−8.82
	T	Cet		· 5.3–6.1		1.7		−2	....	750	0 21.8	−20.06
16	β	Cet		● 2.0		1.0		0	Deneb Kaitos, ⌊Diphda⌋	96	0 43.6	−17.99
	α	Scl		• 4.3		−.1		−2	....	600	0 58.6	−29.36
31	η	Cet		• 3.5		1.2		1	....	120	1 08.6	−10.18
37		Cet		· 5.0	⁑	0.5		3	....	80	1 14.4	−7.92
45	ϑ	Cet		• 3.6		1.1		1	....	115	1 24.0	−8.18
	τ	Scl		· 5.7	⁑	0.3		2	....	200	1 36.1	−29.91
52	τ	Cet		• 3.5		0.7		6	....	11.9	1 44.1	−15.94
53	χ	Cet		• 4.5	⁑	0.4		3	....	78	1 49.6	−10.69
55	ζ	Cet		• 3.7		1.1		−1	Baten Kaitos	270	1 51.5	−10.33
59	υ	Cet		• 4.0		1.6		−1	....	300	2 00.0	−21.08
66		Cet		· 5.5	⁑	0.6		2	....	150	2 12.8	−2.39
68	o	Cet		• 3.4–9.2		1.4		−2	... **Mira** ...	400	2 19.3	−2.98
73	ξ²	Cet		• 4.3		−.1		1	....	180	2 28.2	8.46
	ω	For		· 4.9	⁑	0.0		−1	....	440	2 33.8	−28.23
82	δ	Cet		• 4.1		−.2		−3	....	700	2 39.5	0.33
86	γ	Cet		• 3.5	⁑	0.1		1	....	82	2 43.3	3.24
89	π	Cet		• 4.2		−.1		−1	....	450	2 44.1	−13.86
87	μ	Cet		• 4.3		0.3		2	....	86	2 44.9	10.11
92	α	Cet		● 2.5		1.6		−2	.. Menkar ..	220	3 02.3	4.09

DOPPELSTERN				V-Helligk.		B−V		Te.	Dist.	∀	Kl.
	κ¹	Scl		· $6^m.1$	$6^m.2$	$0^m.4$	$0^m.4$		1″.5		
37		Cet		• 5.1	7.8	0.5	0.8		49.1		
	τ	Scl		· 6.0	7.2	0.3	0.5	’0	0.8		
								2015	0.8		
53	χ	Cet		• 4.7	6.7	0.3	0.6		184.0		
66		Cet		· 5.7	7.6	0.6	0.7		16.7		
	ω	For		• 5.0	7.7	−.1	0.2		10.8		
86	γ	Cet		● 3.5	7.0	0.1	0.5		2.7		

VERÄNDERLICHER

T Cet · halbreg.
Per. 159 d
Extrema $5^m.0$–$6^m.9$

68 o Cet •
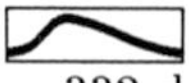
Per. 332 d
Max. 2451160
Min. Max. + 205
Extrema $2^m.0$–$10^m.1$

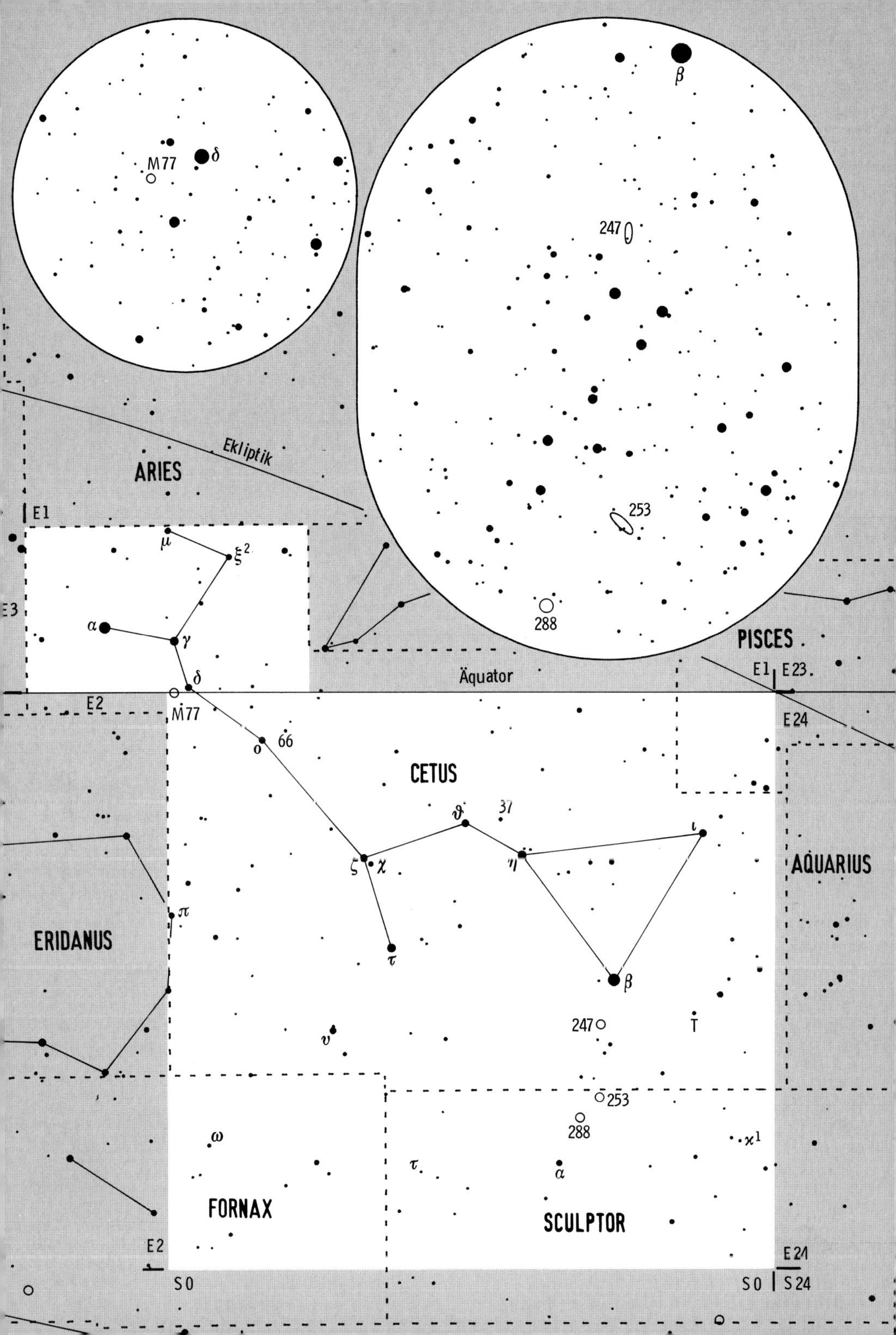

M77
δ
β
247
253
288
Ekliptik
ARIES
E1
μ
ξ²
E3
α
γ
δ
PISCES
Äquator
E1
E23
E2
M77
E24
o
66
CETUS
ϑ
37
ι
ζ
χ
η
AQUARIUS
π
ERIDANUS
τ
β
247
T
υ
253
288
ω
ϰ¹
τ
α
FORNAX
SCULPTOR
E2
E24
S0
S0
S24

NEBEL		Bild	Ort	v-Hellig.	Größe	Form	Typ	Kl.	Entf.	Rekt.	Dekl.
628	M 74	Psc		$9\frac{1}{2}^{\mathrm{m}}$ $14^{\mathrm{m}}_{\square'}$	8′	O Sc	**Glx**		50 MLj	$1^{\mathrm{h}}36^{\mathrm{m}}.7$	$15^{\circ}.79$

628 M 74 Sehr schwierig bei Himmelsaufhellung, schwächste Vergrößerung, mäßig heller Kern nicht genau im Zentrum, siehe Bemerkung unten.

STERN			Ort	V-Helligk.	B–V	Te.	Abs.	Name	Entf.	Rekt.	Dekl.
88	γ	Peg		$2^{\mathrm{m}}.8$	$-^{\mathrm{m}}.2$		-2^{M}	**Algenib**	360Lj	$0^{\mathrm{h}}13^{\mathrm{m}}.2$	$15^{\circ}.18$
35		Psc		5.8	0.3		1		260	0 15.0	8.82
47		Psc		4.7–5.3	1.6		−1	TV Piscium	500	0 28.0	17.89
34	ζ	And		4.1	1.1		0		185	0 47.3	24.27
63	δ	Psc		4.4	1.5		0		310	0 48.7	7.59
65		Psc		5.5	0.4		0		350	0 49.9	27.71
36		And		5.5	1.0		2		130	0 55.0	23.63
71	ε	Psc		4.3	1.0		0		190	1 02.9	7.89
74	ψ^1	Psc		4.7	0.0		0		240	1 05.7	21.47
86	ζ	Psc		4.9	0.4		2		150	1 13.7	7.58
99	η	Psc		3.6	1.0		−1		300	1 31.5	15.35
106	ν	Psc		4.4	1.4		−1		370	1 41.4	5.49
110	ο	Psc		4.3	0.9		0		250	1 45.4	9.16
1		Ari		5.8	0.7		0		500	1 50.1	22.28
5	γ	Ari		3.9	0.0		0	Mesarthim	200	1 53.5	19.29
111	ξ	Psc		4.6	0.9		1		190	1 53.6	3.19
6	β	Ari		2.6	0.2		1	Sheratan	59	1 54.6	20.81
9	λ	Ari		4.7	0.3		2		134	1 57.9	23.60
113	α	Psc		3.8	0.1		1		140	2 02.0	2.76
10		Ari		5.6	0.5		2		170	2 03.7	25.94
13	α	Ari		2.0	1.1		0	**Hamal**	66	2 07.2	23.46
41		Ari		3.6	−.1		0		160	2 50.0	27.26
48	ε	Ari		4.6	0.0		0		300	2 59.2	21.34

DOPPELSTERN				V-Helligk.		B–V		Te.	Dist.	∀	Kl.
35		Psc		$6^{\mathrm{m}}.0$	$7^{\mathrm{m}}.6$	$0^{\mathrm{m}}.3$	$0^{\mathrm{m}}.4$		$11''.5$		
65		Psc		6.3	6.3	0.4	0.4		4.3		
36		And		6.0	6.4	0.9	1.2	'0	0.9		
			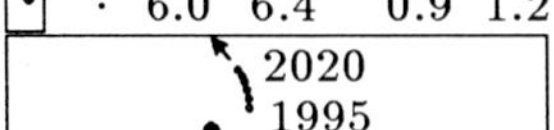					2007	1.0		
								2015	1.1		
74	ψ^1	Psc		5.3	5.6	0.0	0.0		29.8		
86	ζ	Psc		5.2	6.3	0.3	0.5		22.8		
1		Ari		6.2	7.2	1.1	0.2		2.9		
5	γ	Ari		4.6	4.7	0.0	0.0		7.5		
9	λ	Ari		4.8	7.3	0.3	0.6		37.5		
113	α	Psc		4.2	5.2	0.0	0.2		1.8		
10		Ari		5.8	7.7	0.5	0.7	'0	1.2		
								2015	1.4		
48	ε	Ari		5.2	5.5	0.0	0.1		1.5		

VERÄNDERLICHER

47 TV Psc halbreg.
Per. 50–85 d

MESSIER Marathon

Er besteht darin, innerhalb von einer Nacht im März alle 110 Messier-Objekte zu beobachten. Dann ist M 74 das schwierigste Objekt abends, M 30 das schwierigste morgens. Besser ist, sich Zeit zu lassen.

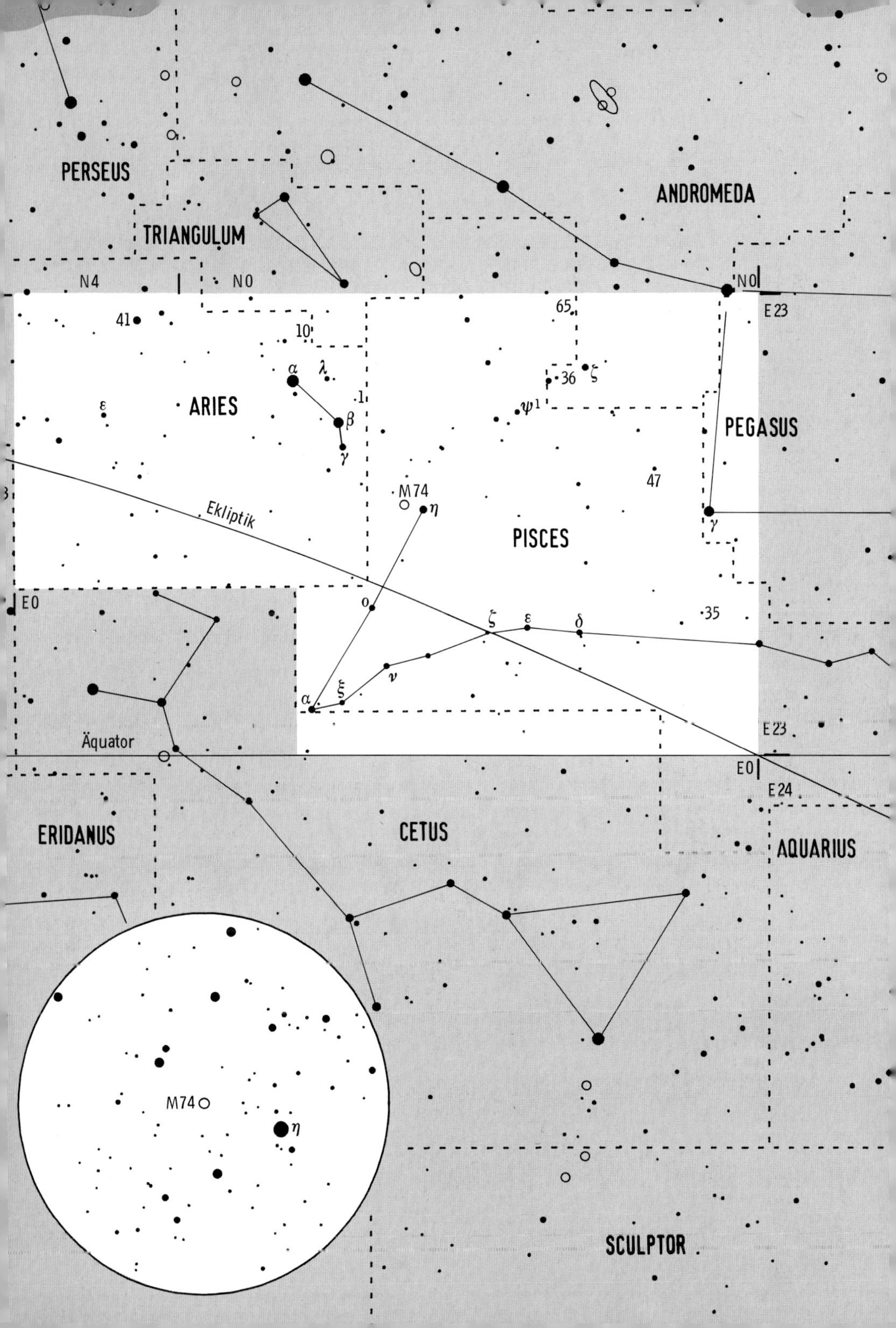
PERSEUS
TRIANGULUM
ANDROMEDA
N4
N0
N0
E23
41
10
65
α
λ
36
ζ
1
ε
ARIES
β
ψ1
PEGASUS
γ
47
M74
η
Ekliptik
PISCES
γ
E0
o
ζ
ε
δ
35
ν
ξ
α
E23
Äquator
E0
E24
ERIDANUS
CETUS
AQUARIUS
M74
η
SCULPTOR

NEBEL	Bild	Ort	v-Helligk.		Größe	Form	Typ	Kl.	Entf.	Rekt.	Dekl.
1360 ..	For		9^m	$12^m_{\square'}$	$7'$	0 K	PN		1 500Lj	$3^h33^m.3$	$-25°.87$
1535 ..	Eri		$9\frac{1}{2}$	6	0.3	0 K	PN		5 000	4 14.3	−12.74

1360 .. Wenig bekanntes Fernglasobjekt, sehr großer Planetarischer Nebel, wahre Größe 3 Lichtjahre, 11^m heller Zentralstern im Teleskop sichtbar, außergewöhnlich heißer Stern, Oberflächentemperatur etwa 100 000 K.

1535 .. Helles kreisförmiges Zentralscheibchen, ovale Außenschale, Zentralstern nur 12^m, schwierig; verlangt sehr starke Vergrößerung.

STERN			Ort		V-Helligk.		B–V	Te.	Abs.	Name	Entf.	Rekt.	Dekl.
1	τ^1	Eri		•	$4^m.5$		$0^m.5$		4^M	....	46Lj	$2^h45^m.1$	$-18°.57$
	β	For		•	4.4		1.0		1	....	170	2 49.1	−32.41
3	η	Eri		•	3.9		1.1		1	....	133	2 56.4	−8.90
11	τ^3	Eri		•	4.1		0.2		2	....	86	3 02.4	−23.62
	α	For		•	3.9	*	0.5		3	....	46	3 12.1	−28.99
16	τ^4	Eri		•	3.7		1.6		−1	....	260	3 19.5	−21.76
18	ε	Eri		•	3.7		0.9		6	....	10.5	3 32.9	−9.46
19	τ^5	Eri		•	4.3		−.1		−1	....	310	3 33.8	−21.63
23	δ	Eri		•	3.5		0.9		4	....	29.5	3 43.2	−9.77
27	τ^6	Eri		•	4.2		0.4		3	....	58	3 46.8	−23.25
32		Eri		•	4.5	*	0.7		−1	....	350	3 54.3	−2.95
34	γ	Eri		•	3.0		1.6		−1	.. Zaurak ..	220	3 58.0	−13.51
38	o^1	Eri		•	4.0		0.3		1	....	125	4 11.9	−6.84
39		Eri		•	4.9	*	1.2		1	....	210	4 14.4	−10.26
40	o^2	Eri		•	4.4	*	0.8		6	(siehe unten)	16.5	4 15.3	−7.64
41	υ^4	Eri		•	3.6		−.1		0	....	180	4 17.9	−33.80
43	υ^3	Eri		•	4.0		1.5		−1	....	270	4 24.0	−34.02
52	υ^2	Eri		•	3.8		1.0		0	....	200	4 35.6	−30.56
48	ν	Eri		•	3.9		−.2		−2	....	600	4 36.3	−3.35
53		Eri		•	3.9		1.1		1	....	108	4 38.2	−14.30
57	μ	Eri		•	4.0		−.1		−2	....	500	4 45.5	−3.25
67	β	Eri		•	2.8		0.2		1	.. Cursa ..	89	5 07.9	−5.09
	ε	Col		•	3.9		1.1		−1	....	270	5 31.2	−35.47
	α	Col		•	2.6		−.1		−2	.. Phact ..	260	5 39.6	−34.07
	β	Col		•	3.1		1.2		1	....	86	5 51.0	−35.77
	γ	Col		•	4.4		−.2		−3	....	850	5 57.5	−35.28
	δ	Col		•	3.9		0.9		0	....	235	6 22.1	−33.44

DOPPELSTERN				V-Helligk.		B–V		Te.	Dist.	∀	Kl.
	α	For		• $4^m.0$	$6^m.9$	$0^m.5$	$0^m.8$	'0	$4''.9$		
								2007	5.1		
								2015	5.4		
32		Eri		• 4.8	6.1	0.9	0.1		6.9		
39		Eri		• 4.9	8.0	1.2	0.7		6.4		
40	o^2	Eri		• 4.4	9.5	0.8	0.0		83.4		

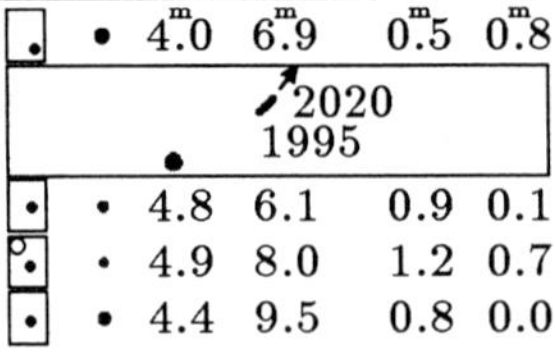

Bemerkung zu o^2 Eri

Sein Begleitstern ist der am einfachsten zu beobachtende Weiße Zwergstern; 20 000 km Durchmesser, kleinster Stern im Katalog.

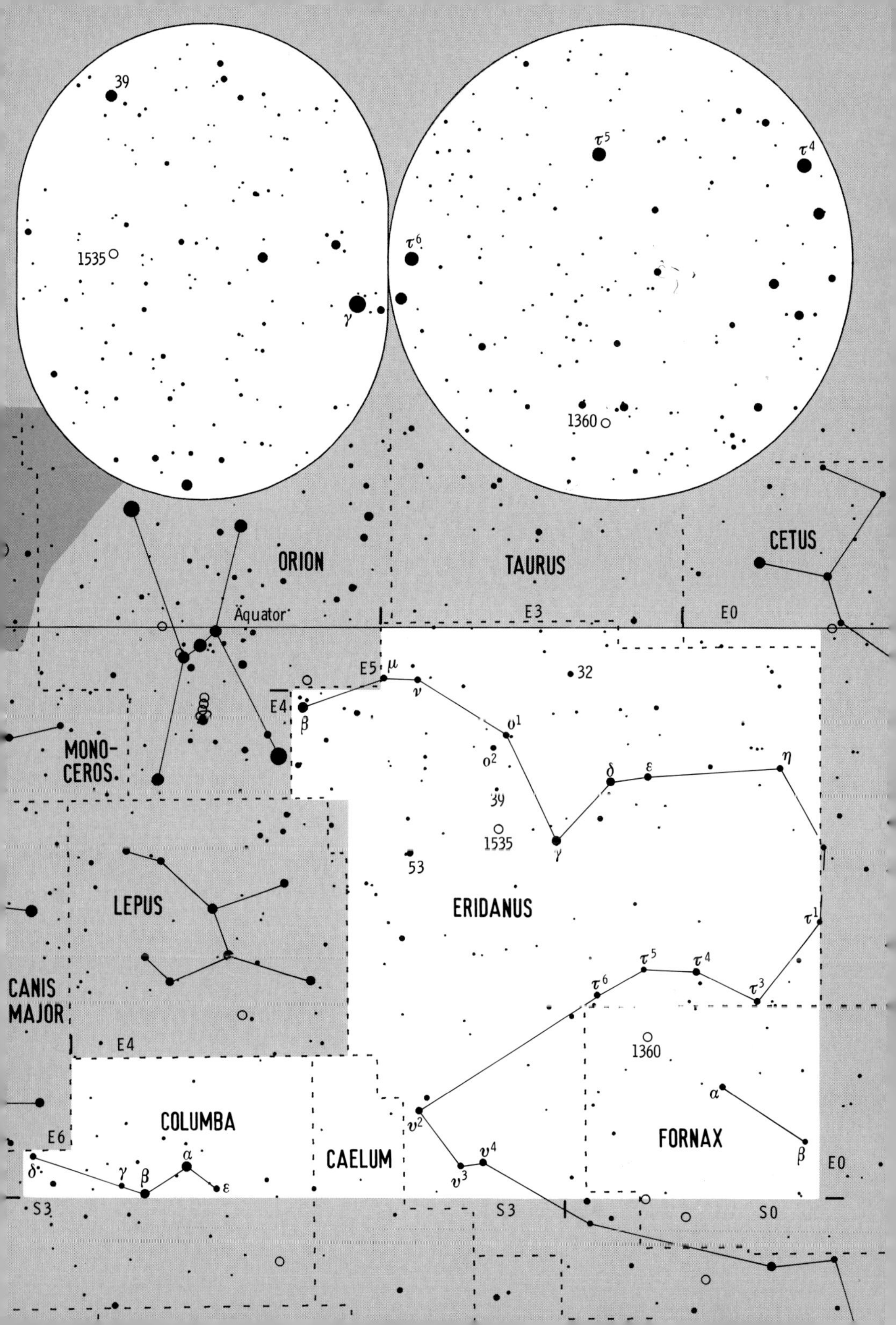

39
1535
γ
τ5
τ4
τ6
1360
ORION
TAURUS
CETUS
Äquator
E3
E0
E5
E4
μ
ν
32
β
ο1
ο2
δ
ε
η
39
1535
γ
53
MONO-
CEROS
LEPUS
ERIDANUS
τ1
τ5
τ4
τ6
τ3
CANIS
MAJOR
E4
1360
COLUMBA
α
υ2
FORNAX
β
E6
CAELUM
υ4
υ3
E0
δ
γ
β
α
ε
S3
S3
S0

NEBEL	Bild	Ort	v-Helligk.	Größe	Form	Typ	Kl.	Entf.	Rekt.	Dekl.
M 45	Tau		$1\frac{1}{2}^m$ $11^m_{\square'}$	100′	0 r n	**OS**		390Lj	$3^h47^m.0$	$24^\circ.12$
Hyaden ...	Tau		1 11	300	O m	**OS**		150	4 28	16.5
1647	Tau		$6\frac{1}{2}$ 14	40	O m	**OS**		2 000	4 46.0	19.07
1952 M 1	Tau		8 11	6	0 Fi	**GN**		4 000	5 34.5	22.02

M 45 **Plejaden, Siebengestirn**, wunderbar mit freiem Auge und Fernglas; Meropes Reflexionsnebel NGC 1435 bei dunkelstem Himmel.

Hyaden ... Nur imposant mit freiem Auge und Opernglas, ziemlich verstreut, nächster Sternhaufen, Aldebaran ist Vordergrundstern.

1647 ..... Großer Sternhaufen, schon im Fernglas in viele Sterne aufgelöst.

1952 M 1 **Krabbennebel**, schwierig mit Fernglas, länglich, unregelmäßiger Nebel im Teleskop, Überrest der Supernova des Jahres 1054.

STERN		Ort	V-Helligk.		B–V	Te.	Abs.	Name	Entf.	Rekt.	Dekl.
1 o Tau			• $3^m.6$		$0^m.9$		-1^M	} Dist. 55′	220Lj	$3^h24^m.8$	$9^\circ.03$
2 ξ Tau			• 3.7		–.1		0	....	220	3 27.2	9.73
17 Tau			• 3.7		–.1		–2	Electra (in M 45)	390	3 44.9	24.11
19 Tau			• 4.3		–.1		–1	Taygeta (in M 45)	390	3 45.2	24.47
20 Tau			• 3.8		–.1		–2	Maia (in M 45)	390	3 45.8	24.37
23 Tau			• 4.1		–.1		–1	Merope (in M 45)	390	3 46.3	23.95
25 η Tau			• 2.8		–.1		–3	Alcyone (in M 45)	390	3 47.5	24.11
27 Tau			• 3.6		–.1		–2	Atlas (in M 45)	390	3 49.2	24.06
28 BU Tau			• 4.9–5.2		–.1		–1	Pleione (in M 45)	390	3 49.2	24.14
35 λ Tau			• 3.4–3.9		–.1		–2	....	360	4 00.7	12.49
38 ν Tau			• 3.9		0.0		1	....	132	4 03.2	5.99
47 Tau			• 4.8	✲	0.8		0	....	350	4 13.9	9.26
54 γ Tau			• 3.6		1.0		0	in Hyaden	155	4 19.8	15.63
61 δ^1 Tau			• 3.8		1.0		0	in Hyaden	155	4 22.9	17.54
68 δ^3 Tau			• 4.3	✲	0.0		1	in Hyaden	150	4 25.5	17.93
74 ε Tau			• 3.5		1.0		0	in Hyaden	155	4 28.6	19.18
77 ϑ^1 Tau			• 3.8		1.0		0	in Hyaden } Dist. 5′.7	155	4 28.6	15.96
78 ϑ^2 Tau			• 3.4		0.2		0	in Hyaden	155	4 28.7	15.87
88 Tau			• 4.2	✲	0.2		1	....	150	4 35.7	10.16
87 α Tau			• 0.9		1.5		–1	. **Aldebaran** .	66	4 35.9	16.51
94 τ Tau			• 4.2	✲	–.1		–1	....	400	4 42.2	22.96
112 β Tau			• 1.7		–.1		–1	**Elnath, Nath**	130	5 26.3	28.61
118 Tau			· 5.5	✲	0.0		–1	....	500	5 29.3	25.15
123 ζ Tau			• 3.0		–.2		–3	....	400	5 37.6	21.14

DOPPELSTERN		V-Helligk.		B–V		Te.	Dist.	∀	Kl.
47 Tau		• $4^m.9$	$7^m.3$	$0^m.8$	$0^m.8$		$1''.3$		
68 δ^3 Tau		• 4.4	7.6	0.0	0.6		1.5		
88 Tau		• 4.3	7.8	0.2	0.5		69.6		
94 τ Tau		• 4.3	7.1	–.1	0.1		62.9		
118 Tau		· 5.9	6.7	–.1	0.1		4.7		

VERÄNDERLICHER

28 BU Tau • unregel.

35 λ Tau •

Per. 3.95295 d

Min. 2451003.8

Nebenminim. $3^m.6$

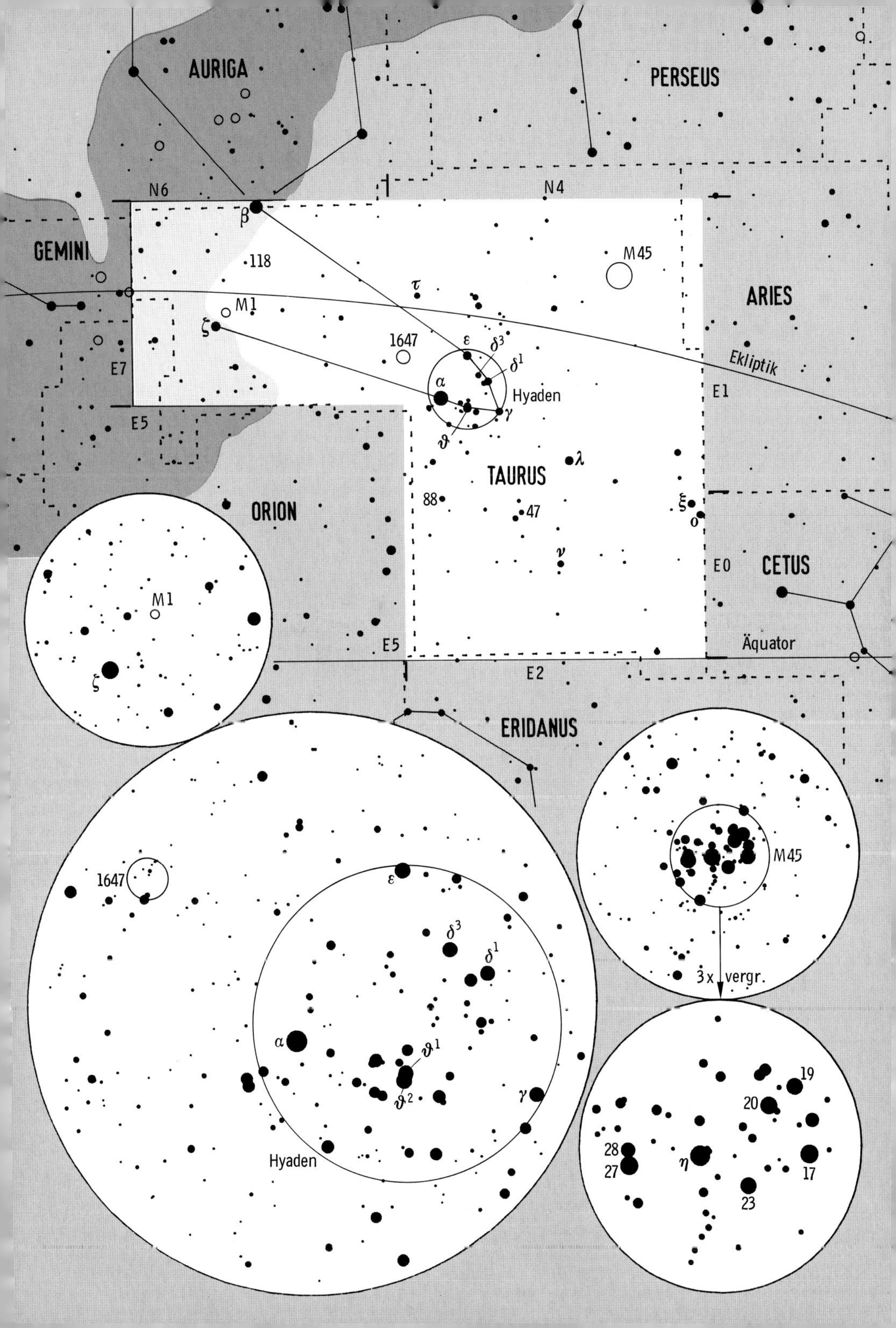
AURIGA
PERSEUS
N6
N4
β
GEMINI
118
M45
τ
ARIES
M1
ζ
1647
ε
δ3
δ1
Ekliptik
E7
α
Hyaden
γ
E1
E5
ϑ
λ
TAURUS
ORION
88
47
ξ
o
ν
E0
CETUS
E5
Äquator
E2
ERIDANUS
M1
ζ
1647
ε
δ3
δ1
α
ϑ1
ϑ2
γ
Hyaden
M45
3x vergr.
19
20
28
27
η
17
23

NEBEL		Bild	Ort	v-Helligk.		Größe	Form	Typ	Kl.	Entf.	Rekt.	Dekl.
1904	M 79	Lep		8^m	12^m	6′	O V	**KS**		40 000Lj	$5^h24^m.2$	−24°.53
1981	.....	Ori		4½	11	25	0 p n	**OS**		1 400	5 35.2	−4.43
1973	.....	Ori		8	14	20	0 Re	**GN**		1 400	5 35.3	−4.80
1976	M 42	Ori		3½	11	40	0 Em	**GN**		1 400	5 35.6	−5.43
1982	M 43	Ori		8	13	12	0 Em	**GN**		1 400	5 35.6	−5.27

1904 M 79 Sehr schwierig aufzulösen, weit außerhalb des Milchstraßensystems.
1981 ..... Nur ein paar helle Sterne, im Teleskop nicht beeindruckend.
1973 ..... Schwierig zu beobachten, dreigeteilt (NGC 1973, 1975, 1977).
1976 M 42 **Orionnebel**, Paradeobjekt der Gasnebel, phantastisch in jedem Instrument; Dunkelwolken, helle Ausläufer und eingebettete Sterne sind unbeschreiblich, Zentralgebiet im Teleskop strukturreicher als auf vielen Fotografien, blaugrün; enthält bekanntes Trapez.
1982 M 43 Nördlicher Teil des Orionnebels, abgegrenzt durch eine Staubwolke.

STERN			Ort	V-Helligk.			B−V	Te.	Abs.	Name	Entf.	Rekt.	Dekl.
R	Lep			·	6.0–9.7		$3^m.4$		-2^M	....	1 000Lj	$4^h59^m.6$	−14°.81
2 ε	Lep			•	3.2		1.5		−1	....	220	5 05.5	−22.37
RX	Lep			·	5.2–6.0		1.4		−1	....	450	5 11.4	−11.85
5 μ	Lep			•	3.2–3.4		−.1		−1	....	185	5 12.9	−16.21
4 κ	Lep			•	4.4	⁑	−.1		−2	....	550	5 13.2	−12.94
19 β	Ori			●	0.1	⁑	0.0		−7	.. **Rigel** ..	800	5 14.5	−8.20
20 τ	Ori			•	3.6		−.1		−2	....	500	5 17.6	−6.84
9 β	Lep			•	2.8		0.8		−1	.. Nihal ..	160	5 28.2	−20.76
11 α	Lep			•	2.6		0.2		−6	.. Arneb ..	1 400	5 32.7	−17.82
41 ϑ	Ori			•	4.0	⁑	0.0		−4	41 und 43 Ori	1 400	5 35.3	−5.40
42,45	Ori			•	4.1	⁑	0.0		−4	in NGC 1973	1 400,380	5 35.4	−4.84
44 ι	Ori			•	2.8	⁑	−.2		−6	....	1 400	5 35.4	−5.91
13 γ	Lep			•	3.5	⁑	0.5		4	....	29.2	5 44.5	−22.45
14 ζ	Lep			•	3.6		0.1		2	....	70	5 47.0	−14.82
53 κ	Ori			•	2.1		−.2		−5	.. **Saiph** ..	750	5 47.8	−9.67
15 δ	Lep			•	3.8		1.0		1	....	113	5 51.3	−20.88
16 η	Lep			•	3.7		0.3		3	....	49	5 56.4	−14.17

DOPPELSTERN				V-Helligk.		B−V		Te.	Dist.	∀	Kl.
4 κ	Lep		•	$4^m.4$	$7^m.1$	$-^m.1$	$0^m.3$		2″.1		
19 β	Ori		●	0.1	6.8	0.0	0.0		9.5		
41 ϑ	Ori		•	4.6⁑	4.8⁑	0.0	−.1		140.0		
41 ϑ^1	Ori			5.1	6.7	0.0	0.1		13.4		
(Trapez)				”	6.7	”	0.0		12.7		
				8.0	”	0.2	”		8.7		
43 ϑ^2	Ori			5.1	6.4	−.1	−.1		52.4		
42,45	Ori		•	4.6	5.2	−.2	0.3		252		
44 ι	Ori		•	2.8	6.9	−.2	−.1		11.3		
13 γ	Lep		•	3.6	6.2	0.5	0.9		97.2		

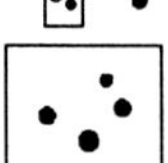

VERÄNDERLICHER

R Lep ·

Per. ca. 435 d
Max. ca. 2451220
Min. Max. + 200
Extrema $5^m.5$–$11^m.7$
Rötlichster Stern.

RX Lep · unregel.
Per. 60–90 d
Extrema $5^m.0$–$7^m.4$

5 μ Lep • unregel.

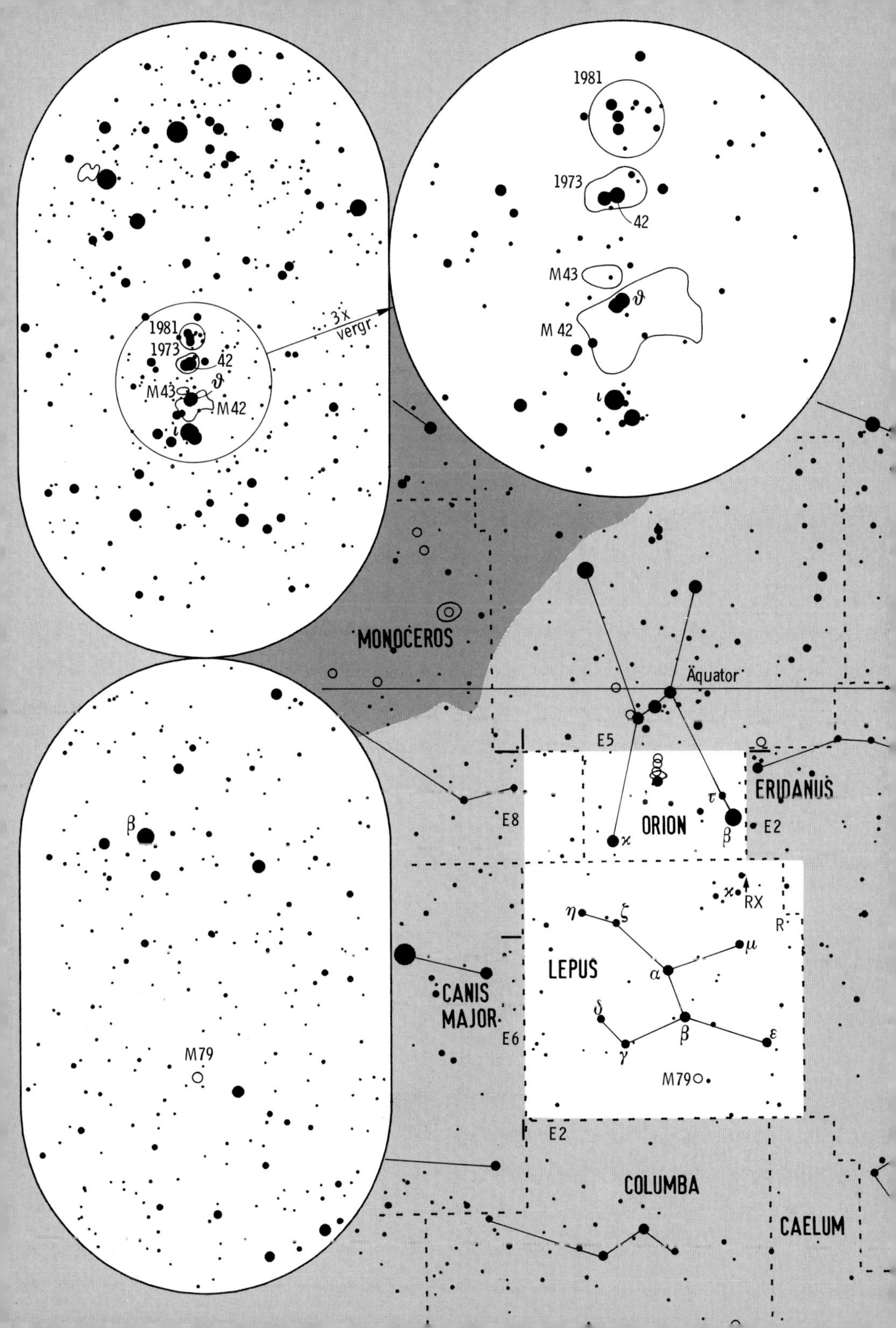

1981
1973
42
M43
M42
M 42
3x
vergr.
MONOCEROS
Äquator
E5
ERIDANUS
E8
ORION
E2
RX
R
LEPUS
CANIS
MAJOR
E6
M79
COLUMBA
CAELUM

NEBEL		Bild	Ort	v-Helligk.		Größe	Form	Typ	Kl.	Entf.	Rekt.	Dekl.
1788	.....	Ori		9^m	$12^m_{\Box'}$	$6'$	0 Re	**GN**		1 400 Lj	$5^h06^m.9$	$-3^\circ.37$
2024	.....	Ori		$7\frac{1}{2}$	13	20	0 Em	**GN**		1 200	5 41.4	−1.87
2068	M 78	Ori		8	12	7	0 Re	**GN**		1 200	5 46.7	0.07

1788 ..... Einer der wenigen Reflexionsnebel, schwieriges Objekt, Stern 10^m.

2024 ..... Relativ hell und strukturreich, aber Zeta Orionis stört sehr, saubere Optik notwendig, Alnitak außerhalb des Feldes positionieren!

2068 M 78 Hellster Reflexionsnebel, leicht kometenähnlich, Staubstrukturen im Teleskop; 15′ nördlich ist 10^m Reflexionsnebel NGC 2071.

STERN			Ort	V-Helligk.		B−V	Te.	Abs.	Name	Entf.	Rekt.	Dekl.
1	π^3	Ori		● $3^m.2$		$0^m.5$		4^M	....	26.2 Lj	$4^h49^m.8$	$6^\circ.96$
3	π^4	Ori		• 3.7		−.2		−4	....	1 100	4 51.2	5.61
8	π^5	Ori		• 3.7		−.2		−4	....	1 100	4 54.3	2.44
14		Ori		· 5.3	*	0.3		2	....	180	5 07.9	8.50
22		Ori		• 4.4	*	−.2		−4	....	1 200	5 21.7	−0.39
23		Ori		· 4.9	*	−.1		−3	....	1 200	5 22.8	3.55
28	η	Ori		• 3.3–3.6	*	−.2		−5	....	1 200	5 24.5	−2.40
24	γ	Ori		● 1.6		−.2		−3	. **Bellatrix** .	240	5 25.1	6.35
32		Ori		• 4.2	*	−.1		−1	....	300	5 30.8	5.95
33		Ori		· 5.4	*	−.2		−3	....	1 200	5 31.2	3.29
34	δ	Ori		● 2.2	*	−.2		−6	. . **Mintaka** . .	1 200	5 32.0	−0.30
VV		Ori		· 5.3–5.7		−.2		−3	....	1 200	5 33.5	−1.16
39	λ	Ori		• 3.4	*	−.2		−5	....	1 200	5 35.1	9.93
46	ε	Ori		● 1.7		−.2		−6	. . **Alnilam** . .	1 200	5 36.2	−1.20
48	σ	Ori		• 3.6	*	−.2		−4	....	1 200	5 38.8	−2.60
50	ζ	Ori		● 1.7	*	−.2		−6	. . **Alnitak** . .	1 200	5 40.8	−1.94
52		Ori		· 5.3	*	0.2		0	[**Beteigeuze,**]	450	5 48.0	6.45
58	α	Ori		● 0.3–0.9		1.8		−5	. **Betelgeuse** .	350	5 55.2	7.41

DOPPELSTERN				V-Helligk.		B−V		Te.	Dist.	∀	Kl.
14		Ori		· $5^m.8$	$6^m.6$	$0^m.3$	$0^m.3$	'0	$0''.8$		
								2007	0.9		
								2015	1.0		
22		Ori		• 4.7	5.7	−.2	−.1		241.9		
23		Ori		· 5.0	7.2	−.1	−.1		32.0		
28	η	Ori		• 4	4.9	−.2	−.2		1.7		
32		Ori		• 4.5	5.8	−.1	−.1		1.2		
33		Ori		· 5.8	6.9	−.2	−.1		1.9		
34	δ	Ori		● 2.2	6.8	−.2	−.2		52.4		
39	λ	Ori		• 3.6	5.5	−.2	−.2		4.3		
48	σ	Ori		• 3.8	6.6	−.2	−.2		41.5		
				”	6.6	”	−.2		12.9		
50	ζ	Ori		● 1.9	4.0	−.2	−.2		2.4		
52		Ori		· 6.0	6.0	0.1	0.3		1.0		

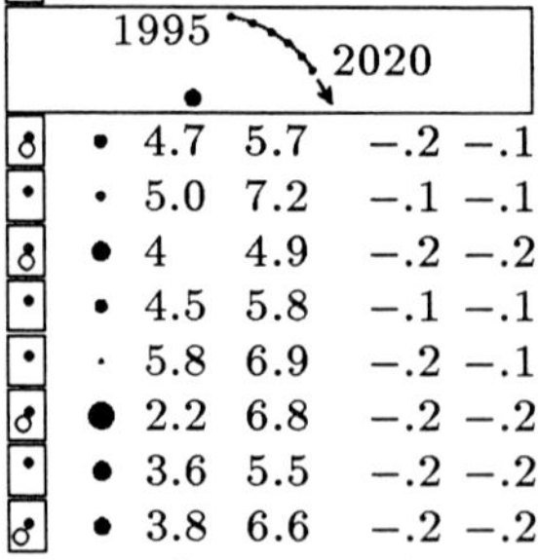

VERÄNDERLICHER

28 η Ori •
Per. 7.98928 d
Min. 2451002.54
Dauer 15 Stunden
Hauptst. $3^m.6$–$4^m.0$
Begleitstern $4^m.9$

VV Ori ·
Per. 1.485376 d
Min. 2451001.47
Dauer 6 Stunden

58 α Ori ● halbreg.
Perioden 420 d und ca. 6 Jahre
Extrema $0^m.0$–$1^m.3$

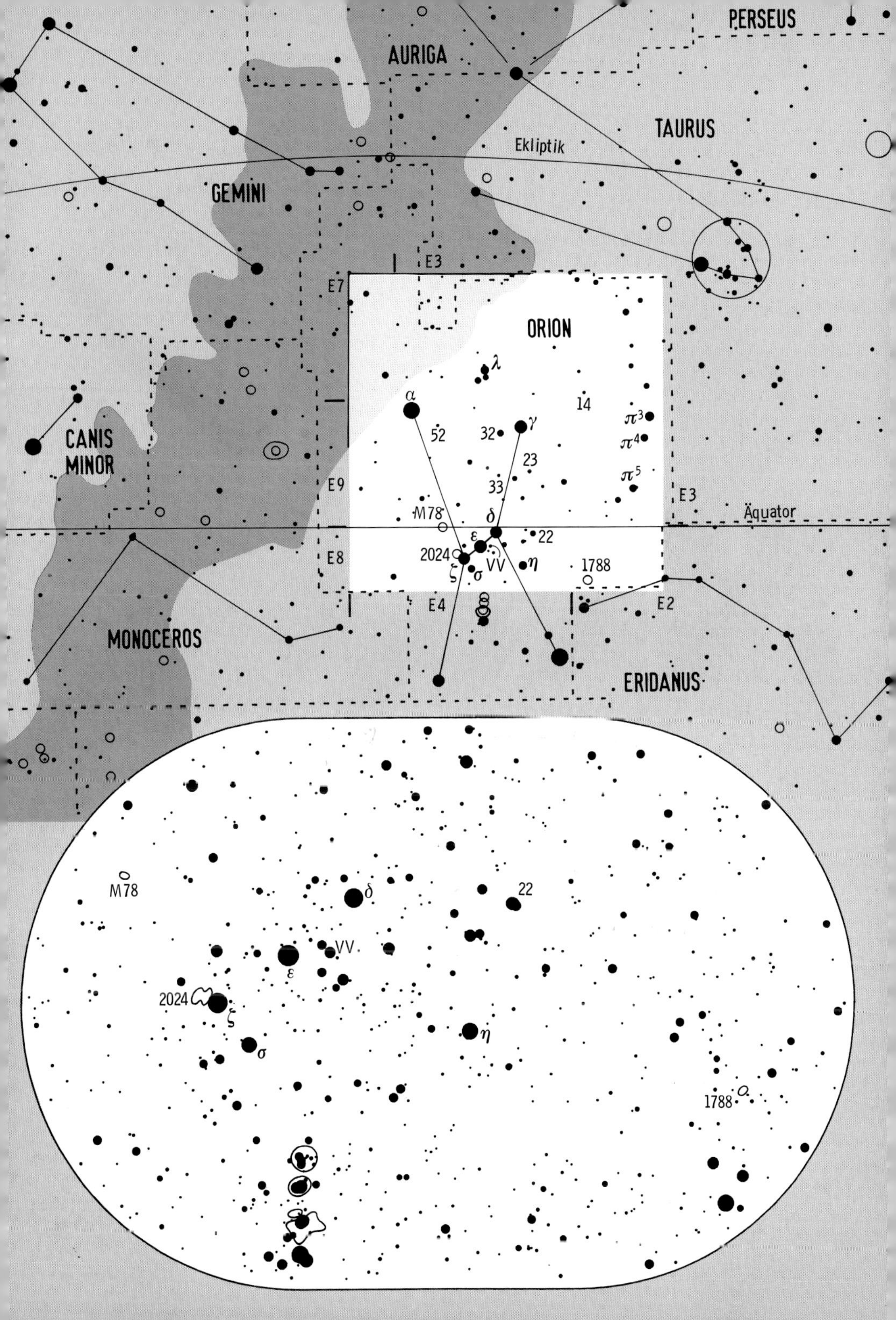
PERSEUS
AURIGA
TAURUS
Ekliptik
GEMINI
E3
E7
ORION
λ
α
52
32
γ
14
π3
π4
π5
23
33
CANIS MINOR
E9
M78
δ
E3
Äquator
22
ε
2024
VV
ζ
σ
η
1788
E8
E4
E2
MONOCEROS
ERIDANUS
M78
δ
22
VV
ε
2024
ζ
σ
η
1788

NEBEL		Bild	Ort	v-Helligk.		Größe	Form		Typ	Kl.	Entf.	Rekt.	Dekl.
2287	M 41	CMa		5^{m}	$12^{m}_{\square'}$	$30'$	O	m	**OS**		2500Lj	$6^{h}47^{m}0$	$-20^{\circ}73$
2362	.....	CMa		4	7	6	O	p	**OS**		5000	7 18.8	−24.93
2447	M 93	Pup		$6\frac{1}{2}$	12	15	O	m	**OS**		4000	7 44.6	−23.87

2287 M 41 Wunderbar aufgelöst im Fernglas, ein Prachtobjekt für kleinere Instrumente, selbst mit freiem Auge schon als Nebel sichtbar, kaum beeindruckend im Teleskop, wenig schwache Sterne.

2362 ..... Im Fernglas ein heller Stern τ CMa ($4^{m}4$) vor schwierigem Hintergrundnebel (6^{m}, $9^{m}_{\square'}$); im Teleskop gut aufgelöst, dreiecksförmig.

2447 M 93 Im Fernglas ein paar helle Sterne aufgelöst, schwächere Sterne neblig, im Teleskop schön aufgelöst, drei parallele Sternenketten.

STERN			Ort	V-Helligk.			B–V	Te.	Abs.	Name	Entf.	Rekt.	Dekl.
1	ζ	CMa		•	$3^{m}0$	⁂	$-^{m}2$		-2^{M}	. . Phurud	350, 800Lj	$6^{h}20^{m}3$	$-30^{\circ}06$
2	β	CMa		●	2.0		−.2		−4	. . Mirzam . .	500	6 22.7	−17.96
7	ν^2	CMa		•	4.0		1.0		2	. . . .	65	6 36.7	−19.26
9	α	CMa		●	−1.5		0.0		1	. . **Sirius** . .	8.6	6 45.1	−16.72
13	κ	CMa		•	3.5–4.0	⁂	−.1		−4	. . . .	800	6 49.8	−32.51
16	o^1	CMa		•	3.8–4.0		1.7		−5	. . . .	2000	6 54.1	−24.18
21	ε	CMa		●	1.5	⁂	−.2		−4	. . **Adhara** . .	430	6 58.6	−28.97
22	σ	CMa		•	3.5		1.7		−4	. . . .	1200	7 01.7	−27.93
24	o^2	CMa		•	3.0		−.1		−7	. . . .	2500	7 03.0	−23.83
23	γ	CMa		•	4.1		−.1		−1	. . . .	400	7 03.8	−15.63
25	δ	CMa		●	1.8		0.7		−7	. . Wezen . .	2000	7 08.4	−26.39
27		CMa		•	4.4–4.7		−.2		−4	. EW CMa .	1500	7 14.3	−26.35
28	ω	CMa		•	3.8–4.0		−.1		−4	. . . .	1000	7 14.8	−26.77
145		CMa		•	4.5	⁂	1.1		−4	. . . . . .	2000, 250	7 16.6	−23.31
29		CMa		•	4.8–5.3		−.1		−7	. UW CMa .	5000	7 18.7	−24.56
31	η	CMa		●	2.4	⁂	−.1		−7	. Aludra	2500, 600	7 24.1	−29.30
n		Pup		·	5.1	⁂	0.4		3	. . . .	95	7 34.3	−23.47
k	κ	Pup		•	3.8	⁂	−.2		−2	. . . .	450	7 38.8	−26.80
3		Pup		•	3.9		0.2		−7	. . . .	5000	7 43.8	−28.96
7	ξ	Pup		•	3.2	⁂	1.1		−5	Aspidiske	1200, 350	7 49.3	−24.86
11		Pup		•	4.2		0.7		−2	. . . .	500	7 56.9	−22.88
15	ϱ	Pup		●	2.8		0.5		1	. . . .	63	8 07.5	−24.30

DOPPELSTERN				V-Helligk.			B–V		Te.	Dist.	∀	Kl.
1	ζ	CMa		•	$3^{m}0$	$7^{m}7$	$-^{m}2$	$1^{m}1$		$176''$		
13	κ	CMa		•	4	6.8	−.2	−.1		265.4		
21	ε	CMa		●	1.5	7.5	−.2	0.1		7.5		
145		CMa		·	4.8	6.0	1.7	0.3		27		
31	η	CMa		●	2.4	6.9	−.1	0.0		179		
n		Pup		·	5.8	5.9	0.4	0.4		9.8		
k	κ	Pup		•	4.5	4.6	−.2	−.1		9.9		
7	ξ	Pup		•	3.3	5.3	1.2	0.8		288		

VERÄNDERLICHER

13 κ CMa • unregel.
16 o^1 CMa • unregel.
27 EW CMa • unregel.
28 ω CMa • unregel.
Extrema $3^{m}6$–$4^{m}2$
29 UW CMa • 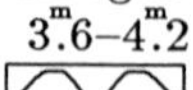
Per. 4.3934 d
Min. 2451004.3

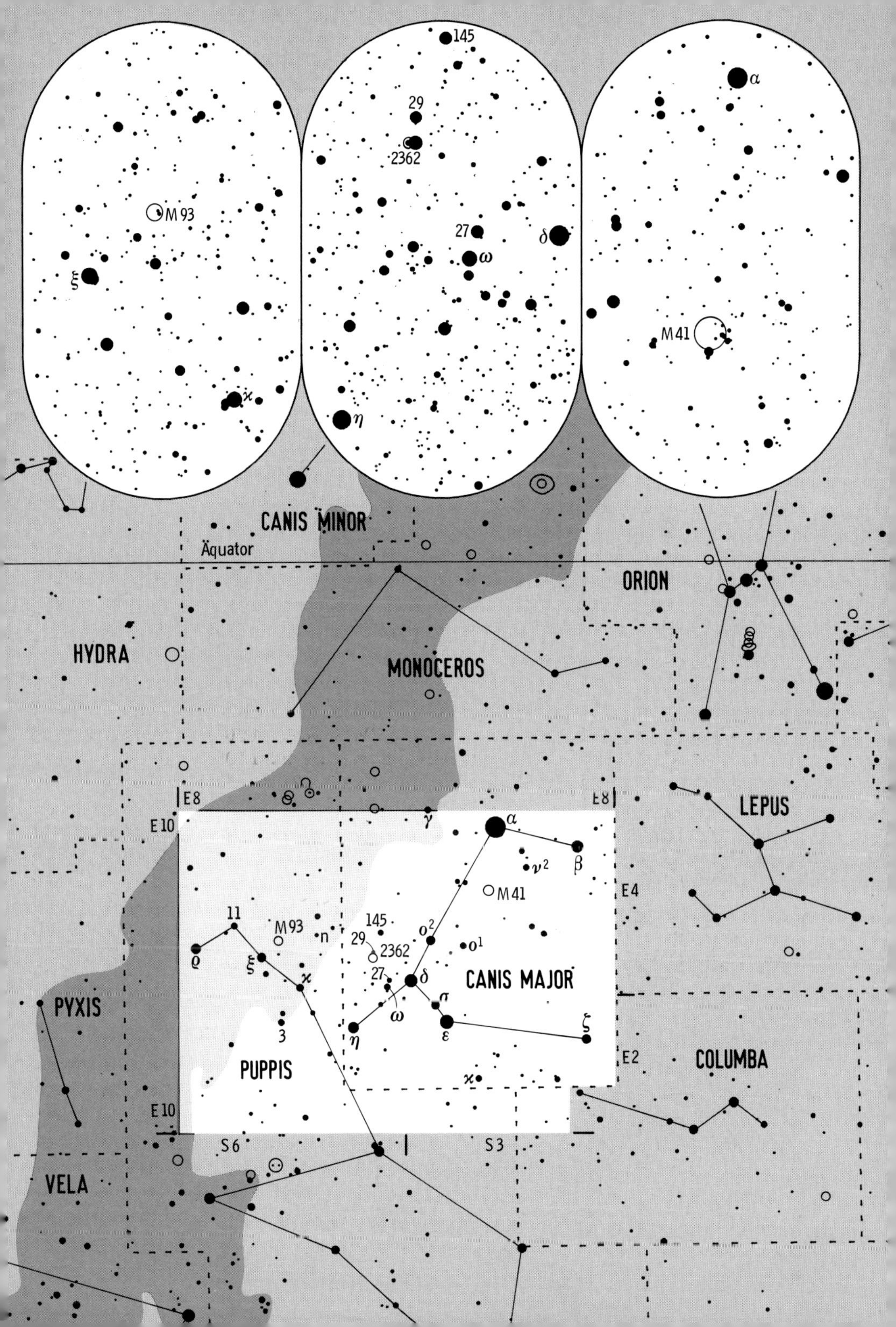

M 93
ξ
ϰ
145
29
2362
27
δ
ω
η
α
M41
CANIS MINOR
Äquator
ORION
HYDRA
MONOCEROS
LEPUS
E8
E10
γ
β
ν²
E4
11
n
o²
o¹
ϱ
CANIS MAJOR
PYXIS
σ
3
ε
ζ
E2
COLUMBA
PUPPIS
VELA
S6
S3

NEBEL		Bild	Ort	v-Helligk.		Größe	Form	Typ	Kl.	Entf.	Rekt.	Dekl.
2129	.....	Gem		7^m	10^m	5′	○ p	OS		6000Lj	$6^h01^m.0$	23°.30
2168	M35	Gem		5	12	30	○ r	OS		3000	6 08.9	24.33
2175	.....	Ori		7	13	20	○ p n	OS		7000	6 09.8	20.32
2261	.....	Mon		9½	10	1.8	▯ Re	GN		3000	6 39.2	8.73
2264	.....	Mon		4	9	15	▯ p n	OS		1000	6 41.1	9.88
2392	.....	Gem		9	8	0.8	○ K	PN		2500	7 29.2	20.91

2129 ..... Nur im Teleskop als Sternhaufen erkennbar, arm an Sternen.
2168 M35 Heller Nebel mit einigen Sternen im Fernglas, wunderschön aufgelöst im Teleskop, eindrucksvoll bei schwacher Vergrößerung.
2175 ..... Ganz unauffällig, Nebelfilter zeigt 10′ nördlich Gasnebel NGC2174.
2261 ..... **Hubbles Veränderlicher Nebel**, innerhalb von Tagen veränderlich, Strukturen im Teleskop, kometenähnlich, stark vergrößern!
2264 ..... **Weihnachtsbaum–Sternhaufen**, länglich, Sterne $4^m.7$ und $8–10^m$.
2392 ..... **Eskimonebel**, ungleichmäßig helles grünliches Scheibchen, helles Zentralgebiet, $10½^m$ Zentralstern deutlich bei starker Vergrößerung.

STERN			Ort		V-Helligk.		B–V	Te.	Abs.	Name	Entf.	Rekt.	Dekl.
7	η	Gem		•	$3^m.2–3^m.4$		$1^m.6$		-2^M	. Tejat Prior .	350Lj	$6^h14^m.9$	22°.51
13	μ	Gem		●	2.9		1.6		−1	Tejat Posterior	230	6 23.0	22.51
18	ν	Gem		•	4.1		−.1		−2	. . . .	450	6 29.0	20.21
24	γ	Gem		●	1.9		0.0		−1	. . **Alhena** . .	105	6 37.7	16.40
15		Mon		•	4.6	⁑	−.2		−3	in NGC2264	1000	6 41.0	9.90
27	ε	Gem		●	3.1		1.4		−4	. Mebsuta .	900	6 43.9	25.13
31	ξ	Gem		●	3.4		0.4		2	. . . .	57	6 45.3	12.90
34	ϑ	Gem		•	3.6		0.1		0	. . . .	195	6 52.8	33.96
38		Gem		•	4.7	⁑	0.3		2	. . . .	90	6 54.6	13.18
43	ζ	Gem		•	3.6–4.2	⁑	0.9		−4	. Mekbuda	1000,90	7 04.1	20.57
54	λ	Gem		●	3.6		0.1		1	. . . .	94	7 18.1	16.54
55	δ	Gem		●	3.5		0.4		2	. . Wasat . .	59	7 20.1	21.98
60	ι	Gem		•	3.8		1.0		1	. . . .	125	7 25.7	27.80
62	ϱ	Gem		•	4.2		0.3		3	. . . .	60	7 29.1	31.78
66	α	Gem		●	1.6	⁑	0.0		1	. . **Castor** . .	52	7 34.6	31.89
69	υ	Gem		•	4.1		1.5		0	. . . .	240	7 35.9	26.90
77	κ	Gem		•	3.6		0.9		0	. . . .	145	7 44.4	24.40
78	β	Gem		●	1.1		1.0		1	. . **Pollux** . .	33.5	7 45.3	28.03

DOPPELSTERN					V-Helligk.		B–V		Te.	Dist.	∀	Kl.
15		Mon		•	$4^m.7$	$7^m.7$	$-^m.2$	$0^m.0$		2″.9		
38		Gem		•	4.7	7.7	0.3	0.7		7.3		
43	ζ	Gem		•	4	7.6	0.9	0.6		101		
66	α	Gem		●	1.9	2.9	0.0	0.1	’0	3.9		
									2005	4.3		
									2010	4.7		
									2015	5.0		

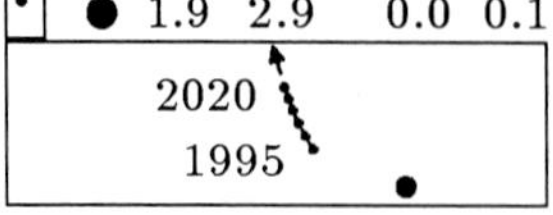

VERÄNDERLICHER

7 η Gem • halbreg.
Per. 232.9 d
Min. ca. 2451000
Extrema $3^m.2–3^m.9$

43 ζ Gem •
Per. 10.1508 d
Max. 2451002.8

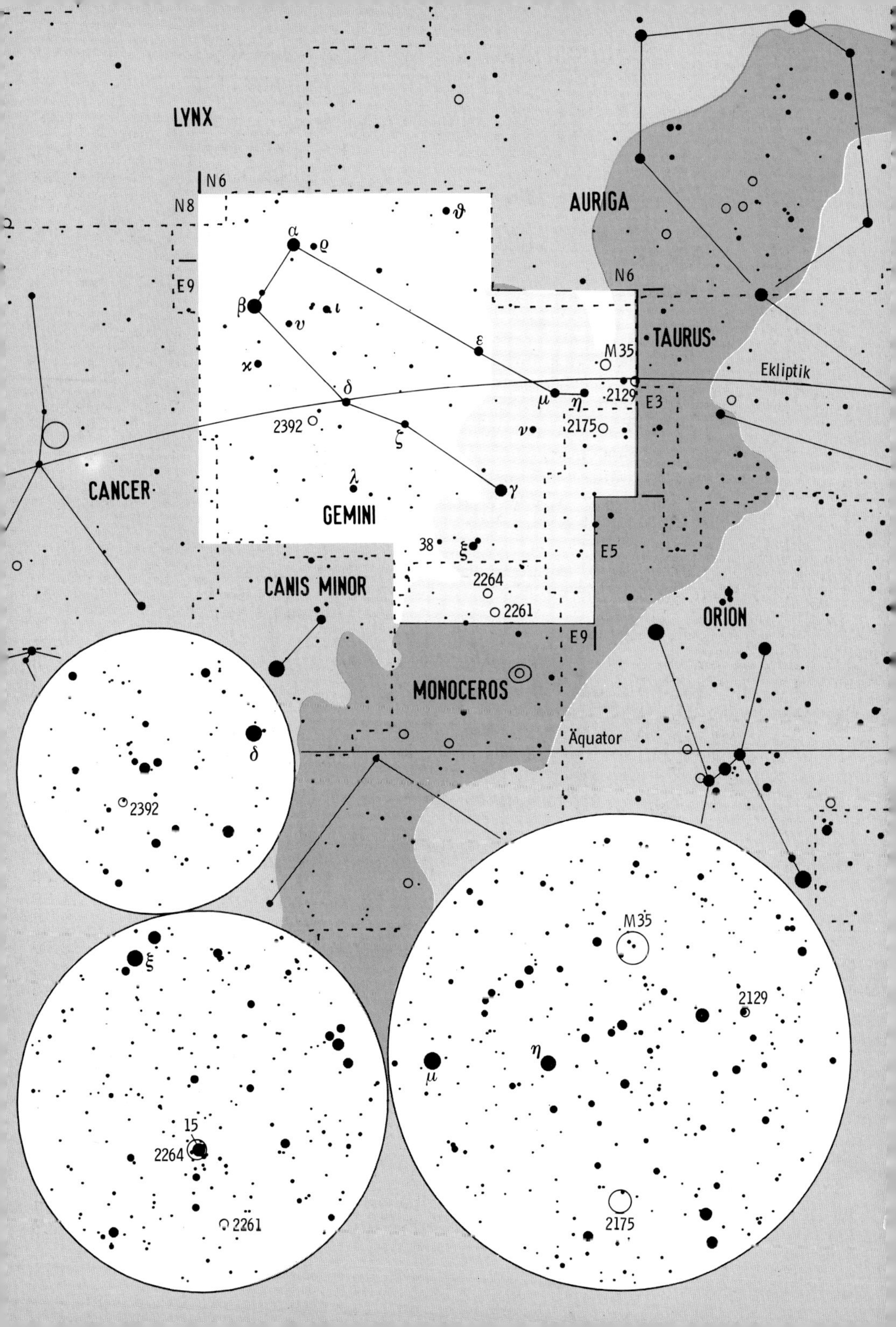

LYNX
AURIGA
TAURUS
Ekliptik
CANCER
GEMINI
CANIS MINOR
MONOCEROS
ORION
Äquator
M35
2129
2175
2392
2264
2261
38
N6
N8
E9
E3
E5
15

NEBEL		Bild	Ort	v-Helligk.		Größe	Form	Typ	Kl.	Entf.	Rekt.	Dekl.
2323	M 50	Mon		$6\frac{1}{2}^m$	$12^m_{\square'}$	15′	O r	OS		3 500Lj	$7^h03^m.2$	−8°.33
2360	.....	CMa		$7\frac{1}{2}$	12	12	O m	OS		5 000	7 17.8	−15.58
2359	.....	CMa		9	13	10	0 Em	GN		4 000	7 18.0	−13.20
2422	M 47	Pup		$4\frac{1}{2}$	11	25	O m	OS		1 800	7 36.6	−14.50
2423	.....	Pup		7	13	20	0 m	OS		3 000	7 37.1	−13.87
2437	M 46	Pup		6	13	25	0 r	OS		6 000	7 41.8	−14.82
2438	.....	Pup		11	11	1.0	O R	PN		4 000	7 41.8	−14.74
2539	.....	Pup		7	13	20	O m	OS		4 000	8 10.7	−12.83

2323 M 50 Hellste Sterne im Fernglas einzeln sichtbar, am schönsten im Teleskop bei schwacher Vergrößerung, deutlich asymmetrisch.

2360 ..... Im Fernglas neblig, selbst im Teleskop nicht vollständig aufgelöst, ziemlich konzentriert, asymmetrisch, Kern länglich, Sternenketten.

2359 ..... Enthält einige Sterne, Gasnebel eventuell schwach im Fernglas sichtbar, oval im Teleskop, interessante Strukturen mit Nebelfilter.

2422 M 47 Eindrucksvoller Sternhaufen im Fernglas, kaum besser im Teleskop, selbst mit freiem Auge als Nebel sichtbar, meist helle Sterne.

2423 ..... Besteht aus schwachen Sternen, teilweise Doppelsternen, nebelförmig im Fernglas, wenig Kontrast zur Milchstraße.

2437 M 46 Heller großer Nebel im Fernglas, beeindruckende Sternenzahl im Teleskop, besonders reich an schwächeren Sternen, oval.

2438 ..... Im nördlichen Teil von M 46, lichtschwach, stark vergrößern!

2539 ..... Schwierig im Fernglas, sehr interessant im Teleskop, verschiedene Sternverdichtungen, unregelmäßiger Umriß, etwa 100 Sterne.

STERN			Ort	V-Helligk.	B−V	Te.	Abs.	Name	Entf.	Rekt.	Dekl.
5	γ	Mon		• $4^m.0$	$1^m.3$		-3^M	....	650Lj	$6^h14^m.9$	−6°.27
11	β	Mon		• 3.7 ⁑	−.1		−3	....	650	6 28.8	−7.03
14	ϑ	CMa		• 4.1	1.4		0	....	240	6 54.2	−12.04
18	μ	CMa		• 5.0 ⁑	1.2		−2	....	800	6 56.1	−14.04
22	δ	Mon		• 4.2	0.0		−1	....	370	7 11.9	−0.49
U		Mon		· 5.6–7.6	1.0		−5	....	3 000	7 30.8	−9.78
26	α	Mon		• 3.9	1.0		1	....	145	7 41.2	−9.55
2		Pup		· 5.7 ⁑	0.1		0	....	350	7 45.5	−14.69
5		Pup		· 5.5 ⁑	0.5		3	....	100	7 47.9	−12.19
29	ζ	Mon		• 4.4	1.0		−5	....	2 000	8 08.6	−2.98
19		Pup		• 4.7	0.9		1	bei NGC 2539	185	8 11.3	−12.93

DOPPELSTERN				V-Helligk.		B−V		Te.	Dist.	∀	Kl.
11	β	Mon		• $3^m.8$ ⁑	$7^m.6$	$-^m.1$	$0^m.0$		248″.0		
				4.5 ⁑	4.6	−.1	−.1		8.3		
				5.1	5.4	−.1	−.1		3.0		
18	μ	CMa		· 5.1	7.4	1.4	0.1		2.8		
2		Pup		· 6.1	6.9	0.1	0.3		16.8		
5		Pup		· 5.7	7.4	0.5	0.7		1.4		

VERÄNDERLICHER

U Mon · halbreg.
Per. 92 d
Pulsierend so wie Mira-Typ Sterne, Lichtkurve ähnlich β Lyrae-Typ.

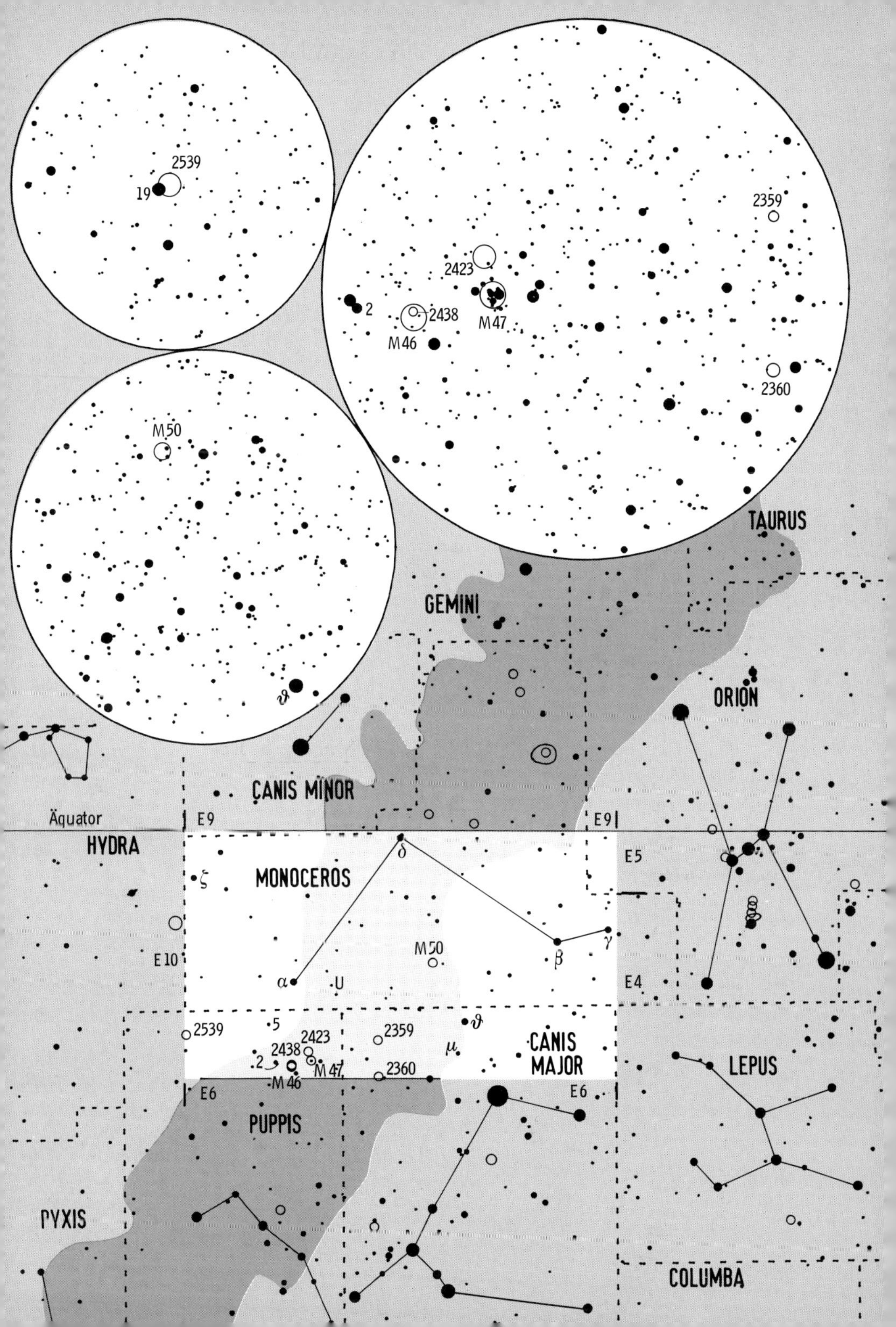
2539
19
2359
2423
2
2438
M47
M46
2360
M50
TAURUS
GEMINI
ORION
ÇANIS MINOR
Äquator
E9
HYDRA
MONOCEROS
E5
E10
M50
E4
2539
5
2423
2438
2359
CANIS MAJOR
M47
2360
M46
E6
PUPPIS
LEPUS
PYXIS
COLUMBA

NEBEL		Bild	Ort	v-Helligk.		Größe	Form	Typ	Kl.	Entf.	Rekt.	Dekl.
2237	.....	Mon		6^m	$14^m_{\square'}$	80′	0 Em	**GN**		5000Lj	$6^h32^m_.3$	$5^\circ_.03$
2244	.....	Mon		5	12	25	0 p n	**OS**		5000	6 32.4	4.87
2301	.....	Mon		6	11	15	0 m	**OS**		2500	6 51.8	0.47
2324	.....	Mon		8½	13	7	O r	**OS**		12000	7 04.2	1.07
2632	M 44	Cnc		3½	13	80	O m	**OS**		580	8 40.1	19.98
2682	M 67	Cnc		7	13	20	O r	**OS**		2500	8 50.8	11.82

2237 ..... **Rosettennebel**, Nebelfilter fast notwendig (NGC 2237–39, 2246).
2244 ..... Im Rosettennebel, schön im Fernglas, nicht besser im Teleskop.
2301 ..... Schon im Fernglas teilweise aufgelöst, im Teleskop vollständig, beeindruckende Sternenkette nord-südlich ausgerichtet.
2324 ..... Nur im Teleskop gut erkennbar, viele lichtschwache Sterne.
2632 M 44 **Praesepe, Bienenstock, Krippe**, einfach mit freiem Auge sichtbar, eindrucksvoll im Fernglas, nur schwach vergrößern!
2682 M 67 Großer Nebelfleck im Fernglas, wunderbar aufgelöst im Teleskop.

STERN			Ort	V-Helligk.	B–V	Te.	Abs.	Name	Entf.	Rekt.	Dekl.
8	ε	Mon		• $4^m_.3$ ⁑	$0^m_.2$		1^M	....	128Lj	$6^h23^m_.8$	$4^\circ_.59$
	T	Mon		· 5.6–6.6	1.0		−6	....	6000	6 25.2	7.09
3	β	CMi		● 2.9	−.1		−1	. Gomeisa .	170	7 27.2	8.29
4	γ	CMi		• 4.3	1.4		−1	....	400	7 28.2	8.93
10	α	CMi		⬤ 0.4	0.4		3	. . **Prokyon** . .	11.4	7 39.3	5.22
16	ζ	Cnc		• 4.7 ⁑	0.5		3	....	84	8 12.2	17.65
17	β	Cnc		● 3.5	1.5		−1	. . Altarf . .	300	8 16.5	9.19
23	φ^2	Cnc		· 5.5 ⁑	0.2		1	....	280	8 26.8	26.94
43	γ	Cnc		• 4.7	0.0		1	Asellus Borealis	160	8 43.3	21.47
47	δ	Cnc		• 3.9	1.1		1	Asellus Australis	135	8 44.7	18.15
48	ι	Cnc		• 3.9 ⁑	0.9		−1	....	300	8 46.7	28.76
55	ϱ^1	Cnc		· 5.3 ⁑	1.1		−1	. 55, 53 Cnc	41,800	8 52.5	28.30
57		Cnc		· 5.4 ⁑	1.0		0	....	370	8 54.2	30.58
	X	Cnc		· 6.0–6.5	3.2		−3	....	2000	8 55.4	17.23
65	α	Cnc		• 4.3	0.1		1	. Acubens .	175	8 58.5	11.86
	RS	Cnc		· 5.3–6.3	1.5		0	....	420	9 10.6	30.96

DOPPELSTERN				V-Helligk.		B–V		Te.	Dist.	∀	Kl.
8	ε	Mon		• $4^m_.4$	$6^m_.6$	$0^m_.2$	$0^m_.4$		$12''_.3$		
16	ζ	Cnc		• 5.0⁑	6.1	0.5	0.7		6.2		
				5.6	6.0	0.5	0.6	’0	0.9		
								2005	1.0		
								2010	1.1		
								2015	1.1		
23	φ^2	Cnc		· 6.2	6.3	0.2	0.2		5.2		
48	ι	Cnc		• 4.0	6.5	1.0	0.1		30.5		
55	ϱ^1	Cnc		· 6.0	6.3	0.9	1.5		273		
57		Cnc		· 6.0	6.3	1.0	1.1		1.5		

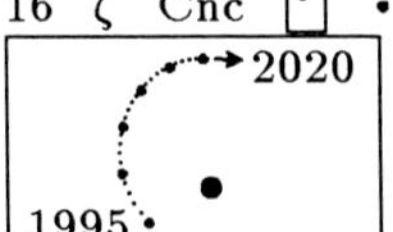

VERÄNDERLICHER

T Mon ·
Per. 27.025 d
Max. 2451000
Min. Max. + 20

X Cnc · halbreg.
Per. ca. 180 d
Extrema $5^m_.6$–$7^m_.5$
Besonders rötlich.

RS Cnc · halbreg.
Per ca. 120 d

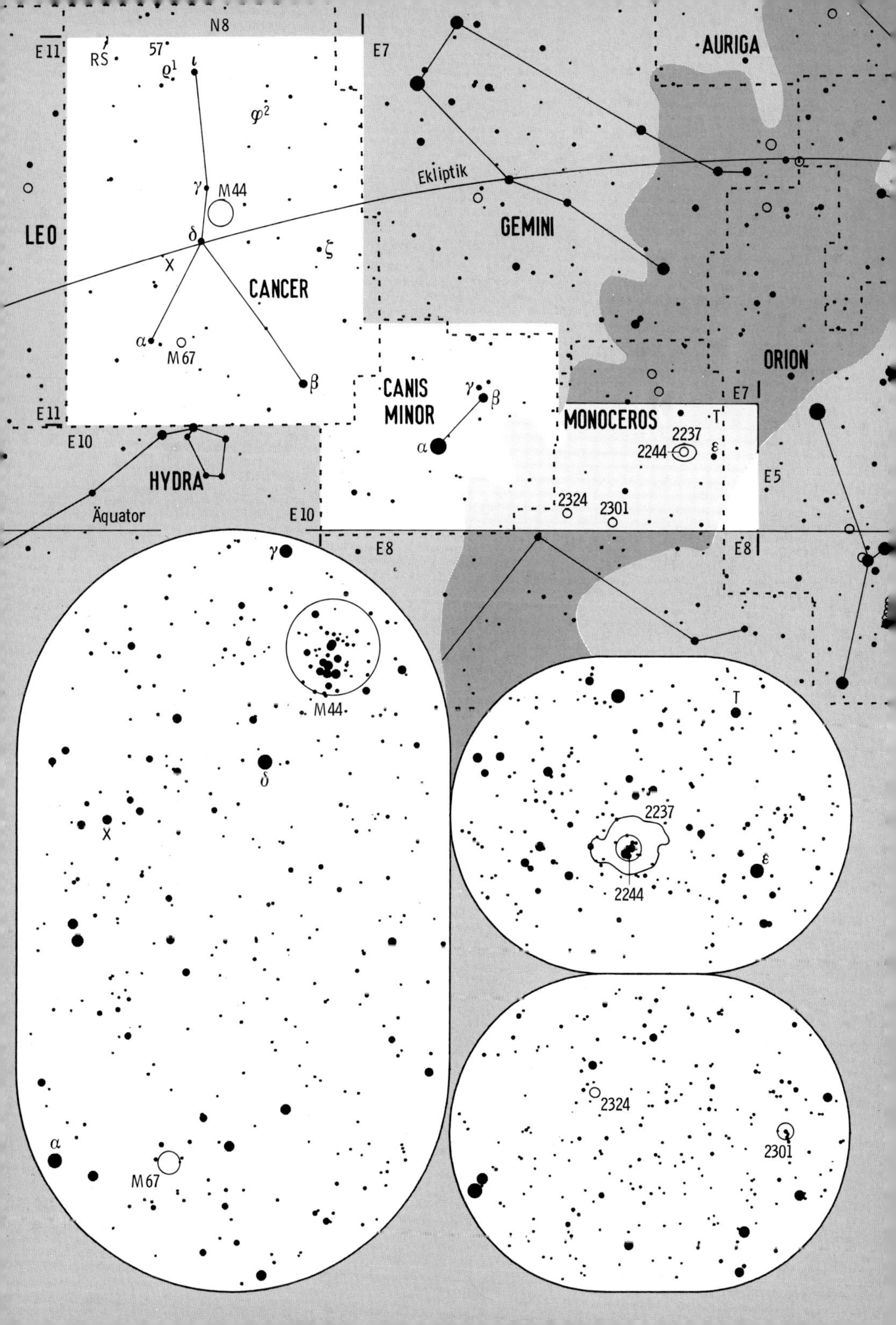

N8
E11
RS
57
E7
AURIGA
LEO
CANCER
M44
Ekliptik
GEMINI
M67
ORION
CANIS
MINOR
MONOCEROS
2237
2244
E11
E10
HYDRA
E5
2324
2301
Äquator
E10
E8
E8
M44
M67
2237
2244
2324
2301

NEBEL		Bild	Ort	v-Helligk.		Größe	Form	Typ	Kl.	Entf.	Rekt.	Dekl.
2548	M48	Hya		6^m	$13^m_{\square'}$	40′	0 m	**OS**		2200Lj	$8^h13^m.8$	$-5°.80$
3115	.....	Sex		9½	11	5	0 S0	**Glx**		25 M	10 05.2	−7.72
3242	.....	Hya		8	6	0.6	O K	**PN**		3000	10 24.8	−18.64

2548 M48 Schöner heller Sternhaufen im Fernglas, kaum besser im Teleskop, hellere Sterne und Doppelsterne formen einen zentralen Balken; Messier gab die Deklination von M48 5° weiter nördlich an.

3115 ..... **Spindel-Galaxie**, Spindelform nur im Teleskop bei stärkerer Vergrößerung erkennbar, schöne Kantenlage, heller Kern.

3242 ..... **Jupiters Geist**, ähnliche Größe und Form wie Jupiter, punktförmig im Fernglas, deutlich blaugrünes Scheibchen im Teleskop, hellere Stelle am Nordwest-Rand, stark vergrößern!

STERN			Ort	V-Helligk.			B–V	Te.	Abs.	Name	Entf.	Rekt.	Dekl.
	C	Hya		•	$3^m.9$		$0^m.0$	↓	1^M	....	125Lj	$8^h25^m.7$	$-3°.91$
4	δ	Hya		•	4.1		0.0	↓	0	....	175	8 37.7	5.70
5	σ	Hya		•	4.4		1.2	↓	−1	....	370	8 38.8	3.34
	β	Pyx		•	4.0		0.9	↓	−1	....	380	8 40.1	−35.31
7	η	Hya		•	4.3		−.2	↓	−1	....	370	8 43.2	3.40
	α	Pyx		•	3.7	⁑	−.2	↓	−3	....	850	8 43.6	−33.19
11	ε	Hya		•	3.4	⁑	0.7	↓	0	} Dist. 43′	135	8 46.8	6.42
13	ϱ	Hya		•	4.4		0.0	↓	−1	}	340	8 48.4	5.84
	γ	Pyx		•	4.0		1.3	↓	0	....	210	8 50.5	−27.71
16	ζ	Hya		•	3.1		1.0	↓	0	....	150	8 55.4	5.95
22	ϑ	Hya		•	3.9		−.1	↓	1	....	125	9 14.4	2.31
27		Hya		•	4.7	⁑	0.8	↓	0	....	225	9 20.5	−9.56
30	α	Hya		●	2.0		1.4	↓	−2	. . **Alphard** . .	180	9 27.6	−8.66
31	τ^1	Hya		•	4.5	⁑	0.5	↓	3	....	57	9 29.1	−2.77
35	ι	Hya		•	3.9		1.3	↓	−1	....	270	9 39.9	−1.14
39	υ^1	Hya		•	4.1		0.9	↓	−1	....	280	9 51.5	−14.85
8	γ	Sex		·	5.1		0.0	↓	1	....	260	9 52.5	−8.11
15	α	Sex		•	4.5		0.0	↓	0	....	280	10 07.9	−0.37
41	λ	Hya		•	3.6		1.0	↓	1	....	115	10 10.6	−12.35
42	μ	Hya		•	3.8		1.5	↓	−1	....	250	10 26.1	−16.84
	α	Ant		•	4.3		1.4	↓	−1	....	360	10 27.2	−31.07
	U	Hya		•	4.7–5.1		3.0	↓	−1	....	500	10 37.6	−13.38
35		Sex		·	5.8	⁑	1.2	↓	−1	....	700	10 43.3	4.75
	ν	Hya		●	3.1		1.2	↓	0	....	138	10 49.6	−16.19

DOPPELSTERN				V-Helligk.			B–V		Te.	Dist.	∀	Kl.
	α	Pyx		•	$3^m.7$	$8^m.0$	$-^m.2$	$0^m.9$	↓↓	106″.6		
11	ε	Hya		•	3.4	6.9	0.7	0.6	↓↓	2.9		
27		Hya		•	4.8	7.0	0.9	0.4	↓↓	229.2		
31	τ^1	Hya		•	4.6	7.2	0.4	0.9	↓↓	65.7		
35		Sex		·	6.1	7.2	1.2	1.0	↓↓	6.8		

VERÄNDERLICHER

U Hya • halbreg.
Per. 115 d
Max. ca. 2451045
Drittrötlichster Stern im Katalog.

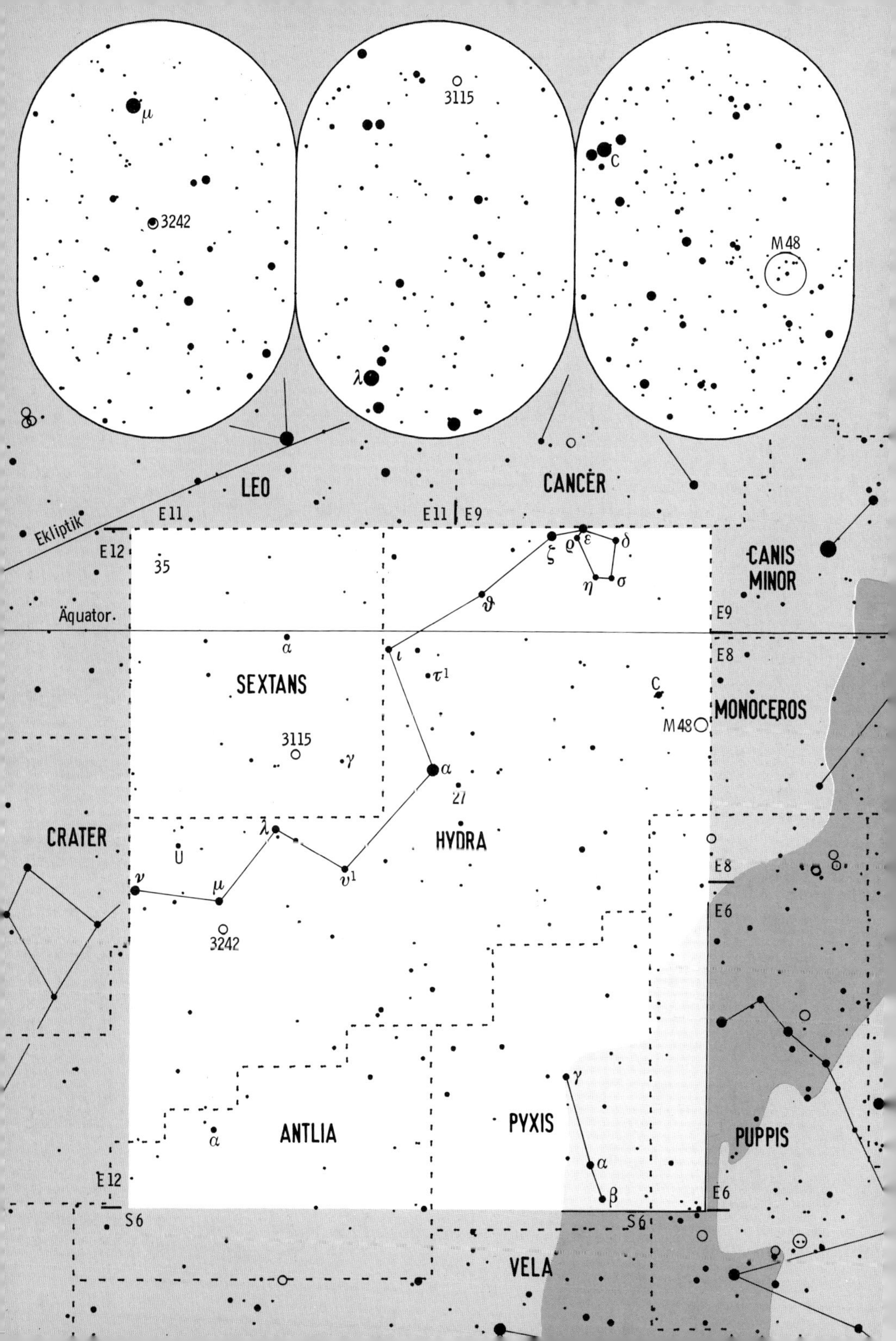

μ
3242
3115
λ
C
M48
LEO
CANCER
Ekliptik
E11
E11
E9
E12
35
ζ
ϱ
ε
δ
η
σ
ϑ
CANIS MINOR
Äquator
E9
α
ι
τ1
E8
SEXTANS
C
MONOCEROS
M48
3115
γ
α
27
CRATER
λ
HYDRA
U
ν
μ
υ1
E8
E6
3242
γ
PYXIS
ANTLIA
α
PUPPIS
α
β
E12
E6
S6
S6
VELA

NEBEL		Bild	Ort	v-Helligk.		Größe	Form	Typ	Kl.	Entf.	Rekt.	Dekl.
2903	.....	Leo		9^m	$13^m_{\square'}$	10′	0 Sc	**Glx**		25 MLj	$9^h32^m.2$	21°.50
3351	M 95	Leo		10	12	4	0 Sb	**Glx**		40 M	10 44.0	11.70
3368	M 96	Leo		9½	12	5	0 Sa	**Glx**		40 M	10 46.8	11.82
3379	M 105	Leo		9½	12	3	O E1	**Glx**		40 M	10 47.8	12.58
3384	.....	Leo		10	12	4	0 S0	**Glx**		40 M	10 48.3	12.63
3623	M 65	Leo		9½	12	8	| Sa	**Glx**		40 M	11 18.9	13.09
3627	M 66	Leo		9	12	6	0 Sb	**Glx**		40 M	11 20.2	13.00
3628	.....	Leo		10	12	12	| Sb	**Glx**		40 M	11 20.3	13.59

2903	.....	Galaxie mit ovaler Zentralaufhellung, relativ einfach zu finden.
3351	M 95	Punktförmiger Kern, Balken im Amateurteleskop unsichtbar.
3368	M 96	Zentralgebiet ziemlich länglich, heller punktförmiger Kern.
3379	M 105	Eher einfacher sichtbar als M 95 und M 96, punktförmiger Kern.
3384	.....	Nur 8′ östlich von M 105, länglicher Halo, kreisförmiger Kern.
3623	M 65	Kreisförmiges Zentralgebiet, länglicher asymmetrischer Halo.
3627	M 66	Eventuell im Fernglas sichtbar, aber erst im Teleskop interessant durch dunkle unregelmäßige Staubstrukturen, länglicher Kern.
3628	.....	Schwaches Staubband entlang der Kante südlich des Zentrums.

STERN			Ort	V-Helligk.			B–V	Te.	Abs.	Name	Entf.	Rekt.	Dekl.
2	ω	Leo		·	$5^m.4$	⁑	$0^m.6$		3^M	....	112Lj	$9^h28^m.5$	9°.06
4	λ	Leo		•	4.3		1.5		−1	Alterf	320	9 31.7	22.97
14	ο	Leo		●	3.5		0.5		0	....	134	9 41.2	9.89
17	ε	Leo		●	3.0		0.8		−2	....	260	9 45.9	23.77
R		Leo		·	5.8–10		1.4		1	....	300	9 47.6	11.43
24	μ	Leo		•	3.9		1.2		1	....	134	9 52.8	26.01
30	η	Leo		●	3.5		0.0		−6	....	2 000	10 07.3	16.76
32	α	Leo		●	1.4	⁑	−.1		−1	**Regulus**	77	10 08.4	11.97
36	ζ	Leo		●	3.4		0.3		−1	Aldhafera	260	10 16.7	23.42
41	γ	Leo		●	2.0	⁑	1.1		−1	Algieba	125	10 20.0	19.84
47	ϱ	Leo		•	3.8		−.1		−6	....	3 000	10 32.8	9.31
54		Leo		•	4.3	⁑	0.0		0	....	290	10 55.6	24.75
68	δ	Leo		●	2.6		0.1		1	Zosma	58	11 14.1	20.52
70	ϑ	Leo		●	3.3		0.0		0	Coxa	170	11 14.2	15.43
78	ι	Leo		•	4.0	⁑	0.4		2	....	80	11 23.9	10.53
94	β	Leo		●	2.1		0.1		2	**Denebola**	36	11 49.1	14.57

DOPPELSTERN				V-Helligk.			B–V		Te.	Dist.	∀	Kl.
2	ω	Leo		·	$5^m.9$	$6^m.5$	$0^m.6$	$0^m.6$	'0	0″.6		
									2015	0.8		
32	α	Leo		●	1.4	7.9	−.1	0.9		175.9		
41	γ	Leo		●	2.3	3.5	1.1	1.1		4.7		
54		Leo		•	4.5	6.3	0.0	0.1		6.6		
78	ι	Leo		•	4.1	6.7	0.4	0.6	'0	1.7		
									2015	2.1		

VERÄNDERLICHER

R Leo ·

Per. ca. 312 d
Max. ca. 2451050
Min. Max. + 180
Extrema $4^m.4$–$11^m.3$
Periode schwankt um einige Tage.

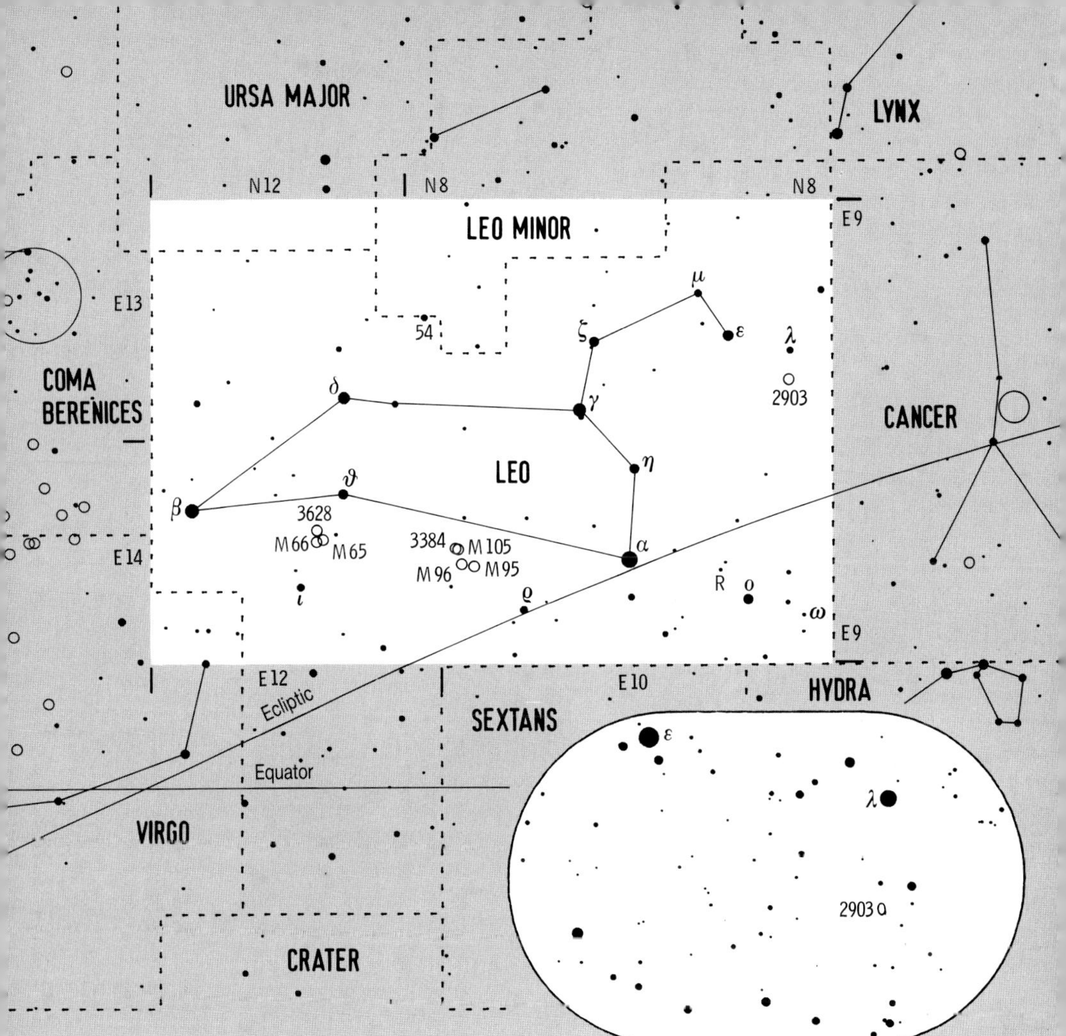
URSA MAJOR
LYNX
N12
N8
N8
LEO MINOR
E9
E13
COMA BERENICES
54
μ
ζ
ε
λ
2903
δ
γ
CANCER
LEO
η
ϑ
β
3628
M66
M65
3384
M105
M96
M95
α
E14
R
o
ϱ
ι
ω
E9
E12
E10
HYDRA
Ecliptic
SEXTANS
ε
λ
Equator
VIRGO
2903
CRATER

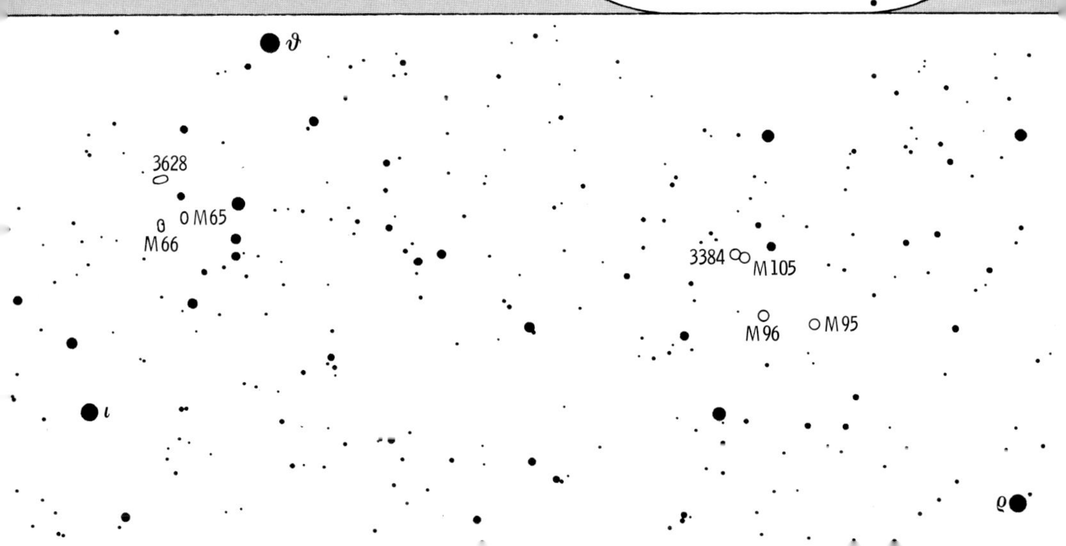
ϑ
3628
M65
M66
3384
M105
M96
M95
ι
ϱ

NEBEL		Bild	Ort	v-Helligk.		Größe	Form	Typ	Kl.	Entf.	Rekt.	Dekl.
4361	.....	Crv		$10\frac{1}{2}^{m}$	$11^{m}_{\square'}$	$1'.2$	O K	**PN**		4 000Lj	$12^{h}24^{m}.5$	$-18^{\circ}.79$
4590	M 68	Hya		8	13	10	O X	**KS**		30 000	12 39.5	−26.74
4594	M 104	Vir		$8\frac{1}{2}$	12	8	Sa	**Glx**		50 M	12 40.0	−11.62
4697	.....	Vir		$9\frac{1}{2}$	11	2.5	E6	**Glx**		60 M	12 48.6	−5.80

4361 ..... Lichtschwacher Nebel, stärkere Vergrößerung notwendig.
4590 M 68 Nur im Teleskop in Sterne auflösbar, dann aber auch im Zentrum.
4594 M 104 **Sombrero-Galaxie**, länglich, spindelförmiger Umriß schwach im Fernglas aber gut im Teleskop erkennbar, nahezu zentrales Staubband, kleiner Kern zweigeteilt; Sternenkette 25′ westlich.
4697 ..... Klein und länglich, strukturloser Nebel mit hellerem Kern.

STERN			Ort	V-Helligk.		B−V	Te.	Abs.	Name	Entf.	Rekt.	Dekl.
7	α	Crt		$4^{m}.1$		$1^{m}.1$		0^{M}	Alkes	180Lj	$10^{h}59^{m}.8$	$-18^{\circ}.30$
11	β	Crt		4.5		0.0		0	....	260	11 11.7	−22.83
12	δ	Crt		3.6		1.1		0	....	200	11 19.3	−14.78
15	γ	Crt		4.1		0.2		2	....	84	11 24.9	−17.68
84	τ	Leo		4.9	⁑	0.9		−2	......	600, 1 000	11 27.9	2.85
	N	Hya		4.9	⁑	0.5		3	....	87	11 32.3	−29.26
	ξ	Hya		3.5		0.9		1	....	130	11 33.0	−31.86
3	ν	Vir		4.0		1.5		−1	....	300	11 45.9	6.53
5	β	Vir		3.6		0.5		3	Zawijava	35.5	11 50.7	1.76
	β	Hya		4.3		−.1		−1	....	360	11 52.9	−33.91
1	α	Crv		4.0		0.3		3	Alchiba	49	12 08.4	−24.73
2	ε	Crv		3.0		1.3		−2	....	300	12 10.1	−22.62
4	γ	Crv		2.6		−.1		−1	Gienah	165	12 15.8	−17.54
15	η	Vir		3.9		0.0		−1	Zaniah	260	12 19.9	−0.67
7	δ	Crv		2.9		0.0		1	Algorab	88	12 29.9	−16.52
9	β	Crv		2.7		0.9		−1	....	140	12 34.4	−23.40
26	χ	Vir		4.6		1.2		0	....	310	12 39.2	−8.00
29	γ	Vir		2.7	⁑	0.4		2	Porrima	39	12 41.7	−1.45
46	γ	Hya		3.0		0.9		0	....	132	13 18.9	−23.17
	R	Hya		4.9–9.0		1.6		−2	....	800	13 29.7	−23.28

DOPPELSTERN				V-Helligk.		B−V		Te.	Dist.	∀	Kl.
84	τ	Leo		$5^{m}.0$	$7^{m}.5$	$1^{m}.0$	$0^{m}.4$		$89''$		
	N	Hya		5.6	5.8	0.5	0.5		9.5		
29	γ	Vir		3.5	3.5	0.4	0.4	'0	1.5		
								2002	1.2		
								2004	0.8		
								2006	0.4		
								2008	0.8		
								2010	1.3		
								2012	1.7		
								2015	2.2		

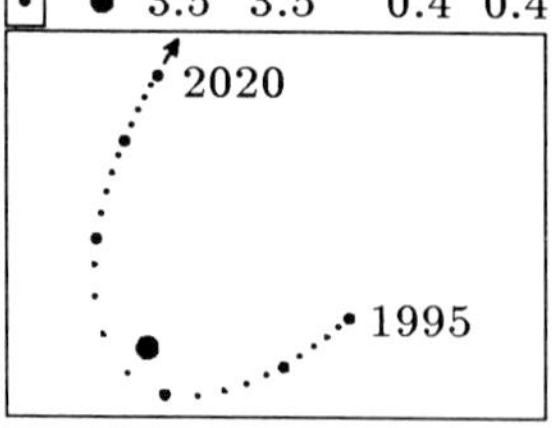

VERÄNDERLICHER

R Hya
Per. 387 d
Max. 2451330
Min. Max. + 200
Extrema $3^{m}.5$–$10^{m}.9$
Die Periode ist kürzer geworden. Sie war ca. 500 Tage zu Beginn des 18. Jahrhunderts.

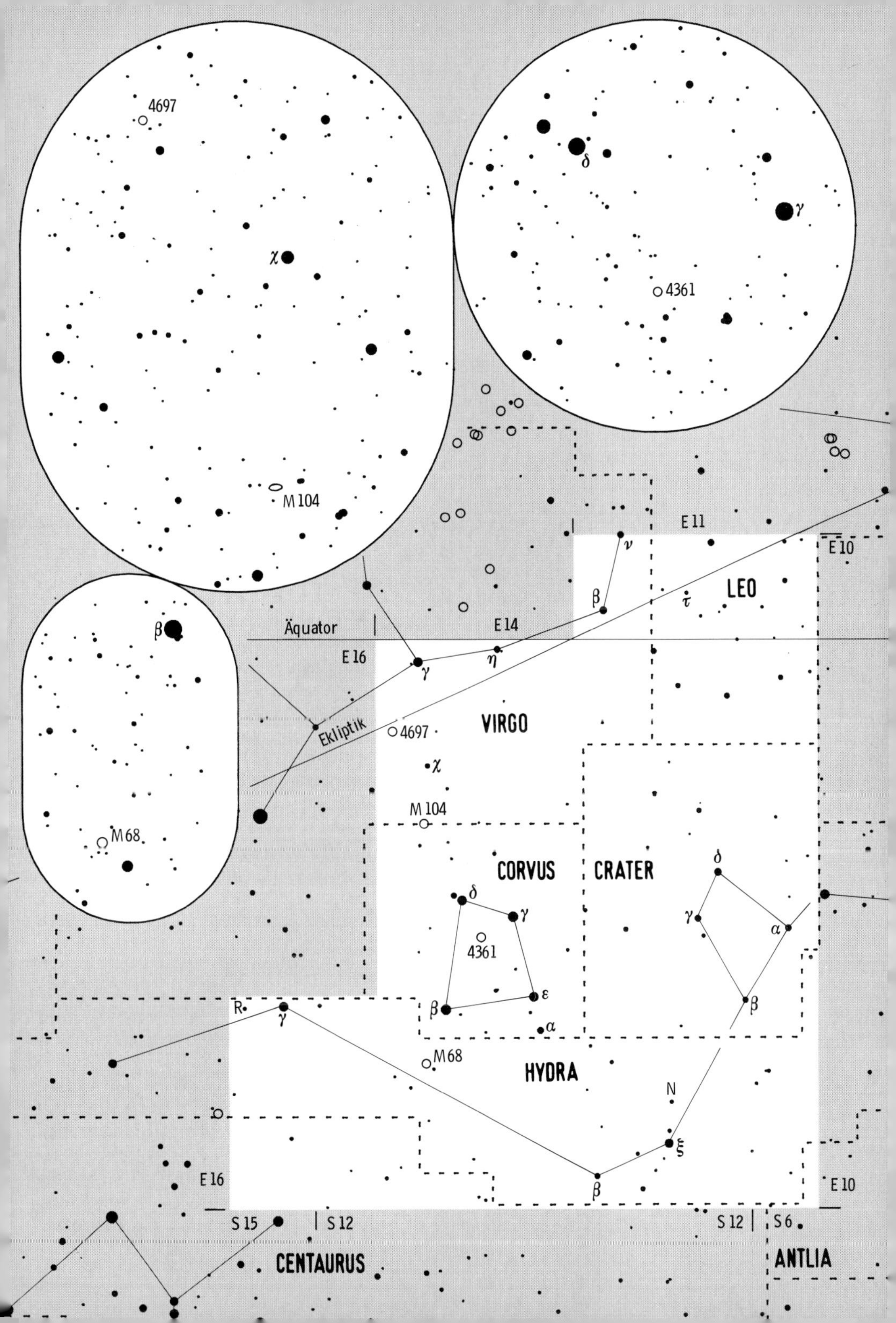

4697
χ
M 104
δ
γ
4361
β
M68
E 11
E 10
ν
β
LEO
τ
Äquator
E 14
E 16
γ
η
Ekliptik
4697
VIRGO
χ
M 104
CORVUS
CRATER
δ
γ
α
β
δ
γ
4361
ε
β
R
γ
α
M68
HYDRA
N
ξ
β
E 16
E 10
S 15
S 12
S 12
S 6
CENTAURUS
ANTLIA

NEBEL	Bild	Ort	v-Helligk.	Größe	Form	Typ	Kl.	Entf.	Rekt.	Dekl.
Coma Haufen	Com		$2\frac{1}{2}^m$ $13^m/\square'$	300′	0 p	**OS**		290Lj	12^h25^m	26°0
4494	Com		10 11	2	0 E2	**Glx**		60 M	12 31.4	25.77
4559	Com		10 13	8	0 Sd	**Glx**		40 M	12 36.0	27.96
4565	Com		10 13	15	| Sb	**Glx**		60 M	12 36.3	25.99
4631	CVn		9½ 12	12	| Sd	**Glx**		35 M	12 42.1	32.54
4656	CVn		10½ 13	12	| Sm	**Glx**		35 M	12 44.0	32.17
4725	Com		9½ 14	9	0 Sa	**Glx**		60 M	12 50.4	25.50
4826 M 64	Com		9 12	6	0 Sa	**Glx**		22 M	12 56.7	21.68
5024 M 53	Com		8 12	7	O V	**KS**		60 000	13 12.9	18.17

Coma Haufen Auffällig mit freiem Auge bei dunklem Himmel, etwa zehn Einzelsterne mit freiem Auge sichtbar, schön im Opernglas, für das Fernglas schon beinahe zu groß, ganz unscheinbar im Teleskop.

4494 ..... Hellerer Kern umgeben von einem völlig gleichmäßigen Nebel.

4559 ..... Auffällig länglich, Zentralgebiet asymmetrisch geformt.

4565 ..... Wunderbare Galaxie in Kantenlage, beeindruckend langgestreckt im Teleskop, nahezu zentrales Staubband im mittleren hellen Teil, Zentralbereich unregelmäßig hell, spitze Enden, riesige wahre Größe.

4631 ..... Wie NGC 4565 in Kantenlage, kein Staubband, viele unregelmäßige Lichtknoten und Asymmetrien im Teleskop, lohnendes Objekt.

4656 ..... Schwieriges Objekt, Kantenlage, schwach aufgehelltes Zentrum; weitere Aufhellung 3′ nordöstlich des Kerns ist NGC 4657.

4725 ..... Kleine Vergrößerung und dunkler Himmel notwendig, kleiner lichtschwacher Kern im Teleskop, Balken nicht erkennbar.

4826 M 64 **Galaxie mit dem schwarzen Auge**, längliche Absorption neben dem hellen Kerngebiet im Teleskop schwach erkennbar, deutlich längliches Kerngebiet südlich des geometrischen Zentrums.

5024 M 53 Deutlicher Kern, Randgebiet teilweise aufgelöst im Teleskop.

STERN		Ort	V-Helligk.	B−V	Te.	Abs.	Name	Entf.	Rekt.	Dekl.
2		Com	· $5^m.8$	$0^m.2$		1^M	....	350Lj	$12^h04^m.3$	21°46
15	γ	Com	• 4.4	1.1		1	....	170	12 26.9	28.27
17		Com	• 5.0	0.0		0	im Coma Haufen	280	12 28.9	25.91
24		Com	• 4.8	0.9		−1	....	500	12 35.1	18.38
32,33		Com	· 5.8	1.1		−2	......	1 500, 400	12 52.3	17.09
35		Com	• 4.9	0.9		0	....	330	12 53.3	21.24
42	α	Com	• 4.3	0.5		3	. . Diadem . .	50	13 10.0	17.53
43	β	Com	• 4.2	0.6		4	....	30	13 11.9	27.88

DOPPELSTERN		V-Helligk.	B−V	Te.	Dist.	∀	Kl.
2	Com	· $6^m.1$ $7^m.5$	$0^m.2$ $0^m.3$		3″.7		
17	Com	• 5.3 6.6	0.0 0.2		145.2		
24	Com	• 5.0 6.5	1.1 0.3		20.1		
32,33	Com	· 6.3 6.9	1.6 0.6		196		
35	Com	• 5.0 7.2	1.0 0.4		1.1		

COMA HAUFEN

1) Die mit freiem Auge sichtbare Gruppe von Sternen. 2) Manchmal wird ein ferner Galaxienhaufen so genannt.

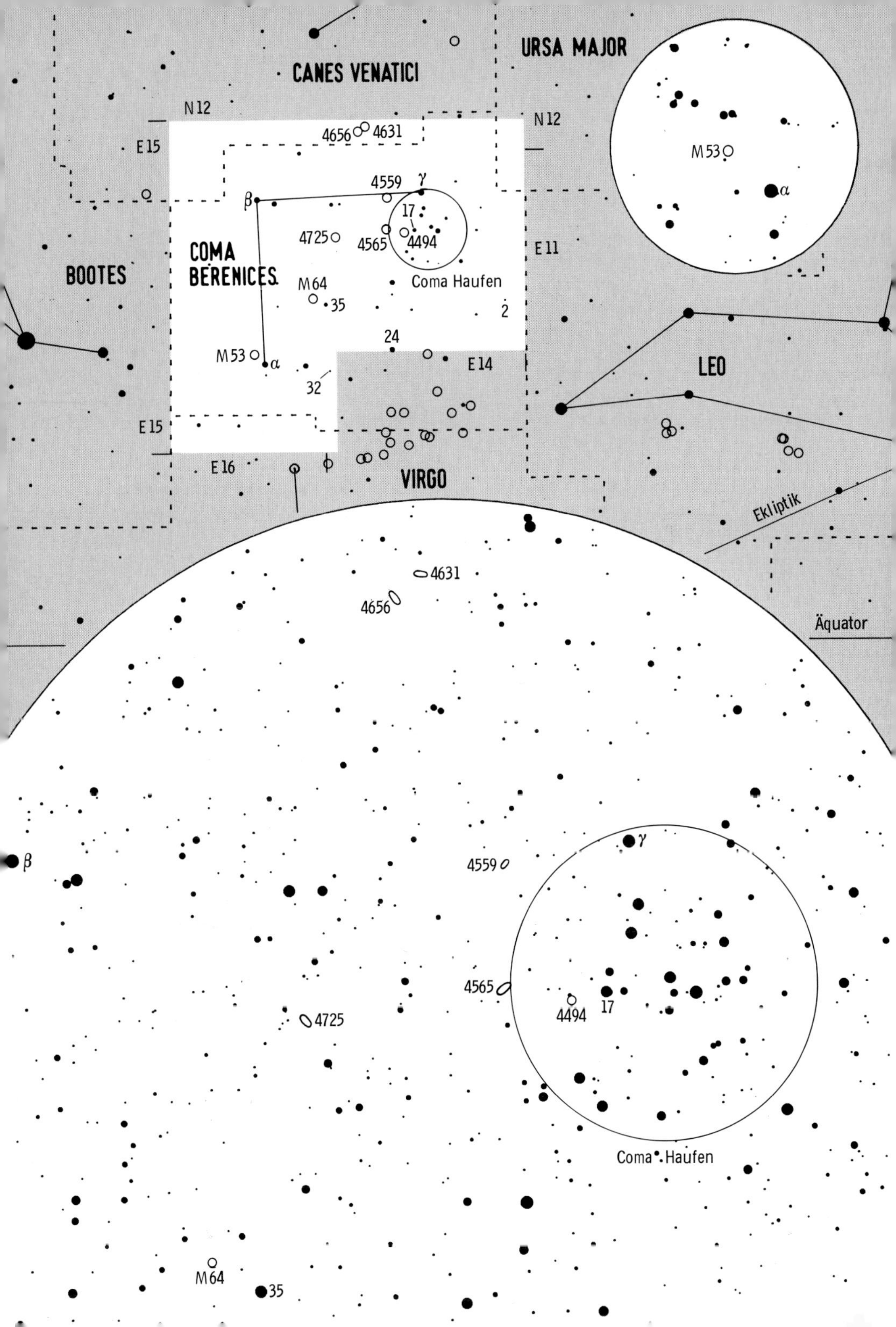

CANES VENATICI
URSA MAJOR
N12
E15
4656
4631
N12
4559
γ
β
17
4725
4565
4494
E11
COMA
BERENICES
BOOTES
M64
Coma Haufen
35
2
24
M53
α
E14
LEO
32
E15
E16
VIRGO
Ekliptik
Äquator
M53
α
4631
4656
4559
4565
4725
4494
17
γ
β
Coma Haufen
M64
35

NEBEL		Bild	Ort	v-Helligk.		Größe	Form	Typ		Kl.	Entf.	Rekt.	Dekl.
4192	M 98	Com		$10\frac{1}{2}^{m}$	13^{m}/□′	7′	0	Sa	**Glx**		60 MLj	$12^{h}13^{m}.8$	$14^{\circ}.90$
4216	.....	Vir		$10\frac{1}{2}$	13	8	|	Sb	**Glx**		60 M	12 15.9	13.15
4254	M 99	Com		10	13	4	O	Sc	**Glx**		60 M	12 18.8	14.42
4303	M 61	Vir		10	12	4	O	Sc	**Glx**		60 M	12 21.9	4.47
4321	M 100	Com		$9\frac{1}{2}$	13	5	O	Sc	**Glx**		60 M	12 22.9	15.82
4374	M 84	Vir		$9\frac{1}{2}$	12	3	O	E1	**Glx**		60 M	12 25.1	12.89
4382	M 85	Com		$9\frac{1}{2}$	12	4	0	S0	**Glx**		60 M	12 25.4	18.19
4406	M 86	Vir		$9\frac{1}{2}$	12	4	0	E3	**Glx**		60 M	12 26.2	12.95
3C273		Vir		13	(8)	<0.1	O	Quasar			2500 M	12 29.1	2.05
4472	M 49	Vir		$8\frac{1}{2}$	12	5	0	E2	**Glx**		60 M	12 29.8	8.00
4486	M 87	Vir		9	12	4	O	E1	**Glx**		60 M	12 30.8	12.39
4501	M 88	Com		10	13	6	0	Sb	**Glx**		60 M	12 32.0	14.42
4526	.....	Vir		10	11	4	0	S0	**Glx**		60 M	12 34.0	7.70
4548	M 91	Com		$10\frac{1}{2}$	13	3.5	0	Sb	**Glx**		60 M	12 35.4	14.50
4552	M 89	Vir		10	11	2	O	E0	**Glx**		60 M	12 35.7	12.56
4569	M 90	Vir		10	13	8	0	Sa	**Glx**		60 M	12 36.8	13.16
4579	M 58	Vir		10	13	5	0	Sb	**Glx**		60 M	12 37.7	11.82
4621	M 59	Vir		10	11	2.5	0	E5	**Glx**		60 M	12 42.0	11.65
4649	M 60	Vir		9	11	3	0	E2	**Glx**		60 M	12 43.7	11.55
4762	.....	Vir		$10\frac{1}{2}$	11	5	|	S0	**Glx**		60 M	12 52.9	11.23

Der **Virgo Haufen** ist der nächste größere Galaxienhaufen. Das Zentralgebiet ist in der Sternkarte gestrichelt. Der Großbereich des Virgo Haufens umfaßt etwa Galaxien der Karten N10–N14 und E10–E14. Im Zentrum wimmelt es von lichtschwachen Galaxien, so daß es nicht einfach ist, sich zurechtzufinden.

4192 M 98 Kernbereich nicht besonders hell, kaum strukturiert, langgestreckt.
4216 ..... Auffallend schöne Kantenlage, aber lichtschwache Galaxie.
4254 M 99 Helles Zentralgebiet, im Teleskop hellere Lichtknoten und südlicher Spiralarm angedeutet, 40′ östlich sind 12^{m} Galaxien NGC 4298, 4302.
4303 M 61 Heller Kern, Spiralarme angedeutet im Teleskop.
4321 M 100 Zentralgebiet länglich mit punktförmigen Kern, gleichmäßiger Halo.
4374 M 84 Strukturlos; 16′ südöstlich ist längliche $11\frac{1}{2}^{m}$ Galaxie NGC 4388.
4382 M 85 Helleres Zentralgebiet; 8′ östlich ist 11^{m} Begleitgalaxie NGC 4394.
4406 M 86 Strukturlos; **Makarians Galaxienkette** bis M 88, Galaxien ca. 11^{m}.
3C273 Hellster **Quasar**, wahrscheinlich ungewöhnlich heller Galaxienkern in enormer Entfernung, sehr lichtschwaches Sternpünktchen.
4472 M 49 Hellste Galaxie des Virgo Haufens, große leuchtkräftige Galaxie.
4486 M 87 **Virgo A**, Zentralgalaxie des Virgo Haufens, hellerer Kern.
4501 M 88 Leicht asymmetrischer Halo; **Makarians Galaxienkette** bis M 86.
4526 ..... Asymmetrisch, Kern nicht im Mittelpunkt, stark vergrößern!
4548 M 91 Strukturlos, Identifikation von M 91 als NGC 4548 nicht eindeutig.
4552 M 89 Kleine kreisrunde Galaxie; heller, beinahe punktförmiger Kern.
4569 M 90 Helleres längliches Zentralgebiet, größte Galaxie des Virgo Haufens.
4579 M 58 Balken der Balkenspiralgalaxie im Teleskop gerade erkennbar.
4621 M 59 Halo länglich, Zentralgebiet kreisförmig, punktförmiger Kern.
4649 M 60 Heller punktförmiger Kern; 3′ nordwestlich ist $11\frac{1}{2}^{m}$ NGC 4647.
4762 ..... Spindelförmig, länglicher Kern; 11′ nordwestlich ist 11^{m} NGC 4754.

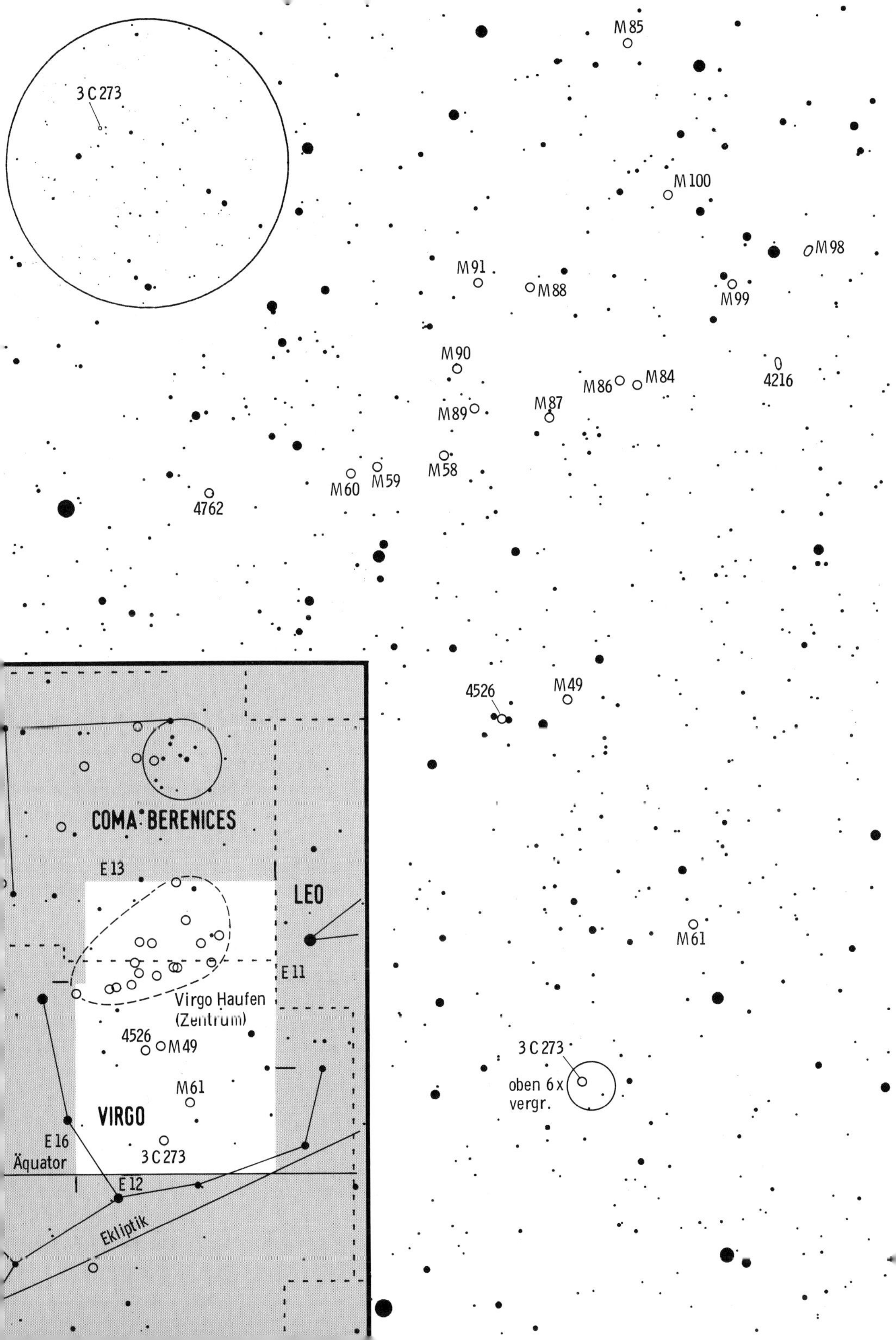
3 C 273
M 85
M 100
M 98
M 91
M 88
M 99
M 90
M 86
M 84
4216
M 89
M 87
M 58
M 60
M 59
4762
4526
M 49
M 61
3 C 273
oben 6 x vergr.
COMA BERENICES
E 13
LEO
E 11
Virgo Haufen (Zentrum)
4526
M 49
M 61
VIRGO
E 16
Äquator
3 C 273
E 12
Ekliptik

NEBEL		Bild	Ort	v-Helligk.		Größe	Form	Typ	Kl.	Entf.	Rekt.	Dekl.
5272	M 3	CVn	▯	$6\frac{1}{2}^m$	11^m	10′	O VI	**KS**	⚄	30 000Lj	$13^h42^m.2$	28°.38
5746	.....	Vir	▯	11	12	6	| Sb	**Glx**	⚀	90 M	14 44.9	1.95
5904	M 5	Ser	▯	6	11	12	O V	**KS**	⚄	25 000	15 18.6	2.08

5272 M 3 Schön hell, insbesondere Randgebiete im Teleskop aufgelöst, rechteckiges Zentralgebiet mit Kern knapp westlich des geometrischen Zentrums, ovaler Halo, gekrümmte radiale Sternenketten.

5746 ..... Lichtschwach, in nahezu Kantenlage, fernste Galaxie des Katalogs; $3^m.7$ Stern 109 Virginis hilft beim Suchen aber stört beim Beobachten.

5904 M 5 Wunderbar, besonders im Teleskop, relativ leicht aufgelöst, verschiedene Sternverdichtungen und Sternenketten, asymmetrischer Halo; hellster Kugelsternhaufen nördlich des Himmelsäquators.

STERN			Ort	V-Helligk.		B–V	Te.	Abs.	Name	Entf.	Rekt.	Dekl.
5	υ	Boo	▯	• $4^m.1$		$1^m.5$	↓	0^M	....	250Lj	$13^h49^m.5$	15°.80
8	η	Boo	▯	• 2.7		0.6	↓	2	.. Muphrid ..	36.5	13 54.7	18.40
16	α	Boo	▯	● 0.0		1.2	↓	0	.. **Arcturus** ..	36.5	14 15.7	19.18
25	ϱ	Boo	▯	• 3.6		1.3	↓	0	....	155	14 31.8	30.37
29	π	Boo	▯	• 4.5	⁑	0.0	↓	0	....	320	14 40.7	16.42
30	ζ	Boo	▯	• 3.8		0.0	↓	0	....	180	14 41.1	13.73
34		Boo	▯	• 4.7–4.9		1.7	↓	−2	.. W Bootis ..	800	14 43.4	26.53
36	ε	Boo	▯	• 2.4	⁑	1.0	↓	−2	... Izar ...	210	14 45.0	27.07
109		Vir	▯	• 3.7		0.0	↓	1	....	130	14 46.2	1.89
37	ξ	Boo	▯	• 4.5	⁑	0.7	↓	5	....	21.9	14 51.4	19.10
2	η	CrB	▯	• 5.0	⁑	0.6	↓	4	....	59	15 23.2	30.29
3	β	CrB	▯	• 3.7		0.3	↓	1	.. Nusakan ..	116	15 27.8	29.11
4	ϑ	CrB	▯	• 4.1		−.1	↓	−1	....	310	15 32.9	31.36
5	α	CrB	▯	● 2.2		0.0	↓	0	**Alphekka, Gemma**	75	15 34.7	26.71
8	γ	CrB	▯	• 3.8	⁑	0.0	↓	1	....	145	15 42.7	26.30
R		CrB	▯	· 5.7–6.3		0.7	↓	−5	....	4 000	15 48.6	28.16
10	δ	CrB	▯	• 4.6		0.8	↓	1	....	165	15 49.6	26.07
13	ε	CrB	▯	• 4.1		1.2	↓	0	....	230	15 57.6	26.88

DOPPELSTERN				V-Helligk.		B–V		Te.	Dist.	∀	Kl.
29	π	Boo	▯	• $4^m.9$	$5^m.8$	$-^m.1$	$0^m.2$	↓↓	5″.5	••	⚁
36	ε	Boo	▯	● 2.5	4.9	1.1	0.1	↓↓	2.9	••	⚀
37	ξ	Boo	▯	• 4.7	6.9	0.7	1.2	↓↓'0	6.7	••	⚁
			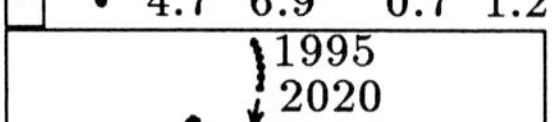					2007	6.3	••	⚁
								2015	5.7	••	⚁
2	η	CrB	▯	• 5.6	5.9	0.6	0.6	↓↓'0	0.7	••	⚀
			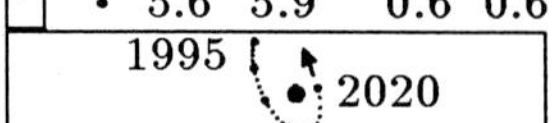					2007	0.5	••	▢
								2015	0.6	••	▢
8	γ	CrB	▯	• 4.1	5.5	0.0	0.1	↓↓'0	0.7	••	▢
			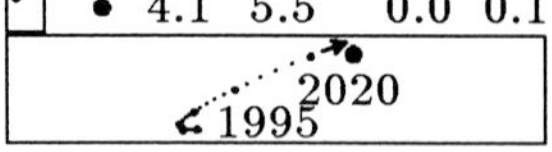					2007	0.7	••	▢
								2015	0.5	••	▢

VERÄNDERLICHER

34 W Boo ▯ • halbreg.
Per. 30–450 d
Extrema $4^m.7$–$5^m.4$

R CrB ▯ · unregel.
Extrema $5^m.7$–$14^m.8$
Hauptstern einer Unterklasse von Veränderlichen: oft im Maximum, schneller Abfall, Anstieg langsam.

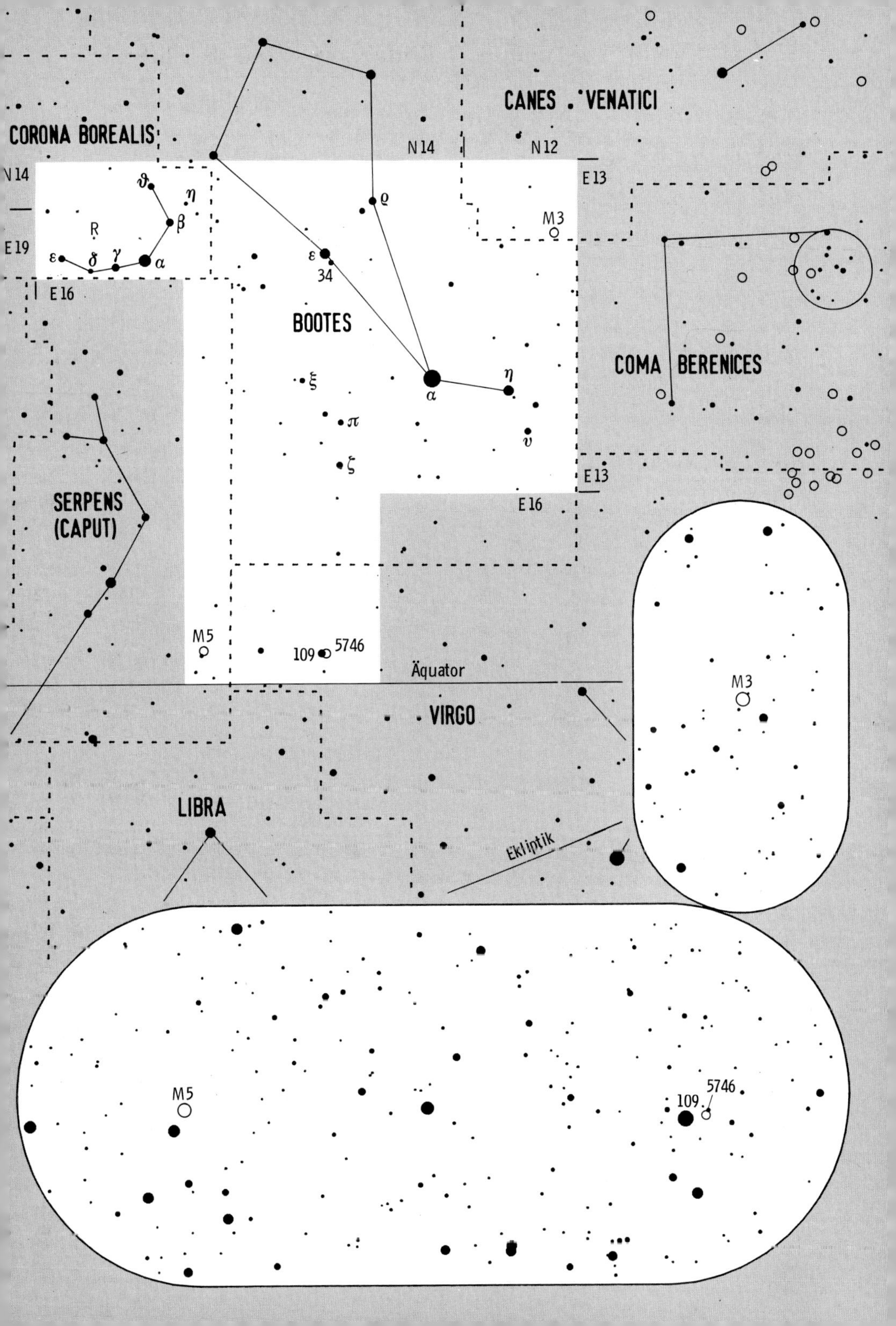
CORONA BOREALIS
CANES VENATICI
N14
N12
N14
E13
M3
R
E19
BOOTES
34
E16
COMA BERENICES
SERPENS (CAPUT)
E13
E16
M3
M5
109
5746
Äquator
VIRGO
LIBRA
Ekliptik
M5
109
5746

NEBEL	Bild	Ort	v-Helligk.	Größe	Form	Typ	Kl.	Entf.	Rekt.	Dekl.
5236 M 83	Hya		8^m $12^m/□'$	8′	O Sc	**Glx**		20 MLj	$13^h37^m.0$	$-29°.87$

5236 M 83 Einfach sichtbar im Fernglas, wunderbar im Teleskop, heller Kern, länglicher Balken mit Ansätzen von zwei Spiralarmen.

STERN			Ort	V-Helligk.	B−V	Te.	Abs.	Name	Entf.	Rekt.	Dekl.
43	δ	Vir		$3^m.4$	$1^m.6$		-1^M	....	200Lj	$12^h55^m.6$	$3°.40$
47	ε	Vir		2.8	0.9		0	Vindemiatrix	103	13 02.2	10.96
51	ϑ	Vir		4.4	0.0		−1	....	400	13 09.9	−5.54
67	α	Vir		1.0	−.2		−4	.. **Spica** ..	260	13 25.2	−11.16
79	ζ	Vir		3.4	0.1		2	....	74	13 34.7	−0.60
3		Cen		4.3 ⁎	−.1		−1	....	320	13 51.8	−32.99
93	τ	Vir		4.2	0.1		0	....	220	14 01.6	1.54
49	π	Hya		3.3	1.1		1	....	104	14 06.4	−26.68
107	μ	Vir		3.9	0.4		3	....	61	14 43.1	−5.66
54		Hya		5.0 ⁎	0.3		3	....	100	14 46.0	−25.44
7	μ	Lib		5.3 ⁎	0.1		1	....	230	14 49.3	−14.15
9,8	α	Lib		2.6 ⁎	0.2		1	Zubenelgenubi	78	14 50.9	−16.04
19	δ	Lib		4.9–5.9	0.0		0	....	310	15 01.0	−8.52
20	σ	Lib		3.3	1.7		−1	....	280	15 04.1	−25.28
27	β	Lib		2.6	−.1		−1	Zubeneschemali	160	15 17.0	−9.38
13	δ	Ser		3.8 ⁎	0.3		0	....	210	15 34.8	10.54
38	γ	Lib		3.9	1.0		1	....	150	15 35.5	−14.79
39	υ	Lib		3.6	1.4		0	....	200	15 37.0	−28.13
40	τ	Lib		3.7	−.2		−2	....	450	15 38.7	−29.78
24	α	Ser		2.6	1.2		1	. Unukalhai .	73	15 44.3	6.43
28	β	Ser		3.7	0.1		0	....	155	15 46.2	15.42
35	κ	Ser		4.1	1.6		−1	....	350	15 48.7	18.14
32	μ	Ser		3.5	0.0		0	....	155	15 49.6	−3.43
R		Ser		6.0–13	1.4		−2	....	1 000	15 50.7	15.13
37	ε	Ser		3.7	0.1		2	....	70	15 50.8	4.48
5	χ	Lup		4.0	0.0		0	....	210	15 51.0	−33.63
41	γ	Ser		3.9	0.5		4	....	36.5	15 56.5	15.66
	ξ	Lup		4.6 ⁎	0.1		1	....	210	15 56.9	−33.97
	ξ	Sco		4.1 ⁎	0.5		2	....	100	16 04.4	−11.37

DOPPELSTERN			Ort	V-Helligk.		B−V		Te.	Dist.	∀	Kl.
3		Cen		$4^m.6$	$6^m.1$	$-^m.1$	$0^m.0$		$7''.8$		
54		Hya		5.1	7.1	0.3	0.6		8.2		
7	μ	Lib		5.7	6.7	0.0	0.2		2.0		
9,8	α	Lib		2.8	5.2	0.2	0.4		231.1		
13	δ	Ser		4.2	5.2	0.3	0.3		4.0		
	ξ	Lup		5.1	5.6	0.1	0.1		10.2		
	ξ	Sco		4.1 ⁎	6.9	0.5	0.8		280.4		
				4.2	7.3	0.5	0.7		7.7		

VERÄNDERLICHER

19 δ Lib
Per. 2.32736 d
Min. 2451001.75
Dauer 12 Stunden

R Ser
Per. 356 d
Max. 2451208
Min. Max. + 210

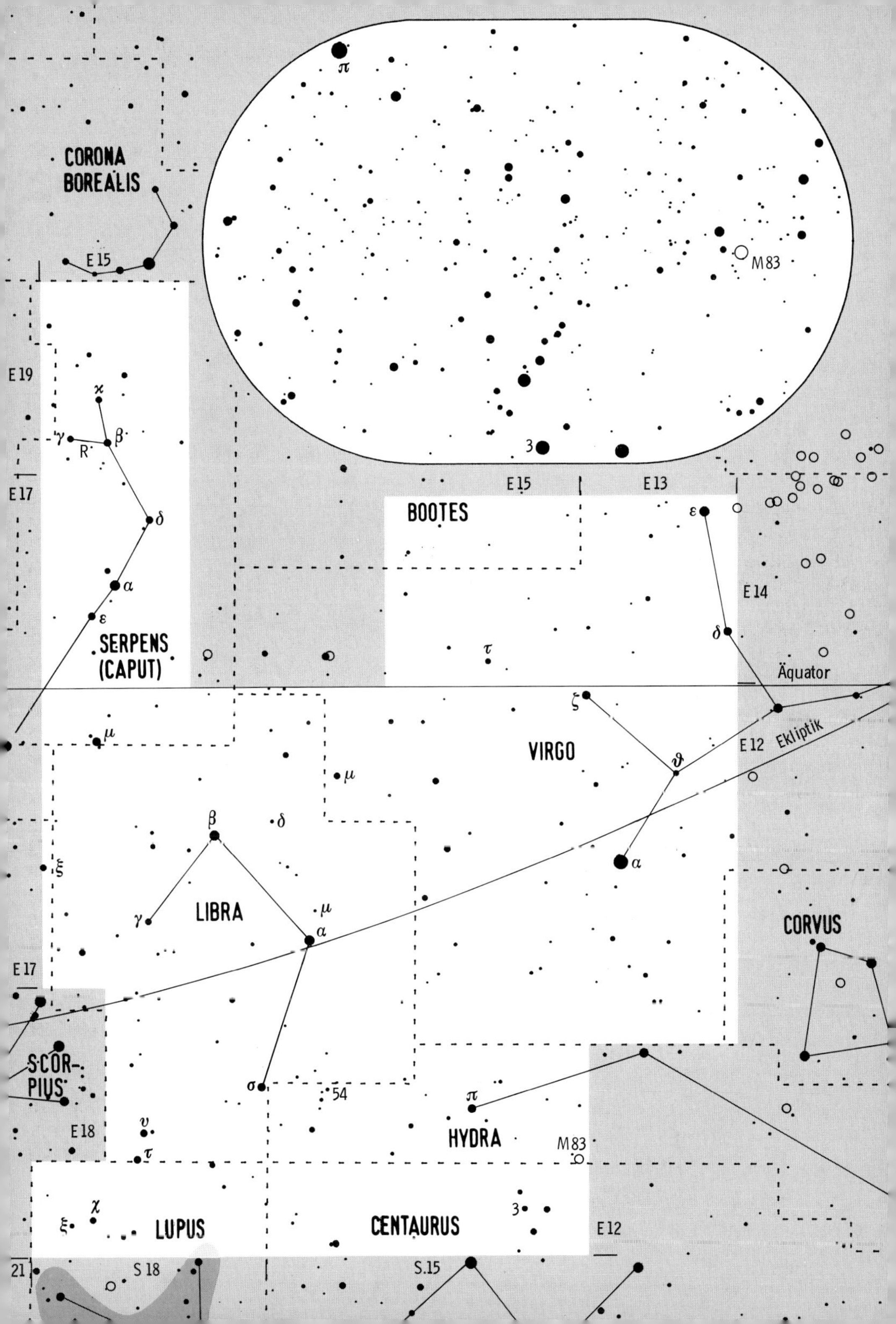

CORONA BOREALIS
E15
M83
E19
E17
SERPENS (CAPUT)
E15
E13
BOOTES
E14
Äquator
VIRGO
E12
Ekliptik
LIBRA
CORVUS
E17
SCORPIUS
E18
HYDRA
M83
LUPUS
CENTAURUS
E12
S18
S.15
21

NEBEL		Bild	Ort	v-Helligk.		Größe	Form		Typ	Kl.	Entf.	Rekt.	Dekl.
6171	M 107	Oph		$8\frac{1}{2}^m$	$12^m_{\square'}$	6′	O	X	**KS**		20000 Lj	$16^h32^m.5$	$-13^\circ.06$
6218	M 12	Oph		7	12	12	O	IX	**KS**		18000	16 47.2	−1.95
6254	M 10	Oph		7	12	12	O	VII	**KS**		15000	16 57.1	−4.10
6333	M 9	Oph		8	11	5	O	VIII	**KS**		25000	17 19.2	−18.52
6402	M 14	Oph		8	12	8	O	VIII	**KS**		30000	17 37.6	−3.24
IC 4665	...	Oph		$4\frac{1}{2}$	13	50	O	p	**OS**		1000	17 46.3	5.72

6171 M 107 Selbst im Teleskop kaum aufgelöst, Halo oval.
6218 M 12 Schwach elliptisch im Fernglas, gut aufgelöst im Teleskop, sieht manchen Offenen Sternhaufen ähnlich, Sternenketten im Halo.
6254 M 10 Randpartien im Teleskop gut aufgelöst, nebliger Hintergrund, oval.
6333 M 9 Kaum auflösbar, ähnlicher Kugelsternhaufen NGC 6356 1° Nordost.
6402 M 14 Ovaler Nebel, keine Strukturen oder Einzelsterne beobachtbar.
IC 4665 ... Schön auffällig im Opernglas und Fernglas, nicht im Teleskop.

STERN			Ort	V-Helligk.		B−V	Te.	Abs.	Name	Entf.	Rekt.	Dekl.
1	δ	Oph		● $2^m.7$		$1^m.6$		-1^M	Yed Prior	170 Lj	$16^h14^m.3$	$-3^\circ.69$
2	ε	Oph		● 3.2		1.0		1	Yed Posterior	109	16 18.3	−4.69
7	χ	Oph		• 4.2–4.7		0.2		−2	....	500	16 27.0	−18.46
10	λ	Oph		• 3.8	⁑	0.0		0	Marfik	170	16 30.9	1.98
13	ζ	Oph		● 2.5		0.0		−3	....	460	16 37.2	−10.57
27	κ	Oph		● 3.2		1.2		1	....	86	16 57.7	9.38
35	η	Oph		● 2.4		0.1		0	Sabik	83	17 10.4	−15.72
55	α	Oph		● 2.1		0.1		1	Rasalhague	47	17 34.9	12.56
55	ξ	Ser		• 3.5		0.3		1	....	105	17 37.6	−15.40
60	β	Oph		● 2.8		1.2		1	Cebalrai	82	17 43.5	4.57
61		Oph		· 5.6	⁑	0.1		0	....	500	17 44.6	2.58
62	γ	Oph		• 3.8		0.0		1	....	95	17 47.9	2.71
Pfeilstern				9.5		1.6		13	Barnards Stern	5.94	17 57.8	4.69
64	ν	Oph		• 3.3		1.0		0	....	150	17 59.0	−9.77
67		Oph		• 3.9	⁑	0.0		−5	....	2000	18 00.6	2.93
69	τ	Oph		• 4.8	⁑	0.4		1	....	170	18 03.1	−8.18
70		Oph		• 4.0	⁑	0.9		5	....	16.6	18 05.5	2.50
72		Oph		• 3.7	⁑	0.2		1	....	83,400	18 07.4	9.56

DOPPELSTERN				V-Helligk.		B−V		Te.	Dist.	∀	Kl.
10	λ	Oph		• $4^m.2$	$5^m.2$	$0^m.0$	$0^m.1$		$1''.5$		
61		Oph		· 6.2	6.6	0.1	0.1		20.7		
67		Oph		• 4.0	8.1	0.0	0.0		54.4		
69	τ	Oph		• 5.2	5.9	0.4	0.4		1.7		
70		Oph		• 4.2	6.0	0.8	1.1	'0	3.7		
								2005	4.9		
								2010	5.7		
								2015	6.3		
72		Oph		• 3.7	7.5	0.1	1.1		287		

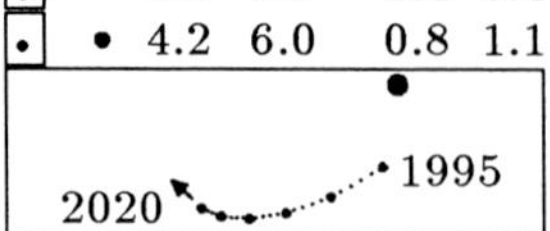

VERÄNDERLICHER

7 χ Oph • unregel.

Barnards (Pfeil)Stern
Stern mit der größten Eigenbewegung von 10″.4/Jahr, nächster von Europa aus sichtbare Stern, im Jahre 2015 5.93 Lj entfernt.

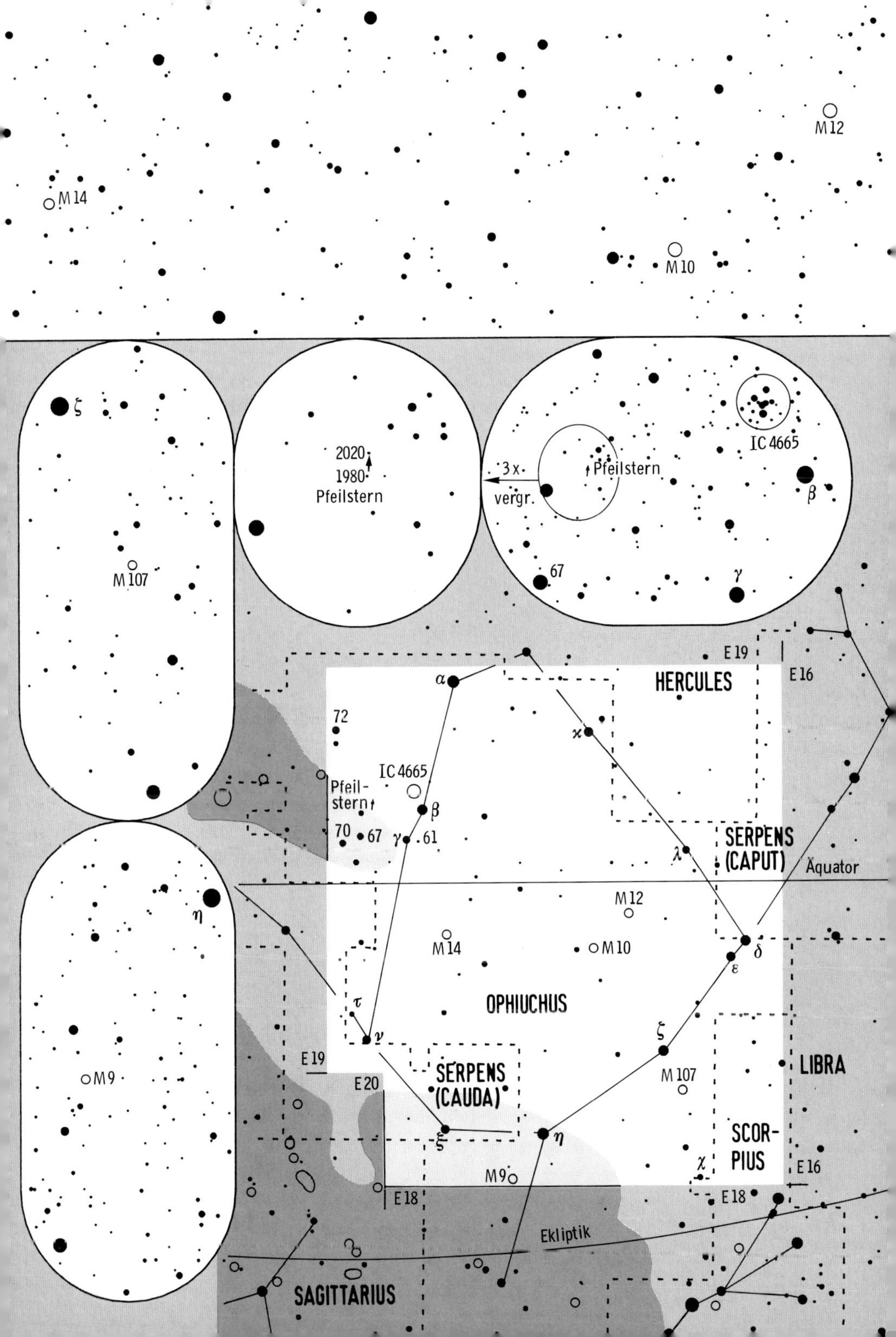
M12
M14
M10
ζ
2020
1980
Pfeilstern
3 x
vergr.
Pfeilstern
IC 4665
β
67
γ
M 107
η
M9
E 19
E 16
HERCULES
α
72
ϰ
IC 4665
Pfeil-
stern
β
70
67
γ
61
λ
SERPENS
(CAPUT)
Äquator
M12
M14
M10
δ
ε
OPHIUCHUS
τ
ν
ζ
E 19
LIBRA
M 107
E 20
SERPENS
(CAUDA)
ξ
η
SCOR-
PIUS
χ
E 16
M9
E 18
E 18
Ekliptik
SAGITTARIUS

NEBEL		Bild	Ort	v-Helligk.		Größe	Form	Typ	Kl.	Entf.	Rekt.	Dekl.
6093	M 80	Sco		7½^m	11$^m_{\square'}$	5$'$	O II	KS		30 000Lj	16^{h}17^m.0	–22°.98
6121	M 4	Sco		6	12	18	O IX	KS		7 000	16 23.6	–26.53
6266	M 62	Oph		7	11	8	O IV	KS		20 000	17 01.2	–30.11
6273	M 19	Oph		7	11	8	O VIII	KS		30 000	17 02.6	–26.27
6369	.....	Oph		11	9	0.5	O R	PN		4 000	17 29.3	–23.76
6405	M 6	Sco		4½	10	20	0 m	OS		1 800	17 40.1	–32.22
6475	M 7	Sco		3½	12	50	O m	OS		900	17 53.9	–34.82

6093 M 80 Sehr helles Zentrum, starke Vergrößerung anwendbar.
6121 M 4 Leicht zu finden, schön aufgelöst im Teleskop, zentraler Balken.
6266 M 62 Sehr asymmetrisch, neblige Arme, interessanter Kugelsternhaufen.
6273 M 19 Ziemlich oval, Randgebiet in Einzelsterne auflösbar, asymmetrisch.
6369 ..... Schwierig, scheibchenförmig, kaum ringförmig, stark vergrößern!
6405 M 6 **Schmetterlingshaufen**, wunderschön in jedem Instrument.
6475 M 7 Einfach mit freiem Auge sichtbar, gut aufgelöst im Opernglas, nicht viel besser im Teleskop, unregelmäßig, südlichstes Messier-Objekt.

STERN			Ort	V-Helligk.		B–V	Te.	Abs.	Name	Entf.	Rekt.	Dekl.
5	ϱ	Sco		•	3^m.9	–^{m}.2		–2^M	....	450Lj	15^{h}56^m.9	–29°.21
6	π	Sco		●	2.9	–.2		–3	....	450	15 58.9	–26.11
7	δ	Sco		●	2.3	–.1		–3	....	450	16 00.3	–22.62
8	β	Sco		●	2.4 ⁑	–.1		–4	.. Acrab ..	600	16 05.4	–19.80
9	ω^1	Sco		•	3.9	0.0		–2	....	420	16 06.8	–20.67
14	ν	Sco		•	3.9 ⁑	0.0		–2	....	420	16 12.0	–19.46
20	σ	Sco		●	2.9	0.2		–4	....	800	16 21.2	–25.59
5	ϱ	Oph		•	4.4 ⁑	0.2		–1	....	420	16 25.6	–23.44
21	α	Sco		●	0.9–1.1⁑	1.8		–5	.. **Antares** ..	450	16 29.4	–26.43
23	τ	Sco		●	2.8	–.2		–3	....	450	16 35.9	–28.22
26	ε	Sco		●	2.3	1.1		1	....	65	16 50.2	–34.29
RR		Sco		·	6.0–10	1.3		–2	....	1 000	16 56.6	–30.58
36		Oph		•	4.3 ⁑	0.9		5	....	19.5	17 15.3	–26.60
39	o	Oph		•	4.9 ⁑	0.9		0	....	350	17 18.0	–24.29
42	ϑ	Oph		●	3.3	–.2		–3	....	550	17 22.0	–25.00

DOPPELSTERN			Ort		V-Helligk.		B–V		Te.	Dist.	∀	Kl.
8	β	Sco		●	2^m.6	4^m.9	–^{m}.1	0^m.0		13$''$.7		
14	ν	Sco		•	4.0⁑	6.3⁑	0.0	0.1		41.0		
		A			4.4	5.4	0.0	0.0		1.4		
		B			6.7	7.8	0.1	0.2		2.6		
5	ϱ	Oph		•	4.6⁑	6.8	0.2	0.3		156.3		
					”	7.3	”	0.3		151.1		
					5.0	5.7	0.2	0.2		3.0		
21	α	Sco		●	1	5.5	1.9	0.0		2.8		
36		Oph		•	5.1	5.1	0.9	0.9		4.9		
39	o	Oph		•	5.1	6.6	1.0	0.5		10.1		

VERÄNDERLICHER

21 α Sco ● halbreg.
Per. 4–5 Jahre
Extrema 0^m.9–1^m.8
Farbkontrast mit Begleitstern!

RR Sco ·

Per. 277 d
Max. 2451265
Min. Max. + 150
Extrema 5^m.0–12^m.4

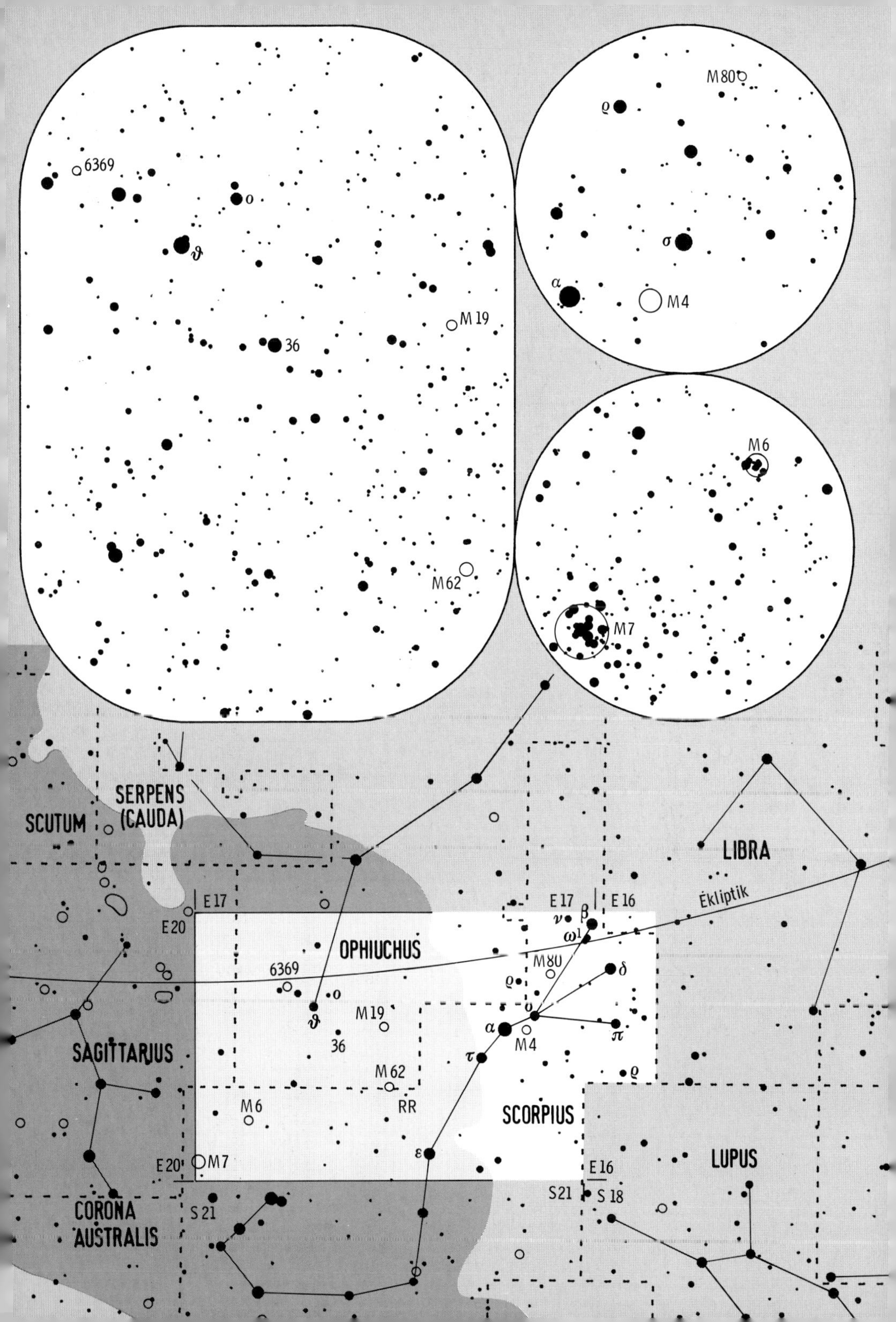

6369
M80
M4
M19
36
M6
M62
M7
SCUTUM
SERPENS (CAUDA)
LIBRA
Ekliptik
E 17
E 16
E 20
OPHIUCHUS
M 62
RR
SAGITTARIUS
SCORPIUS
LUPUS
CORONA AUSTRALIS
S 21
S 18

NEBEL		Bild	Ort	v-Helligk.		Größe	Form	Typ		Kl.	Entf.	Rekt.	Dekl.
6210	.....	Her		9^m	$6^m_{□'}$	0.′3	0	K	**PN**		5000Lj	$16^h44^m.5$	23.°80
6572	.....	Oph		8½	5	0.2	0	K	**PN**		2000	18 12.1	6.86
6633	.....	Oph		5	10	20	0	m	**OS**		1000	18 27.7	6.57
IC 4756	...	Ser		5	13	60	O	m	**OS**		1400	18 39.0	5.43
6694	M 26	Sct		8	12	8	O	p	**OS**		5000	18 45.2	−9.40
6705	M 11	Sct		6	11	12	O	r	**OS**		6000	18 51.1	−6.27
6712	.....	Sct		8½	12	5	O	IX	**KS**		22000	18 53.1	−8.70

6210 ..... Schwacher Stern im Fernglas, blaugrünes Scheibchen im Teleskop.
6572 ..... Punktförmig außer bei sehr starker Vergrößerung, blaugrün.
6633 ..... Sehr hell, beeindruckend unregelmäßig strukturiert, lohnenswert.
IC 4756 ... Wenige, unauffällig verstreute Sterne, für Opernglas oder Fernglas.
6694 M 26 Schwächerer Sternhaufen, nur im Teleskop aufgelöst, asymmetrisch.
6705 M 11 Heller Nebel im Fernglas, leicht dreiecksförmig, unheimliche Sternenzahl im Teleskop, markanter 8^m heller Stern nahe Zentrum.
6712 ..... Wenig auffällig, ein paar Einzelsterne im Teleskop.

STERN			Ort		V-Helligk.		B−V	Te.	Abs.	Name	Entf.	Rekt.	Dekl.
7	κ	Her		•	$4^m.7$	⁑	$1^m.0$		-1^M	....	400Lj	$16^h08^m.1$	17.°05
20	γ	Her		•	3.7		0.3		0	....	200	16 21.9	19.15
27	β	Her		•	2.8		0.9		−1	. Ruticulus .	160	16 30.2	21.49
64	α	Her		•	2.6–3.4	⁑	1.3		−3	. Rasalgethi .	400	17 14.6	14.39
65	δ	Her		•	3.1		0.1		1	....	78	17 15.0	24.84
86	μ	Her		•	3.4		0.8		4	....	27.3	17 46.5	27.72
92	ξ	Her		•	3.7		0.9		1	....	135	17 57.8	29.25
95		Her		•	4.3	⁑	0.4		−2	....	500	18 01.5	21.60
103	o	Her		•	3.8		0.0		−1	....	350	18 07.5	28.76
100		Her		·	5.1	⁑	0.1		1	....	240	18 07.8	26.10
58	η	Ser		•	3.2		0.9		2	....	62	18 21.3	−2.90
109		Her		•	3.8		1.2		1	....	130	18 23.7	21.77
59 d		Ser		·	5.2	⁑	0.5		−1	....	500	18 27.2	0.20
	α	Sct		•	3.9		1.3		0	....	175	18 35.2	−8.24
5		Aql		·	5.6	⁑	0.2		1	....	270	18 46.5	−0.96
	β	Sct		•	4.2		1.1		−3	....	750	18 47.2	−4.75
R		Sct		·	5.0–6.5		1.4		−4	....	2000	18 47.5	−5.70
63	ϑ	Ser		•	4.0	⁑	0.2		1	... Alya ...	140	18 56.2	4.20

DOPPELSTERN					V-Helligk.		B−V		Te.	Dist.	∀	Kl.
7	κ	Her		•	$5^m.0$	$6^m.2$	$0^m.9$	$1^m.1$		27.″2		
64	α	Her		•	3–4	5.4	1.5	0.7		4.9		
95		Her		•	4.9	5.1	0.1	0.9		6.4		
100		Her		·	5.8	5.9	0.1	0.2		14.2		
59 d		Ser		·	5.3	7.6	0.5	0.3		3.7		
5		Aql		·	5.9	7.5	0.1	0.3		12.7		
63	ϑ	Ser		•	4.6	5.0	0.2	0.2		22.4		

VERÄNDERLICHER

64 α Her • halbreg.
Per. 50 d – 6 Jahre
Hauptst. $2^m.7$–$3^m.6$
Begleitstern $5^m.4$
R Sct · halbreg.
Per. 140–146 d
Extrema $4^m.2$–$8^m.6$

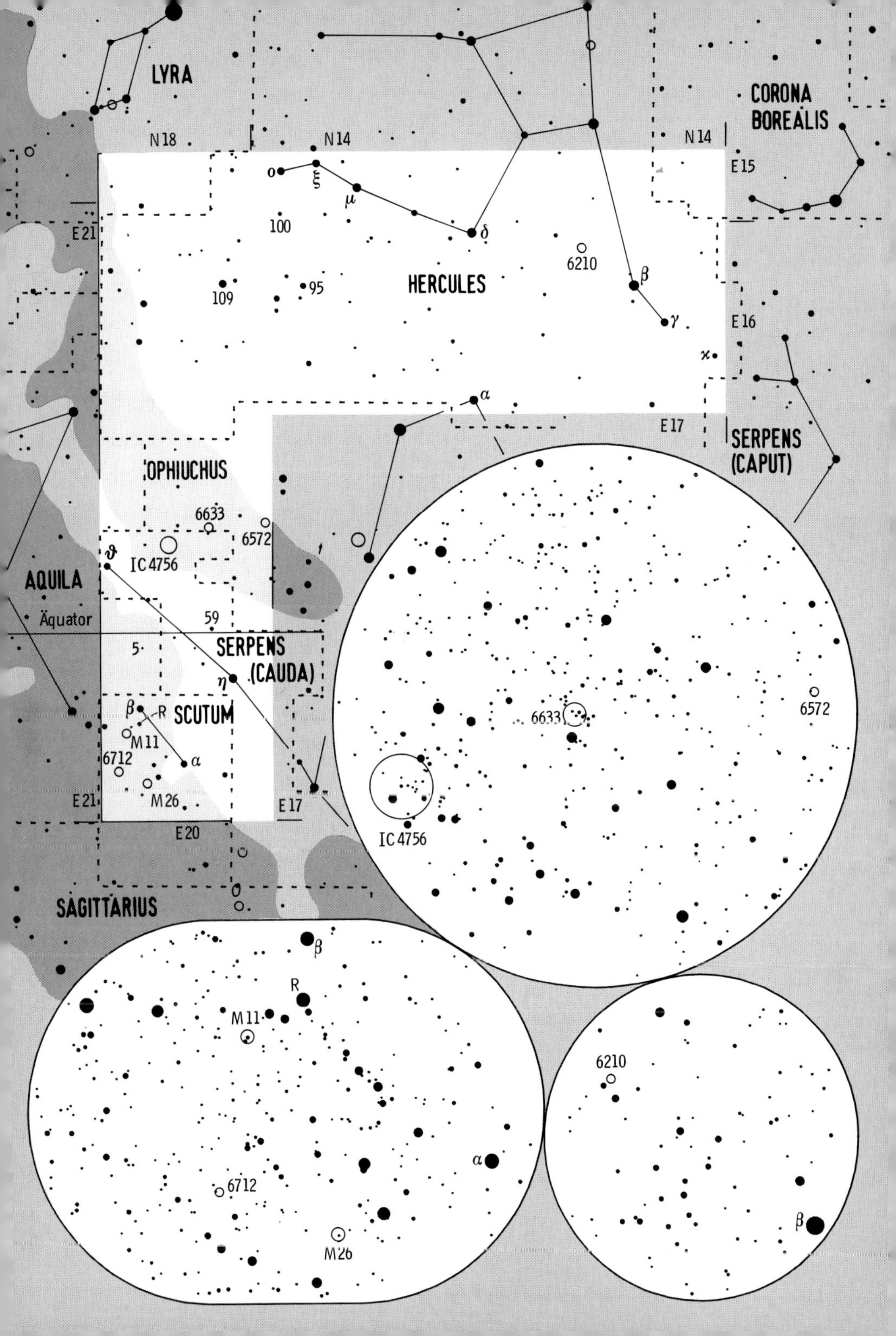

LYRA
CORONA BOREALIS
N18
N14
N14
E15
E21
100
HERCULES
6210
109
95
E16
E17
SERPENS (CAPUT)
OPHIUCHUS
6633
6572
IC 4756
AQUILA
Äquator
59
5
SERPENS (CAUDA)
SCUTUM
R
M11
6712
M26
E21
E17
E20
SAGITTARIUS
6633
6572
IC 4756
R
M11
6712
M26
6210

NEBEL		Bild	Ort	v-Helligk.		Größe	Form	Typ	Kl.	Entf.	Rekt.	Dekl.
6494	M 23	Sgr		6^m	$13^m_{□'}$	25′	○ m	**OS**		2 200 Lj	$17^h56^m.8$	−19°.02
6514	M 20	Sgr		7	13	20	0 Em	**GN**		6 000	18 02.6	−23.03
6523	M 8	Sgr		4½	13	60	0 Em	**GN**		6 000	18 03.8	−24.38
6531	M 21	Sgr		6½	11	10	○ m	**OS**		4 000	18 04.6	−22.50
	M 24	Sgr		4	13	100	0 Milchstraße			8 000	18 16.9	−18.48
6611	M 16	Ser		6	12	25	0 Em	**GN**		7 000	18 18.8	−13.78
6613	M 18	Sgr		7	12	10	○ p n	**OS**		4 000	18 19.9	−17.13
6618	M 17	Sgr		6	13	35	0 Em	**GN**		6 000	18 20.8	−16.18
6626	M 28	Sgr		7	11	6	○ IV	**KS**		20 000	18 24.5	−24.87
6637	M 69	Sgr		8	11	4	○ V	**KS**		30 000	18 31.4	−32.34
IC 4725	M 25	Sgr		5	12	30	○ m	**OS**		2 500	18 31.6	−19.23
6656	M 22	Sgr		5½	11	20	○ VII	**KS**		10 000	18 36.4	−23.90
6681	M 70	Sgr		8	11	4	○ V	**KS**		30 000	18 43.2	−32.29
6715	M 54	Sgr		8	11	4	○ III	**KS**		80 000	18 55.1	−30.48

6494 M 23 Im Fernglas aufgelöst, eindrucksvoll bei schwacher Vergrößerung.
6514 M 20 **Trifidnebel**, Dreiteilung durch drei radiale dunkle Staubbänder im Teleskop mit Nebelfilter erkennbar, schwach vergrößern!
6523 M 8 **Lagunennebel**, mit freiem Auge sichtbar, phantastischer Gasnebel, besonders mit Nebelfilter, Sternhaufen NGC 6530 im Ostteil.
6531 M 21 Aufgelöst im Fernglas, wenige Sterne, hell, aber unauffällig.
M 24 Nach Messier eindeutig die Milchstraßenwolke und nicht NGC 6603.
6611 M 16 **Adlernebel**, ohne Nebelfilter ist dort der Sternhaufen auffälliger.
6613 M 18 Sternarm, wenig auffällig, da vor sternenreichem Hintergrund.
6618 M 17 **Omeganebel, Schwanennebel**, phantastisch reich strukturiert, mit hellen Armen und dunklen Staubwolken, Nebelfilter hilft.
6626 M 28 Asymmetrische Form, helles Zentrum, kaum auflösbar.
6637 M 69 Lichtschwach, am Rand teilweise aufgelöst im Teleskop.
IC 4725 M 25 Sehr schön aufgelöst im Fernglas, unregelmäßige Struktur.
6656 M 22 Sehr hell, oval, eindrucksvoll aufgelöst im Teleskop, lohnend.
6681 M 70 Lichtschwach, deutliches Zentrum, Randpartien gerade auflösbar.
6715 M 54 Nicht auflösbar, helles Zentrum, kann stark vergrößert werden.

STERN			Ort	V-Helligk.	B−V	Te.	Abs.	Name	Entf.	Rekt.	Dekl.
10	γ	Sgr		● $3^m.0$	$1^m.0$		1^M	Alnasl	97 Lj	$18^h05^m.8$	−30°.42
13	μ	Sgr		● 3.8	0.2		−7	. . . .	4 000	18 13.8	−21.06
19	δ	Sgr		● 2.7	1.4		−2	Kaus Media	300	18 21.0	−29.83
20	ε	Sgr		● 1.8	0.0		−1	Kaus Australis	145	18 24.2	−34.38
22	λ	Sgr		● 2.8	1.0		1	Kaus Borealis	78	18 28.0	−25.42
27	φ	Sgr		● 3.2	−.1		−1	. . . .	230	18 45.7	−26.99
34	σ	Sgr		● 2.0	−.1		−2	Nunki	220	18 55.3	−26.30
37	ξ^2	Sgr		● 3.5	1.2		−2	. . . .	350	18 57.7	−21.11
38	ζ	Sgr		● 2.6	0.1		0	. . . .	90	19 02.6	−29.88
39	ο	Sgr		● 3.8	1.0		1	. . . .	140	19 04.7	−21.74
40	τ	Sgr		● 3.3	1.2		0	. . . .	120	19 06.9	−27.67
41	π	Sgr		● 2.9	0.4		−3	. . . .	430	19 09.8	−21.02

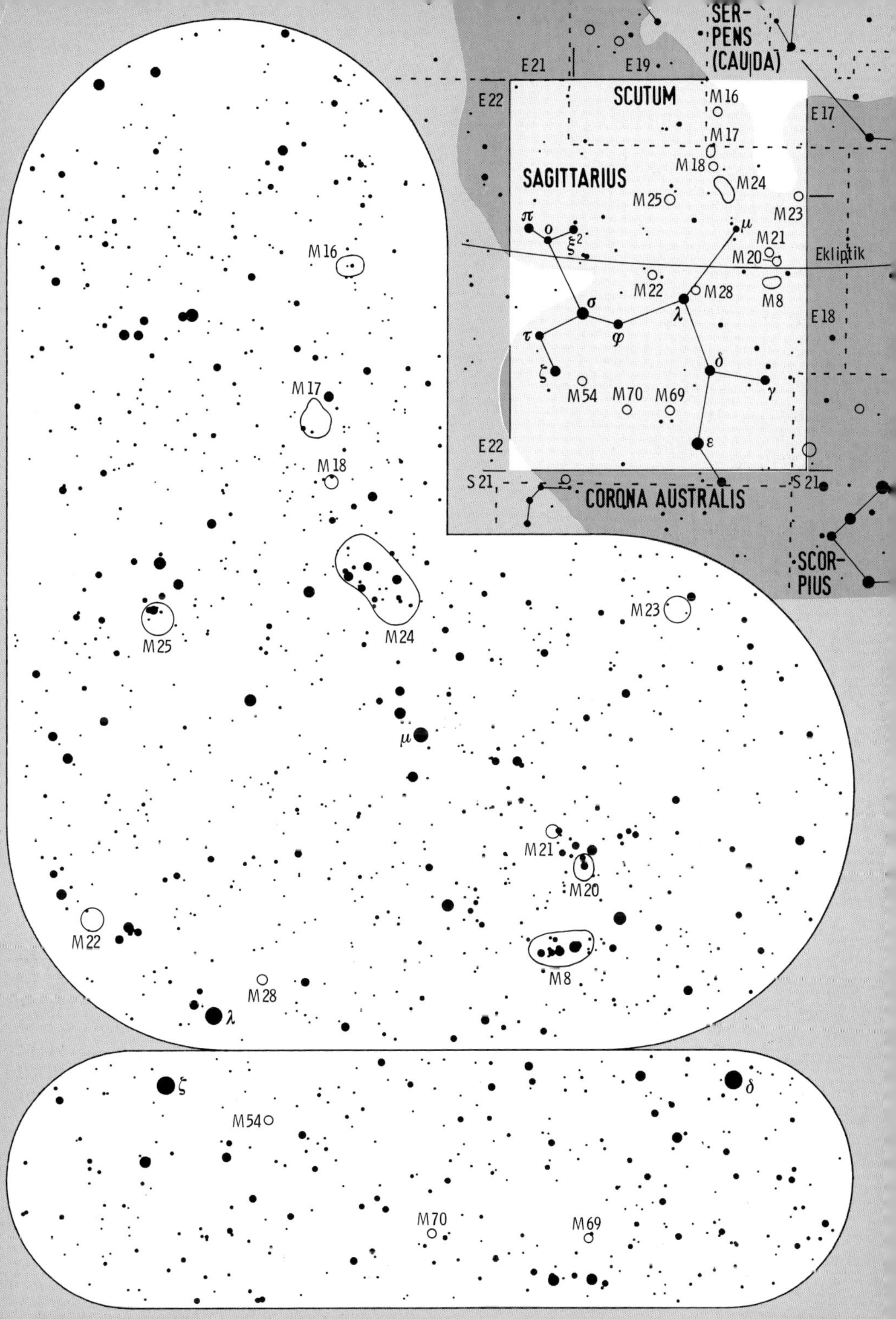

SER-
PENS
(CAUDA)
E21
E19
E22
SCUTUM
M16
M17
E17
SAGITTARIUS
M18
M24
M25
M23
π
o
ξ2
μ
M21
M20
Ekliptik
M22
M28
M8
σ
λ
E18
τ
φ
ζ
δ
M54
M70
M69
γ
E22
ε
S21
S21
CORONA AUSTRALIS
SCOR-
PIUS
M16
M17
M18
M24
M25
M23
μ
M21
M20
M22
M8
M28
λ
ζ
δ
M54
M70
M69

NEBEL		Bild	Ort	v-Helligk.	Größe	Form	Typ	Kl.	Entf.	Rekt.	Dekl.
6838	M 71	Sge		$8\frac{1}{2}^m$ 12^m	5′	IX	KS		13 000Lj	$19^h53^m.8$	$18^\circ.78$
6853	M 27	Vul		7 10	7	U	PN		1 000	19 59.6	22.72

6838 M 71 Interessante Struktur, dreiecksförmig, im Teleskop aufgelöst, relativ geringe Sternenzahl, sieht manchen Offenen Sternhaufen ähnlich.

6853 M 27 **Hantelnebel**, der beeindruckendste Planetarische Nebel, Hantelform im Fernglas erkennbar, deutliche Strukturen im Teleskop, grünlich, lichtschwacher länglicher Halo verlangt Nebelfilter.

STERN			Ort	V-Helligk.	B–V	Te.	Abs.	Name	Entf.	Rekt.	Dekl.
13	ε	Aql		$4^m.0$	$1^m.1$		1^M		150Lj	$18^h59^m.6$	$15^\circ.07$
12		Aql		4.0	1.1		1		150	19 01.7	−5.74
15		Aql		5.2	1.2		0		330, 600	19 05.0	−4.03
17	ζ	Aql		3.0	0.0		1		84	19 05.4	13.86
16	λ	Aql		3.4	−.1		0		125	19 06.2	−4.88
R		Aql		5.8–10	1.3		−1		700	19 06.4	8.23
30	δ	Aql		3.4	0.3		2		50	19 25.5	3.11
6	α	Vul		4.4	1.5		0		300	19 28.7	24.66
5	α	Sge		4.4	0.8		−1	} Dist. 35′	460	19 40.1	18.01
6	β	Sge		4.4	1.0		−1		460	19 41.0	17.48
50	γ	Aql		2.7	1.5		−3	Tarazed	500	19 46.3	10.61
7	δ	Sge		3.7	1.3		−2		460	19 47.4	18.53
52	π	Aql		5.7	0.5		0		500	19 48.7	11.82
53	α	Aql		0.8	0.2		2	**Atair, Altair**	16.7	19 50.8	8.87
55	η	Aql		3.5–4.4	0.7		−5		1 400	19 52.5	1.01
57		Aql		5.3	−.1		0		350	19 54.6	−8.23
60	β	Aql		3.7	0.9		3	Alschain	45	19 55.3	6.41
12	γ	Sge		3.5	1.6		−1		260	19 58.8	19.49
16		Vul		5.2	0.4		1		220	20 02.0	24.94
15		Sge		5.4	0.5		0		58, 600	20 04.1	17.08
65	ϑ	Aql		3.2	−.1		−1		280	20 11.3	−0.82
2	ε	Del		4.0	−.1		−1		350	20 33.2	11.30
6	β	Del		3.6	0.4		1		100	20 37.5	14.60
9	α	Del		3.8	−.1		−1		240	20 39.6	15.91
11	δ	Del		4.4	0.3		0		210	20 43.5	15.07
12	γ	Del		3.9	0.8		1		105	20 46.7	16.12

DOPPELSTERN				V-Helligk.		B–V		Te.	Dist.	∀	Kl.
15		Aql		$5^m.4$	$7^m.0$	$1^m.1$	$1^m.5$		39″		
52	π	Aql		6.3	6.8	0.8	0.1		1.4		
57		Aql		5.7	6.5	−.1	0.0		35.7		
16		Vul		5.8	6.2	0.3	0.4		0.9		
15		Sge		5.8	6.9	0.6	0.1		215		
12	γ	Del		4.3	5.1	1.0	0.5	'0	9.2		
								2015	8.9		

VERÄNDERLICHER

R Aql 
Per. ca. 280 d
Max. ca. 2451010

55 η Aql 
Per. 7.1767 d
Max. 2451005.0
Min. Max. + 4.9

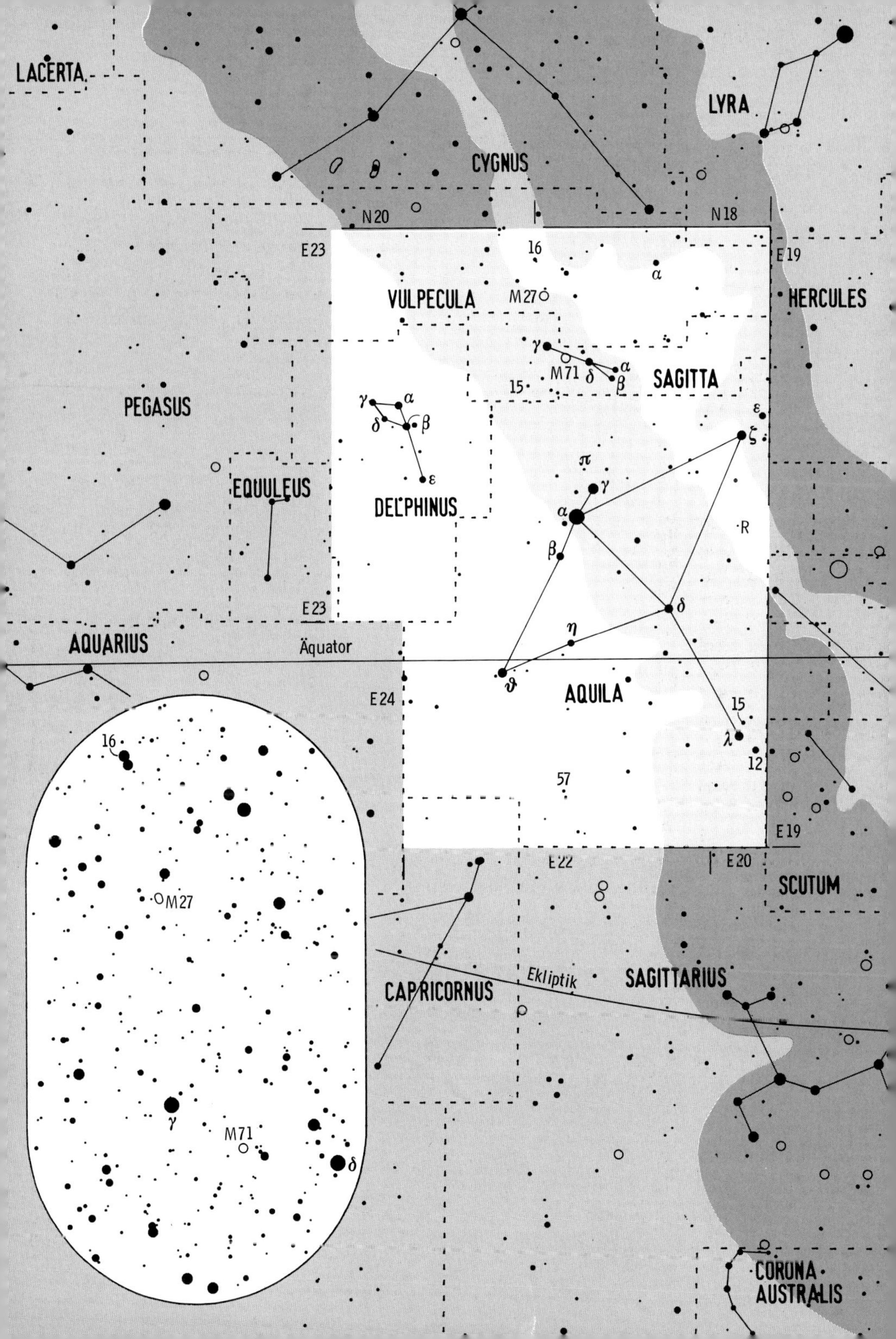

LACERTA
CYGNUS
LYRA
N20
N18
E23
E19
16
α
VULPECULA
M27
HERCULES
γ
M71
δ
α
β
15
SAGITTA
PEGASUS
γ
α
δ
β
ε
ε
ζ
π
γ
α
EQUULEUS
DELPHINUS
R
β
E23
δ
η
AQUARIUS
Äquator
ϑ
AQUILA
E24
15
λ
12
57
E19
16
E22
E20
SCUTUM
M27
CAPRICORNUS
Ekliptik
SAGITTARIUS
γ
M71
δ
CORONA
AUSTRALIS

NEBEL		Bild	Ort	v-Helligk.		Größe	Form		Typ	Kl.	Entf.	Rekt.	Dekl.
6809	M 55	Sgr		7^m	$13^m_{\square'}$	15′	O	XI	**KS**		18 000 Lj	$19^h 40^m.0$	$-30^\circ.96$
6818	.....	Sgr		$9\frac{1}{2}$	7	0.4	O	R	**PN**		6 000	19 44.0	−14.15
6822	.....	Sgr		9	14	12	O	Ir	**Glx**		2 M	19 45.0	−14.80
6864	M 75	Sgr		9	11	3	O	I	**KS**		60 000	20 06.1	−21.92
7099	M 30	Cap		$7\frac{1}{2}$	11	6	O	V	**KS**		25 000	21 40.4	−23.18

6809 M 55 Großer Nebel im Fernglas, gut aufgelöst im Teleskop, keine Zentralverdichtung, dunkle Bucht im Südosten, schwierig aufzufinden.

6818 ..... Im Fernglas punktförmig, erst bei starker Vergrößerung als ovales Scheibchen sichtbar, leicht grünliche Färbung im Teleskop.

6822 ..... **Barnards Galaxie**, Nachbargalaxie, strukturlos, ohne Kern, sehr schwierig, dunkelster Himmel und kleinste Vergrößerung notwendig.

6864 M 75 Sehr weit entfernter Kugelsternhaufen, deshalb lichtschwach, klein, nicht in Sterne auflösbar, außergewöhnlich helles Zentrum.

7099 M 30 Deutliches Zentrum, länglicher unregelmäßiger Halo, im Teleskop äußeren Randgebiete in Sterne aufgelöst, radiale Sternenketten.

STERN			Ort	V-Helligk.			B−V	Te.	Abs.	Name	Entf.	Rekt.	Dekl.
44	ϱ^1	Sgr		•	$3^m.9$		$0^m.2$	↓	1^M	....	122 Lj	$19^h 21^m.7$	$-17^\circ.85$
5	α^1	Cap		•	4.3		1.0	↓	−2	Algiedi } 6′.4 ••	700	20 17.6	−12.51
6	α^2	Cap		•	3.6		0.9	↓	1	Algiedi ...	108	20 18.1	−12.54
9	β	Cap		•	3.0	⁑	0.7	↓	−2	....	320	20 21.0	−14.78
11	ϱ	Cap		•	4.6	⁑	0.5	↓	0	....	98, 500	20 28.9	−17.82
12	o	Cap		·	5.5	⁑	0.1	↓	1	....	220	20 29.9	−18.58
16	ψ	Cap		•	4.1		0.4	↓	3	....	48	20 46.1	−25.27
18	ω	Cap		•	4.1		1.6	↓	−2	....	600	20 51.8	−26.92
23	ϑ	Cap		•	4.1		0.0	↓	1	....	160	21 05.9	−17.23
32	ι	Cap		•	4.3		0.9	↓	0	....	215	21 22.2	−16.83
34	ζ	Cap		•	3.8		1.0	↓	−2	....	400	21 26.7	−22.41
40	γ	Cap		•	3.7		0.3	↓	1	....	130	21 40.1	−16.66
49	δ	Cap		●	2.8–3.1		0.3	↓	2	Deneb Algedi	38.5	21 47.0	−16.13
12	η	PsA		·	5.4	⁑	−.1	↓	−2	....	1 000	22 00.8	−28.45
17	β	PsA		•	4.3	⁑	0.0	↓	1	....	145	22 31.5	−32.35
18	ε	PsA		•	4.2		−.1	↓	−3	....	700	22 40.7	−27.04
22	γ	PsA		•	4.5	⁑	0.0	↓	0	....	220	22 52.5	−32.88
23	δ	PsA		•	4.2		1.0	↓	1	....	170	22 55.9	−32.54
24	α	PsA		●	1.2		0.1	↓	2	. **Fomalhaut** .	25.2	22 57.6	−29.62

DOPPELSTERN				V-Helligk.			B−V		Te.	Dist.	∀	Kl.
9	β	Cap		•	$3^m.1$	$6^m.1$	$0^m.8$	$0^m.0$	↓↓	205″.2	••	
11	ϱ	Cap		•	4.8	6.6	0.4	1.1	↓↓	258	•	
12	o	Cap		·	5.9	6.7	0.1	0.2	↓↓	21.9	•.	
12	η	PsA		·	5.8	6.8	−.1	0.0	↓↓	1.8	.•	
17	β	PsA		•	4.3	7.8	0.0	0.5	↓↓	30.3	•	
22	γ	PsA		•	4.5	8.0	0.0	0.5	↓↓	4.1	•.	

VERÄNDERLICHER

49 δ Cap ●

Per. 1.02277 d

Min. 2451000.50

Dauer 4 Stunden

Lichtkurve ist leicht variabel.

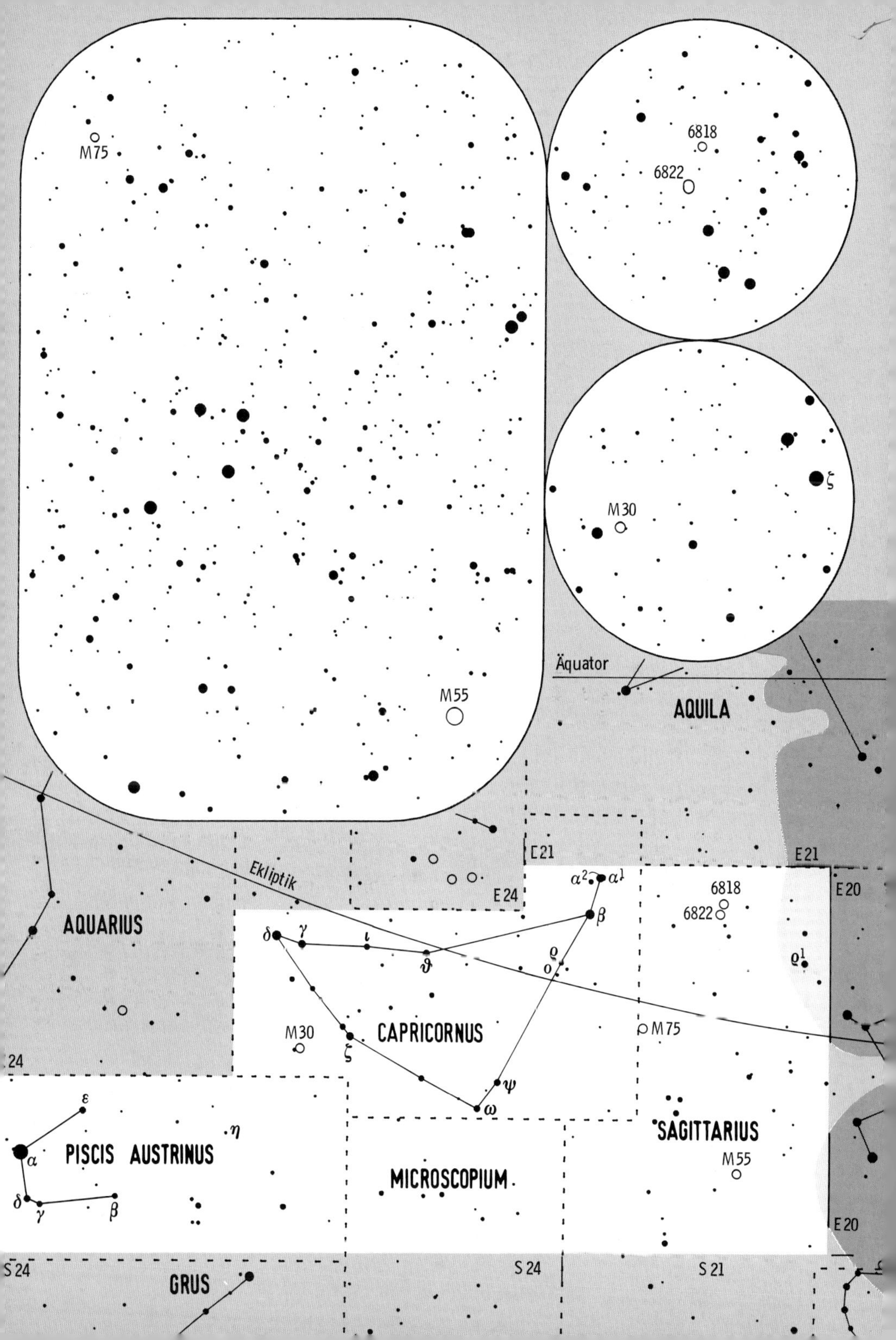
M75
6818
6822
M30
ζ
M55
Äquator
AQUILA
Ekliptik
E21
E21
E24
E20
AQUARIUS
CAPRICORNUS
α²
α¹
β
δ
γ
ι
ϑ
ϱ
o
6818
6822
ϱ¹
M30
M75
ζ
ψ
ω
24
ε
η
PISCIS AUSTRINUS
α
δ
γ
β
MICROSCOPIUM
SAGITTARIUS
M55
E20
S 24
S 24
S 21
GRUS

NEBEL	Bild	Ort	v-Helligk.	Größe	Form	Typ	Kl.	Entf.	Rekt.	Dekl.
7078 M15	Peg		$6\frac{1}{2}^m$ 11^m	10′	○ IV	**KS**		35000Lj	$21^h30^m.0$	12°.17
7331	Peg		10 13	9	0 Sc	**Glx**		60 M	22 37.1	34.42

7078 M15 Im Opernglas beinahe punktförmig, im Fernglas neblig, leicht oval, im Teleskop auflösbar mit Ausnahme des auffallend hellen Zentrums; relativ einfach zu finden, da in sternarmer Gegend nahe Enif; bester Kugelsternhaufen des Herbsthimmels.

7331 ..... Spindelförmig, schöne Kantenlage, langer Nebel mit ovalem Zentralgebiet im Teleskop; 30′ südwestlich ist Stephans Quintett, fünf 13^m Galaxien innerhalb eines 4′ Kreises, extrem schwierig zu sehen.

STERN			Ort	V-Helligk.	B−V	Te.	Abs.	Name	Entf.	Rekt.	Dekl.
1	ε	Equ		$5^m.2$	$0^m.5$		1^M	....	200Lj	$20^h59^m.1$	4°.29
5	γ	Equ		4.7	0.3		2	....	116	21 10.3	10.13
7	δ	Equ		4.5	0.5		3	....	61	21 14.5	10.01
8	α	Equ		3.9	0.5		0	. Kitalphar .	185	21 15.8	5.25
1		Peg		4.1	1.1		1	....	155	21 22.1	19.80
8	ε	Peg		2.4	1.5		−4	... Enif ...	700	21 44.2	9.88
10	κ	Peg		4.1	0.4		1	....	115	21 44.6	25.65
24	ι	Peg		3.8	0.4		3	....	38.5	22 07.0	25.35
29	π	Peg		4.3	0.5		0	auch π^2 Pegasi	250	22 10.0	33.18
26	ϑ	Peg		3.5	0.1		1	.. Baham ..	97	22 10.2	6.20
37		Peg		5.5	0.4		2	....	170	22 30.0	4.43
42	ζ	Peg		3.4	−.1		−1	.. Homam ..	205	22 41.5	10.83
44	η	Peg		2.9	0.8		−1	.. Matar ..	220	22 43.0	30.22
47	λ	Peg		4.0	1.1		−1	....	380	22 46.5	23.57
46	ξ	Peg		4.2	0.5		3	....	53	22 46.7	12.17
48	μ	Peg		3.5	0.9		1	. Sadalbari .	117	22 50.0	24.60
53	β	Peg		2.4–2.6	1.7		−2	.. **Scheat** ..	200	23 03.8	28.08
4	β	Psc		4.5	−.1		−1	....	500	23 03.9	3.82
54	α	Peg		2.5	0.0		−1	.. **Markab** ..	140	23 04.8	15.21
6	γ	Psc		3.7	0.9		1	....	130	23 17.2	3.28
10	ϑ	Psc		4.3	1.1		1	....	160	23 28.0	6.38
72		Peg		5.0	1.4		−1	....	500	23 34.0	31.33
17	ι	Psc		4.1	0.5		3	....	45	23 39.9	5.63
18	λ	Psc		4.5	0.2		2	....	100	23 42.0	1.78
19		Psc		4.9–5.1	2.5		−2	TX Piscium	800	23 46.4	3.49
28	ω	Psc		4.0	0.4		1	....	106	23 59.3	6.86

DOPPELSTERN			Ort	V-Helligk.	B−V	Te.	Dist.	∀	Kl.
1	ε	Equ		$5^m.4$ $7^m.2$	$0^m.5$ $0^m.5$		10″.6		
				6.0 6.3	0.4 0.5	'0	0.8		
						2007	0.5		
						2015	0.2		
72		Peg		5.6 5.9	1.4 1.4		0.5		

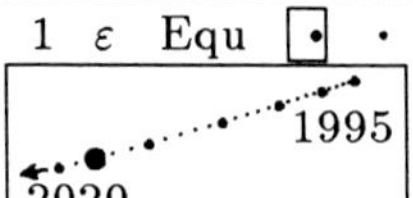

VERÄNDERLICHER

53 β Peg unregel.
Extrema $2^m.3$–$2^m.7$

19 TX Psc unregel.
Extrema $4^m.8$–$5^m.2$
Farbe orange-rot.

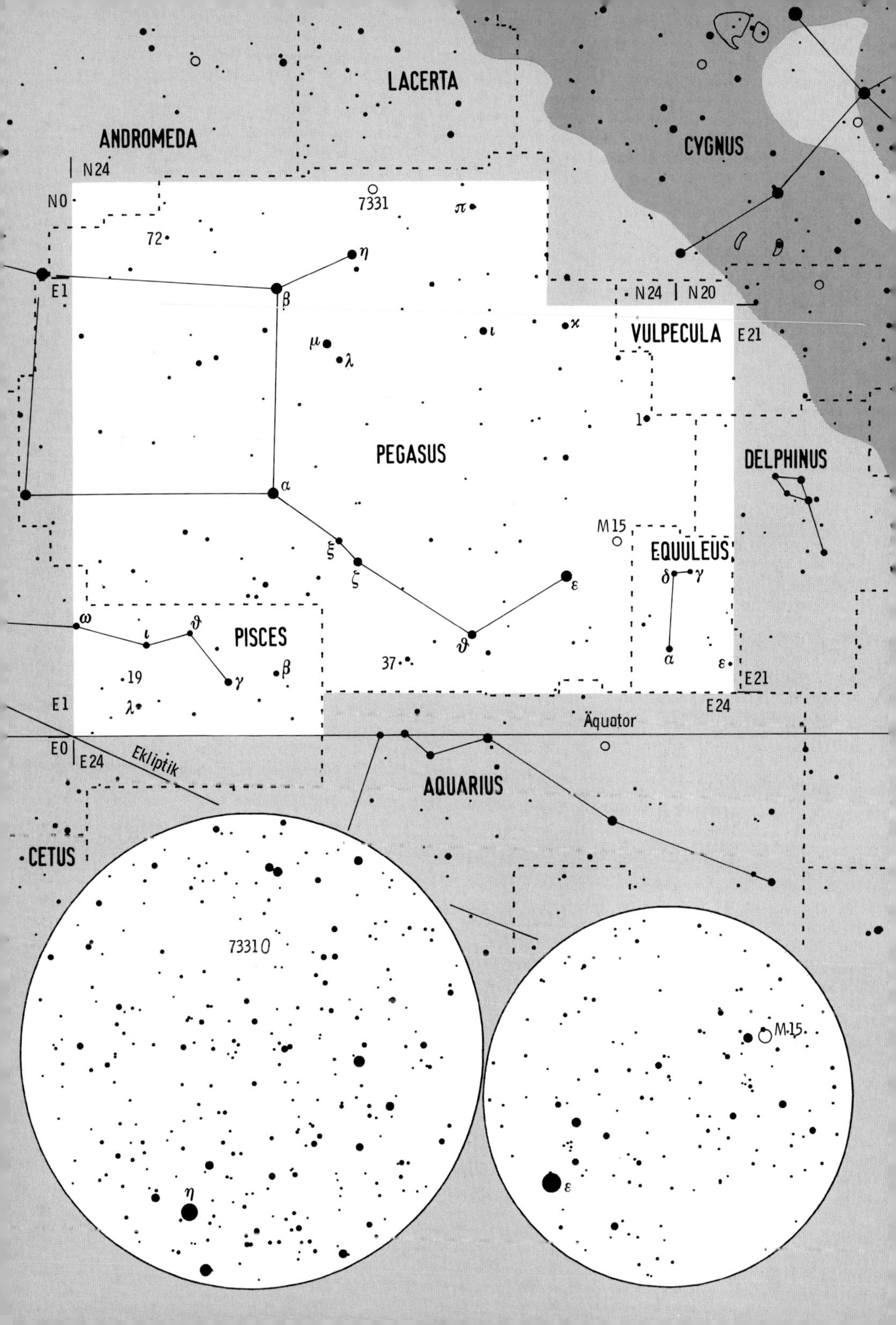
ANDROMEDA
LACERTA
CYGNUS
N24
N0
7331
π
72
η
E1
β
N24 | N20
ι
κ
VULPECULA
E21
μ
λ
1
PEGASUS
DELPHINUS
α
M15
ξ
EQUULEUS
ζ
ε
δ
γ
ω
ι
ϑ
PISCES
ϑ
β
37
α
ε
19
γ
E21
E1
λ
E24
Äquator
E0
E24
Ekliptik
AQUARIUS
CETUS
7331
η
M15
ε

NEBEL		Bild	Ort	v-Helligk.		Größe	Form	Typ		Kl.	Entf.	Rekt.	Dekl.
6981	M 72	Aqr		$9\frac{1}{2}^m$	12^m	3′	O	IX	**KS**	⚁	60 000 Lj	$20^h53^m.5$	−12°.54
6994	M 73	Aqr		$8\frac{1}{2}$	10	2.5	O	p	**OS**	⚁	2 000	20 59.0	−12.63
7009	.....	Aqr		8	6	0.6	O	U	**PN**	⚁	2 500	21 04.2	−11.37
7089	M 2	Aqr		$6\frac{1}{2}$	11	10	O	II	**KS**	⚄	40 000	21 33.5	−0.82
7293	.....	Aqr		7	13	15	O	R	**PN**	⚅	500	22 29.6	−20.84

6981 M 72 Schwächster Kugelsternhaufen dieses Katalogs, nicht auflösbar.
6994 M 73 Genau nach Messiers Beschreibung eine Gruppe von 3–4 Sternen.
7009 ..... **Saturnnebel**, blaugrüne Ellipse, lichtschwache Ausläufer und der 12^m Zentralstern schwierig beobachtbar, stark vergrößern!
7089 M 2 Heller großer Nebel im Fernglas, heller Kern, kaum auflösbar.
7293 ..... **Helixnebel, Sonnenblumennebel**, größter und hellster Planetarischer Nebel, Fernglasobjekt, aber nur bei dunkelstem Himmel, interessant strukturierter Ring mit Nebelfilter, schwach vergrößern!

STERN			Ort		V-Helligk.		B−V	Te.	Abs.	Name	Entf.	Rekt.	Dekl.
2	ε	Aqr		•	$3^m.8$		$0^m.0$	↓	0^M	....	230 Lj	$20^h47^m.7$	−9°.50
12		Aqr		·	5.5	⁑	0.7	↓	0	....	500	21 04.1	−5.82
13	ν	Aqr		•	4.5		0.9	↓	1	....	165	21 09.6	−11.37
22	β	Aqr		•	2.9		0.8	↓	−4	. Sadalsuud .	700	21 31.6	−5.57
34	α	Aqr		•	3.0		1.0	↓	−4	. Sadalmelik .	800	22 05.8	−0.32
41		Aqr		·	5.3	⁑	0.8	↓	1	....	280	22 14.3	−21.07
48	γ	Aqr		•	3.9		−.1	↓	1	. Sadachbia .	150	22 21.7	−1.39
55	ζ	Aqr		•	3.7	⁑	0.4	↓	1	....	105	22 28.8	−0.02
62	η	Aqr		•	4.0		−.1	↓	0	....	180	22 35.4	−0.12
71	τ^2	Aqr		•	4.0		1.6	↓	−1	....	400	22 49.6	−13.59
73	λ	Aqr		•	3.7		1.6	↓	−2	....	380	22 52.6	−7.58
76	δ	Aqr		•	3.3		0.1	↓	0	....	170	22 54.6	−15.82
88		Aqr		•	3.7		1.2	↓	−1	....	240	23 09.4	−21.17
94		Aqr		·	5.1	⁑	0.8	↓	3	....	70	23 19.1	−13.46
98		Aqr		•	4.0		1.1	↓	0	....	160	23 23.0	−20.10
101		Aqr		•	4.7	⁑	0.0	↓	0	....	320	23 33.3	−20.91
104		Aqr		·	4.8		0.8	↓	−2	....	700	23 41.8	−17.81
R		Aqr		·	6.0–10		1.5	↓	−1	....	800	23 43.8	−15.28
107		Aqr		·	5.3	⁑	0.3	↓	1	....	210	23 46.0	−18.68

DOPPELSTERN					V-Helligk.		B−V		Te.	Dist.	∀	Kl.
12		Aqr		·	$5^m.8$	$7^m.4$	$0^m.8$	$0^m.1$	↓↓	2″.4	:	⚀
41		Aqr		·	5.6	7.1	0.9	0.4	↓↓	5.2	.•	⚁
55	ζ	Aqr		•	4.3	4.5	0.4	0.5	↓↓'0	2.1	:	⚀
									2007	2.3	:	⚀
									2015	2.6	:	⚀
94		Aqr		·	5.2	7.4	0.8	0.9	↓↓	12.5	:	⚁
101		Aqr		•	4.8	7.2	0.0	0.2	↓↓	0.9	.•	⚀
107		Aqr		·	5.7	6.7	0.3	0.3	↓↓	6.9	.•	⚁

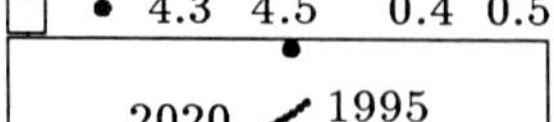

VERÄNDERLICHER

R Aqr ·
Per. 388 d
Max. 2451333
Min. Max. +220
Extrema $5^m.8$–$12^m.4$
Periodenschwankungen im 24-jährigen Rhythmus.

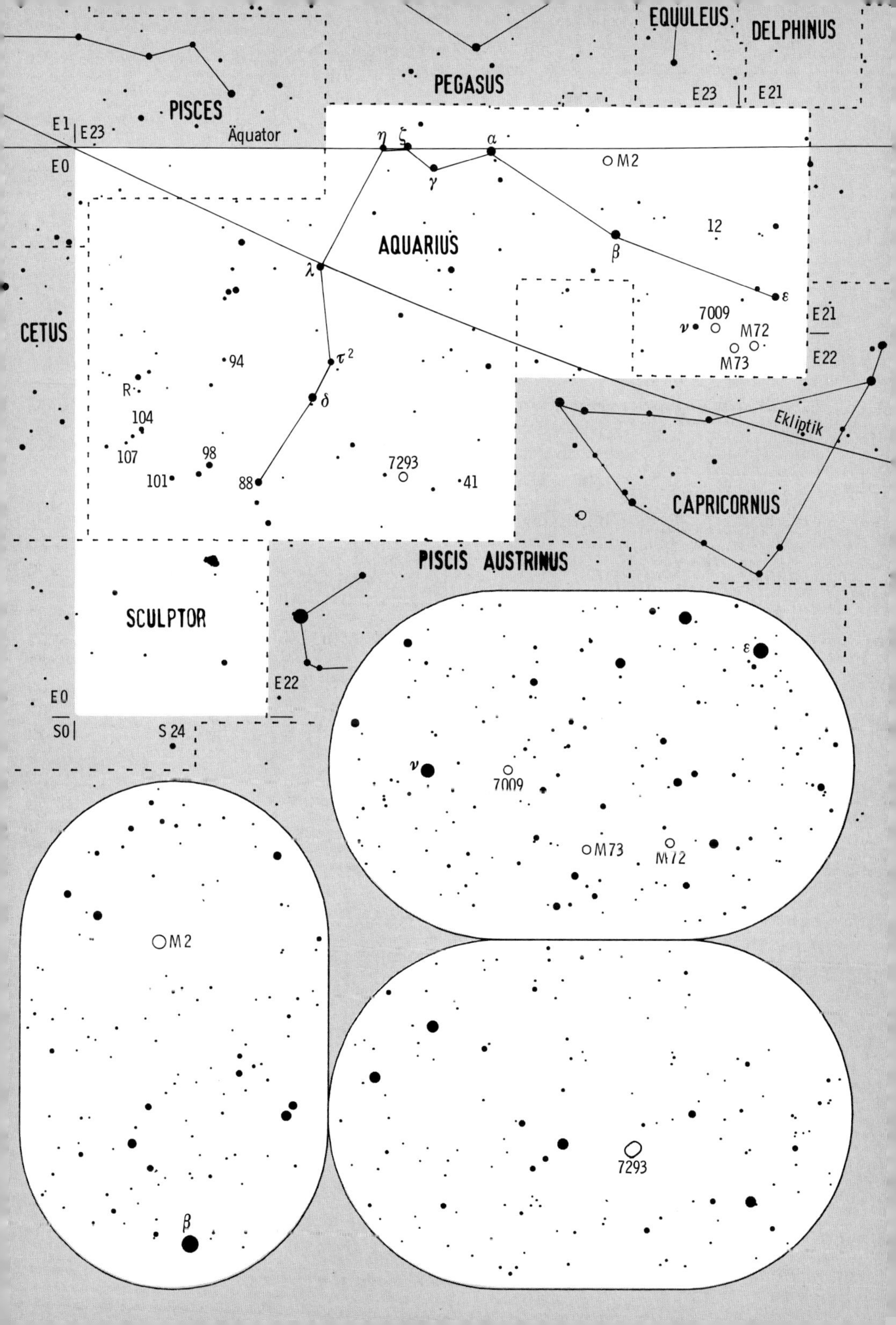
EQUULEUS
DELPHINUS
PEGASUS
PISCES
E23
E21
E1
E23
Äquator
E0
M2
AQUARIUS
12
CETUS
7009
M72
M73
E21
E22
94
R
104
107
98
101
88
7293
41
Ekliptik
CAPRICORNUS
PISCIS AUSTRINUS
SCULPTOR
E22
E0
S0
S 24
7009
M73
M72
M2
7293

NEBEL		Bild	Ort	v-Helligk.		Größe	Form	Typ	Kl.	Entf.	Rekt.	Dekl.
55	.....	Scl		8^{m}	$13^{m}_{\square'}$	25′	Sm	**Glx**		10 MLj	$0^{h}15^{m}.1$	−39°.22
104	.....	Tuc		4	11	25	○ III	**KS**		14000	0 24.1	−72.08
292	SMC	Tuc		2½	13	180	0 Sm	**Glx**		200000	0 53	−72.8
362	.....	Tuc		6½	11	10	○ III	**KS**		30000	1 03.2	−70.86
1291	.....	Eri		9	12	6	0 S0	**Glx**		40 M	3 17.3	−41.11
1316	.....	For		9	11	3.5	0 S0	**Glx**		80 M	3 22.7	−37.21
1365	.....	For		10	13	6	0 Sb	**Glx**		80 M	3 33.6	−36.14

55 ..... Hellerer westlicher Teil, Helligkeitsknoten, schwach vergrößern!

104 ..... **47 Tucanae**, äußerst imposant, auffallende Zentralkonzentration, enorme Sternenzahl im Teleskop, nur 2° westlich der SMC.

292 SMC **Kleine Magellansche Wolke**, bei dunklem Himmel auffällig mit freiem Auge, Nordteil schön strukturiert, schwach vergrößern!

362 ..... Deutliches Zentrum, im Teleskop am Rand schwach aufgelöst.

1291 ..... Kreisrundes Zentralgebiet, länglicher Halo, strukturarm.

1316 ..... **Fornax A**, hellste Galaxie des **Fornax Haufens**, kleiner Kern.

1365 ..... Balken der Spirale schwierig erkennbar, viele 11^{m} Galaxien nahe.

STERN		Ort		V-Helligk.		B−V	Te.	Abs.	Name	Entf.	Rekt.	Dekl.
ε	Phe		•	$3^{m}.9$		$1^{m}.0$		1^{M}	....	140Lj	$0^{h}09^{m}.4$	−45°.75
β	Hyi		●	2.8		0.6		3	....	24.4	0 25.8	−77.25
κ	Phe		•	3.9		0.2		2	....	77	0 26.2	−43.68
α	Phe		●	2.4		1.1		1	. . Ankaa . .	77	0 26.3	−42.31
β	Tuc		•	3.7	⁑	0.0		1	....	140	0 31.6	−62.96
β	Phe		●	3.3		0.9		−1	....	230	1 06.1	−46.72
ζ	Phe		•	3.9–4.4	⁑	−.1		−1	....	290	1 08.4	−55.25
γ	Phe		●	3.4		1.5		−1	....	240	1 28.4	−43.32
δ	Phe		•	3.9		1.0		1	....	145	1 31.3	−49.07
α	Eri		⬤	0.5		−.2		−3	. **Achernar** .	143	1 37.7	−57.24
p	Eri		·	5.0	⁑	0.9		5	....	26.6	1 39.8	−56.20
χ	Eri		•	3.7		0.8		2	....	57	1 56.0	−51.61
α	Hyi		●	2.9		0.3		1	....	71	1 58.8	−61.57
φ	Eri		•	3.6		−.1		0	....	155	2 16.5	−51.51
ι	Eri		•	4.1		1.0		1	....	145	2 40.7	−39.86
R	Hor		·	5.7–12		1.3		−1	....	800	2 53.9	−49.89
ϑ	Eri		●	2.9	⁑	0.1		−1	. . Acamar . .	160	2 58.3	−40.30
f	Eri		•	4.3	⁑	0.0		1	....	170	3 48.6	−37.62

DOPPELSTERN				V-Helligk.		B−V		Te.	Dist.	∀	Kl.
β	Tuc		•	$4^{m}.4$	$4^{m}.5$	$-^{m}.1$	$0^{m}.1$		27″.0		
ζ	Phe		•	4	6.9	−.1	0.5		6.6		
p	Eri		·	5.8	5.8	0.9	0.8	'0	11.4		
								2015	11.6		
ϑ	Eri		●	3.2	4.3	0.2	0.1		8.3		
f	Eri		•	4.8	5.4	0.0	0.0		8.2		

VERÄNDERLICHER

ζ Phe •

Per. 1.66976 d
Min. 2451001.06

R Hor ·
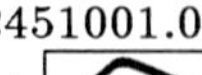
Per. 405 d
Max. ca. 2451167

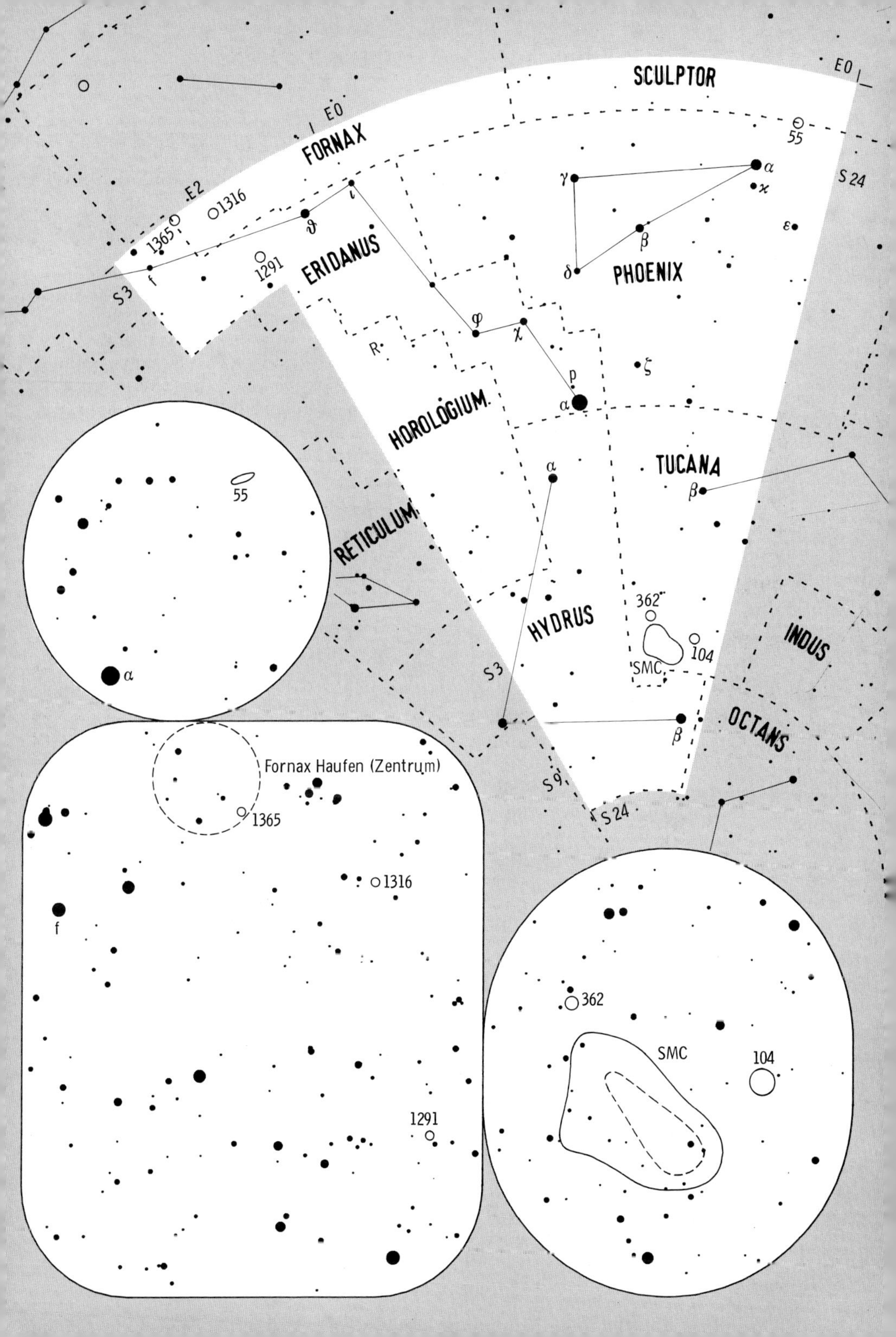

SCULPTOR
FORNAX
E0
E2
1365
1316
1291
ERIDANUS
S3
55
S24
PHOENIX
HOROLOGIUM
R
RETICULUM
TUCANA
HYDRUS
362
104
SMC
INDUS
OCTANS
S9
Fornax Haufen (Zentrum)
f

NEBEL		Bild	Ort	v-Helligk.		Größe	Form		Typ	Kl.	Entf.	Rekt.	Dekl.
1851	..	Col	⊡	7½m	11m/□′	6′	O	II	**KS**	⚃	40 000Lj	5h14m.1	−40°.04
	LMC	Dor	⊡	0	13	420	O	Sm	**Glx**	⚅	180 000	5 24	−69.8
2070	..	Dor	⊡	4½	11	25	O	Em	**GN**	⚅	180 000	5 38.7	−69.10
2516	..	Car	⊡	4	11	40	O	r	**OS**	⚅	1 200	7 58.3	−60.87

1851 .. Schon im Fernglas deutliche Zentralverdichtung, kaum auflösbar.

LMC **Große Magellansche Wolke**, hellster und größter Nebel, Balken und Ansätze der Spiralarme mit freiem Auge, unbeschreiblich im Fernglas, traumhaft im Teleskop bei dunkelstem Himmel, viele Lichtknoten.

2070 .. **Tarantelnebel**, phantastische Struktur, 5000-fache Leuchtkraft des Orionnebels, einzigartig im Weltall, Supernova 1987A 20′ südwestlich.

2516 .. Im Fernglas imposant sternenreich, noch besser im Teleskop, lohnend.

STERN		Ort	V-Helligk.			B−V	Te.	Abs.	Name	Entf.	Rekt.	Dekl.
β	Ret	⊡	•	3m.8		1m.1	↓	1M	....	100Lj	3h44m.2	−64°.81
γ	Hyi	⊡	•	3.3		1.6	↓	−1	....	210	3 47.2	−74.24
δ	Ret	⊡	•	4.6		1.6	↓	−2	....	550	3 58.7	−61.40
α	Hor	⊡	•	3.9		1.1	↓	1	....	117	4 14.0	−42.29
α	Ret	⊡	•	3.3		0.9	↓	0	....	165	4 14.4	−62.47
γ	Dor	⊡	•	4.3		0.3	↓	3	....	66	4 16.0	−51.49
ε	Ret	⊡	•	4.4		1.1	↓	3	....	60	4 16.5	−59.30
α	Dor	⊡	•	3.3		−.1	↓	0	....	180	4 34.0	−55.05
ι	Pic	⊡	•	5.2	⁑	0.4	↓	2	....	120	4 50.9	−53.46
β	Dor	⊡	•	3.4–4.1		0.6	↓	−5	....	1 200	5 33.6	−62.49
β	Pic	⊡	•	3.9		0.2	↓	2	....	63	5 47.3	−51.07
γ	Pic	⊡	•	4.5		1.1	↓	1	....	175	5 49.8	−56.17
η	Col	⊡	•	4.0		1.1	↓	−2	....	500	5 59.1	−42.82
α	Car	⊡	●	−0.7		0.2	↓	−6	. **Canopus** .	310	6 24.0	−52.70
ν	Pup	⊡	•	3.2		−.1	↓	−2	....	410	6 37.8	−43.20
α	Pic	⊡	•	3.2		0.2	↓	1	....	88	6 48.2	−61.94
τ	Pup	⊡	•	2.9		1.2	↓	−1	....	180	6 49.9	−50.61
γ	Vol	⊡	•	3.6	⁑	0.9	↓	1	....	135	7 08.8	−70.50
δ	Vol	⊡	•	4.0		0.8	↓	−3	....	700	7 16.8	−67.96
ζ	Vol	⊡	•	3.9		1.0	↓	1	....	132	7 41.8	−72.61
χ	Car	⊡	•	3.5		−.2	↓	−2	....	400	7 56.8	−52.98
κ	Vol	⊡	•	4.7	⁑	−.1	↓	−1	....	400	8 19.9	−71.51
ε	Car	⊡	●	1.9		1.2	↓	−5	.. Avoir ..	600	8 22.5	−59.51
β	Vol	⊡	•	3.8		1.1	↓	1	....	108	8 25.7	−66.14
c	Car	⊡	•	3.8		−.1	↓	−1	....	320	8 55.0	−60.64
α	Vol	⊡	•	4.0		0.1	↓	1	....	124	9 02.4	−66.40

DOPPELSTERN			V-Helligk.			B−V		Te.	Dist.	∀	Kl.
ι	Pic	⊡	·	5m.6	6m.4	0m.3	0m.5	↓↓	12″.5	••	⚂
γ	Vol	⊡	•	3.8	5.7	1.0	0.5	↓↓	14.2	••	⚂
κ	Vol	⊡	·	5.3	5.6	−.1	−.1	↓↓	64.8	••	⚃

VERÄNDERLICHER		
β	Dor	⊡ •
	Per.	9.8425 d
	Max.	2451003.7

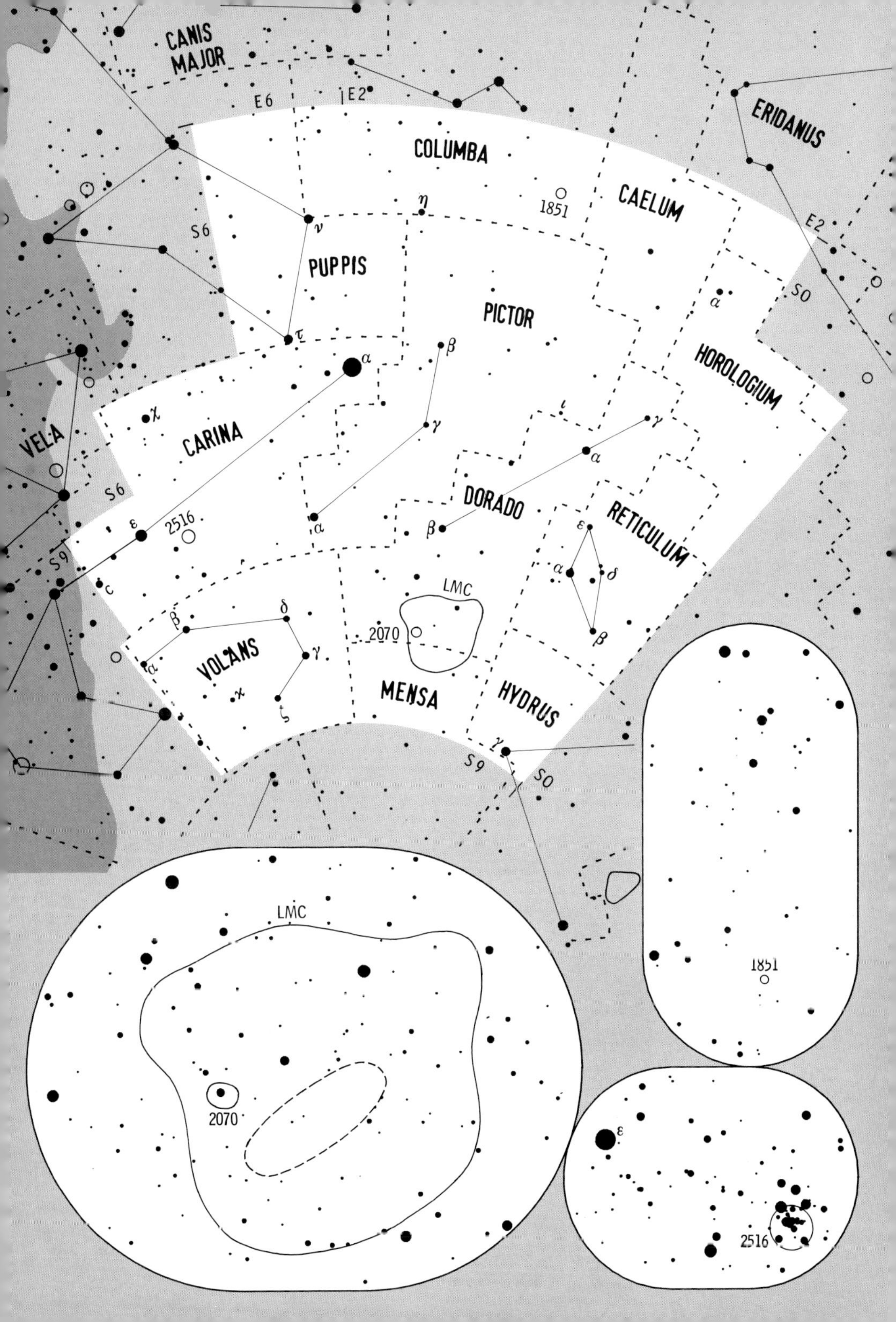

CANIS MAJOR
ERIDANUS
COLUMBA
CAELUM
PUPPIS
PICTOR
HOROLOGIUM
CARINA
VELA
DORADO
RETICULUM
VOLANS
MENSA
HYDRUS
LMC
2070
1851
2516
E6
E2
S6
S9
S0

NEBEL	Bild	Ort	v-Helligk.		Größe	Form		Typ	Kl.	Entf.	Rekt.	Dekl.
2451 ..	Pup		$3\frac{1}{2}^m$	$11^m_{\square'}$	40′	0	p	**OS**		1 400Lj	$7^h45^m.4$	–37°.97
2477 ..	Pup		6	12	25	0	r	**OS**		4 500	7 52.3	–38.53
2547 ..	Vel		5	11	20	0	m n	**OS**		1 500	8 10.7	–49.27
2546 ..	Pup		$6\frac{1}{2}$	13	35	0	m	**OS**		3 000	8 12.4	–37.63
IC 2391	Vel		3	11	40	O	p	**OS**		480	8 40.2	–53.07
3132 ..	Vel		9	9	1.0	0	R	**PN**		5 000	10 07.0	–40.44
3201 ..	Vel		7	12	12	0	X	**KS**		16 000	10 17.6	–46.41

2451 .. Im Fernglas schön aufgelöst, wenige, aber sehr helle farbige Sterne.
2477 .. Unheimlich sternenreich, schön aufgelöst im Teleskop, Sternenkette.
2547 .. Heller Sternhaufen für das Fernglas, weniger für das Teleskop.
2546 .. Sehr länglicher Sternhaufen im Fernglas, unauffällig im Teleskop.
IC 2391 **Omikron** (*o*) **Velorum Haufen**, sternarm, freies Auge bis Fernglas.
3132 .. Ovales Scheibchen mit deutlichem exzentrischen 10^m Stern im Teleskop.
3201 .. Unregelmäßige Sternverdichtungen, gerade auflösbar im Teleskop.

STERN		Ort		V-Helligk.		B–V	Te.	Abs.	Name	Entf.	Rekt.	Dekl.
L^2	Pup		•	$4^m.0$–$5^m.0$		$1^m.5$		0^M	. . . .	185Lj	$7^h13^m.5$	–44°.64
π	Pup		●	2.7		1.6		–5	} Dist. 26′	1 000	7 17.1	–37.10
y υ	Pup		•	4.1	⁑	–.1		–3	}	1 000	7 18.4	–36.74
σ	Pup		•	3.3		1.5		–1	. . . .	185	7 29.2	–43.30
c	Pup		•	3.6		1.7		–5	. in NGC 2451 .	1 400	7 45.3	–37.97
a	Pup		•	3.7		1.0		–1	. . . .	340	7 52.2	–40.58
ζ	Pup		●	2.2		–.3		–6	. . . .	1 400	8 03.6	–40.00
γ	Vel		●	1.5–1.7	⁑	–.2		–6	Suhail Al Muhlif	900	8 09.5	–47.34
o	Vel		•	3.6		–.2		–2	. . in IC 2391 . .	480	8 40.3	–52.92
b	Vel		•	3.8		0.7		–7	. . . .	4 000	8 40.6	–46.65
d	Vel		•	4.0	⁑	0.9		0	. . . .	225,85	8 44.4	–42.65
δ	Vel		●	1.9		0.0		0	. . . .	80	8 44.7	–54.71
a	Vel		•	3.9		0.0		–4	. . . .	1 200	8 46.0	–46.04
c	Vel		•	3.8		1.2		–1	. . . .	310	9 04.2	–47.10
λ	Vel		●	2.2		1.7		–4	Suhail Al Wazn	550	9 08.0	–43.43
κ	Vel		●	2.5		–.1		–4	. . . .	550	9 22.1	–55.01
ψ	Vel		•	3.6		0.4		2	. . . .	60	9 30.7	–40.47
φ	Vel		•	3.5		–.1		–6	. . . .	2 000	9 56.9	–54.57
q	Vel		•	3.9		0.1		1	. . . .	102	10 14.7	–42.12
p	Vel		•	3.8		0.3		2	. . . .	87	10 37.3	–48.23
x	Vel		•	4.1	⁑	0.8		–3	. . . .	800	10 39.3	–55.60
μ	Vel		●	2.7		0.9		0	. . . .	115	10 46.8	–49.42

DOPPELSTERN				V-Helligk.		B–V		Te.	Dist.	∀	Kl.
y υ	Pup		•	$4^m.7$	$5^m.1$	$-^m.1$	$-^m.2$		240″.0		
γ	Vel		●	2	4.2	–.2	–.2		41.2		
d	Vel		•	4.1	7.2	0.9	0.7		238		
x	Vel		•	4.3	6.2	1.0	–.1		51.8		

VERÄNDERLICHER

L^2	Pup	•	halbreg.
	Per.		140 d
γ	Vel	●	unregel.
	Per. ca. 2 Minuten		

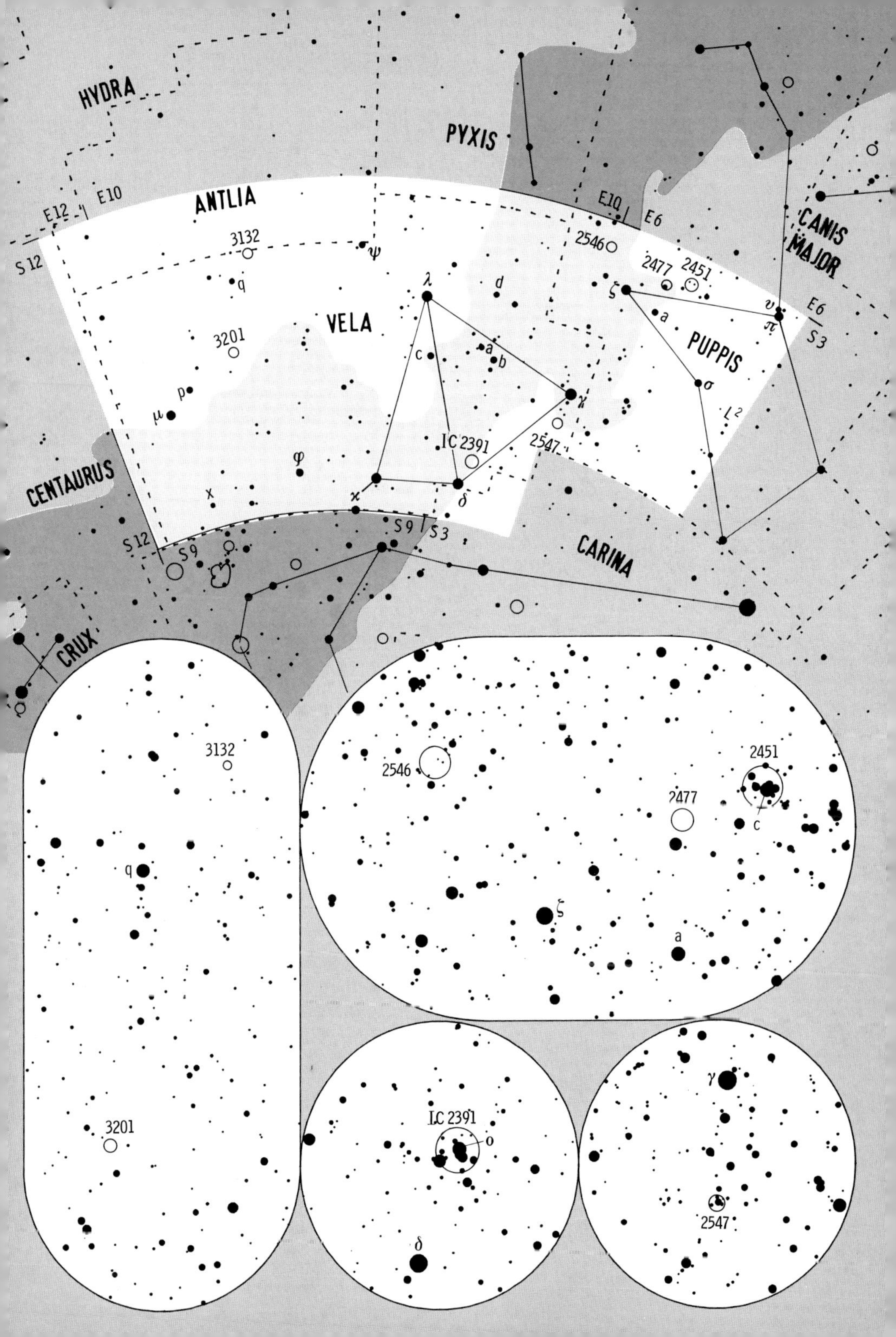
HYDRA
PYXIS
ANTLIA
VELA
PUPPIS
CANIS MAJOR
CENTAURUS
CARINA
CRUX
E10
E12
S 12
E6
S3
S9
3132
3201
2546
2477
2451
2547
IC 2391
ψ
λ
d
ζ
a
υ
π
q
c
a
b
σ
p
μ
γ
φ
δ
x
κ
3132
q
3201
2546
2451
2477
c
ζ
a
IC 2391
o
δ
γ
2547

NEBEL	Bild	Ort	v-Helligk.		Größe	Form	Typ	Kl.	Entf.	Rekt.	Dekl.
2808 ..	Car		$6\frac{1}{2}^m$	$11\frac{m}{\Box'}$	8′	O I	**KS**		30 000Lj	$9^h12^m.0$	–64°.86
3114 ..	Car		$4\frac{1}{2}$	11	30	O r	**OS**		3 000	10 02.7	–60.12
3293 ..	Car		5	9	6	O m n	**OS**		6 000	10 35.8	–58.23
IC 2602	Car		2	10	60	O m	**OS**		460	10 43.2	–64.40
3372 ..	Car		3	13	100	O Em	**GN**		6 000	10 43.8	–59.87
3532 ..	Car		$3\frac{1}{2}$	12	60	O r	**OS**		1 200	11 06.4	–58.67

2808 .. Aufgelöst im Teleskop, Form I, also äußerst konzentrierter Kern.
3114 .. Eindrucksvoll reicher Sternhaufen, lohnenswert in jedem Instrument.
3293 .. Kleiner Nebel im Fernglas, aufgelöst im Telekop, stark vergrößern!
IC 2602 **Südliche Plejaden**, den Plejaden ähnlich, nur wenig schwächer.
3372 .. **Eta (η) Carinae Nebel**, auffallend mit freiem Auge, strukturreich im Fernglas, noch besser im Teleskop bei schwacher Vergrößerung.
3532 .. Extrem sternenreich, länglich, imposant in jedem Instrument.

STERN		Ort	V-Helligk.	B–V	Te.	Abs.	Name	Entf.	Rekt.	Dekl.
α	Cha		$4^m.1$	$0^m.4$		3^M	....	63Lj	$8^h18^m.5$	–76°.92
b¹	Car		4.7	–.2		–2	....	600	8 57.0	–59.23
a	Car		3.4	–.2		–2	....	430	9 11.0	–58.97
i	Car		4.0	–.2		–2	....	500	9 11.3	–62.32
β	Car		1.7	0.1		–1	Miaplacidus	112	9 13.2	–69.72
ι	Car		2.2	0.2		–4	....	650	9 17.1	–59.28
N	Vel		3.2	1.5		–1	....	230	9 31.2	–57.03
R	Car		4.5–9.2	1.2		–1	....	400	9 32.2	–62.79
l	Car		3.3–4.1	1.0		–5	. ZZ Carinae .	1 400	9 45.2	–62.51
υ	Car		2.9	0.3		–6	....	1 500	9 47.1	–65.07
ω	Car		3.3	–.1		–2	....	370	10 13.7	–70.04
q	Car		3.4	1.5		–3	....	700	10 17.1	–61.33
I	Car		3.9	0.3		0	....	53, 430	10 24.4	–74.02
s	Car		3.8	0.3		–4	....	1 000	10 27.9	–58.74
p	Car		3.3	–.1		–3	....	520	10 32.0	–61.69
γ	Cha		4.1	1.6		–1	....	400	10 35.5	–78.61
ϑ	Car		2.7	–.2		–3	. in IC 2602 .	460	10 43.0	–64.39
δ	Cha		4.1	0.0		–1	....	370	10 45.6	–80.52
u	Car		3.7	0.8		–2	....	96, 1 500	10 53.5	–58.86
x	Car		3.9	1.2		–8	bei NGC 3532	5 000	11 08.6	–58.97
ε	Cha		4.7	0.0		–1	....	380	11 59.7	–78.22

DOPPELSTERN			V-Helligk.		B–V		Te.	Dist.	∀	Kl.
b¹	Car		$4^m.9$	$6^m.8$	$-^m.2$	$-^m.1$		40″.1		
υ	Car		3.0	6.0	0.3	0.1		5.0		
I	Car		4.0	6.2	0.4	0.1		232		
δ	Cha		4.5	5.5	–.2	1.0		265.1		
u	Car		3.8	6.3	0.9	–.1		159		
ε	Cha		4.9	6.6	–.1	0.2		134.0		

VERÄNDERLICHER

R	Car	
	Per.	307 d
	Max.	2451215
l ZZ	Car	
	Per.	35.54 d
	Max.	2451009

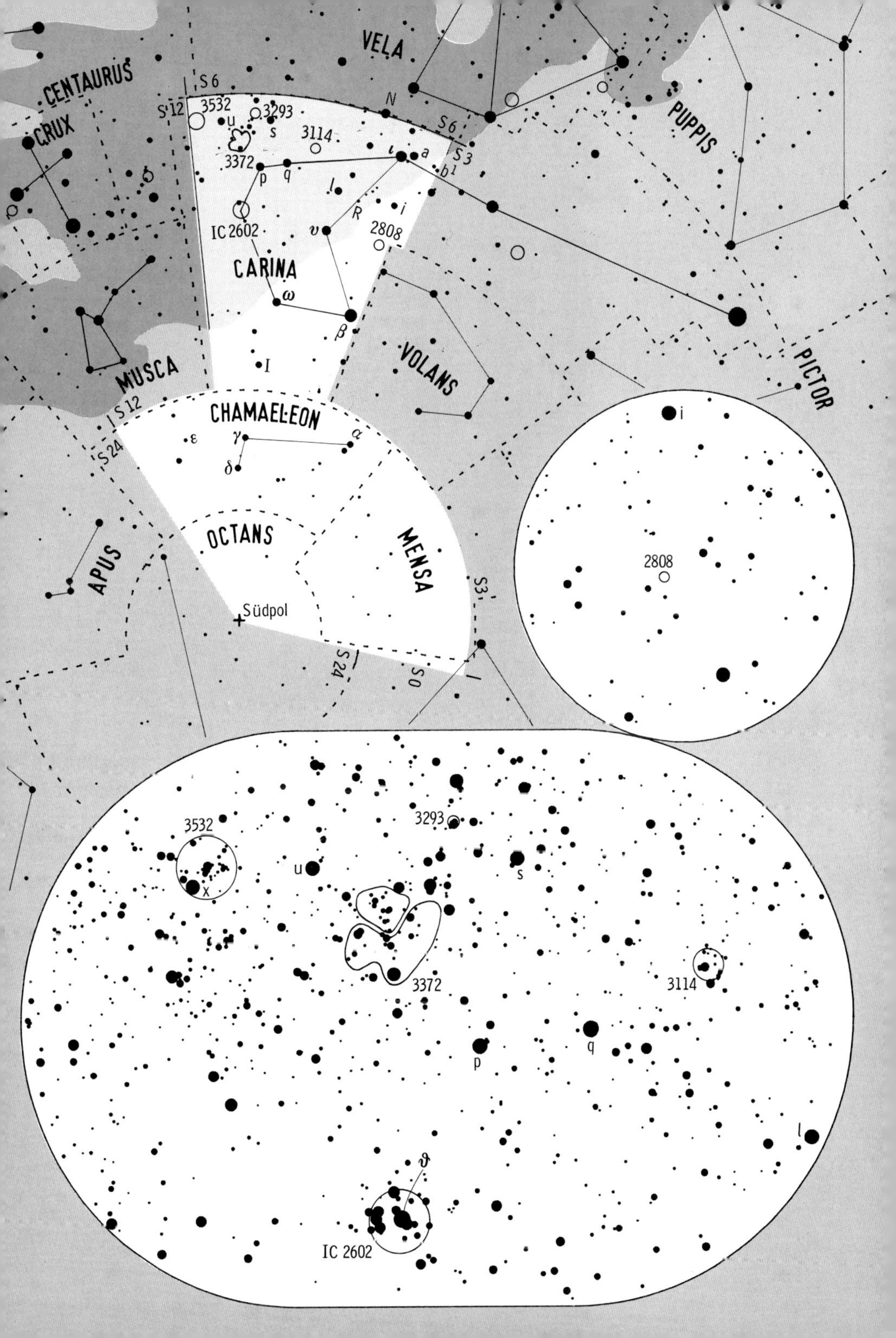

VELA
CENTAURUS
CRUX
PUPPIS
S 6
S 12
3532
3293
u
s
3114
N
S 6
S 3
a
b^1
3372
p
q
l
i
R
IC 2602
2808
CARINA
ω
β
I
VOLANS
PICTOR
MUSCA
S 12
CHAMAELEON
S 24
ε
γ
α
δ
OCTANS
MENSA
APUS
Südpol
S 3
S 24
S 0
i
2808
3532
3293
u
s
x
3372
3114
q
p
l
ϑ
IC 2602

NEBEL	Bild	Ort	v-Helligk.	Größe	Form	Typ	Kl.	Entf.	Rekt.	Dekl.
3766	Cen		5^m $10^m_{□'}$	12′	O m	**OS**		5000Lj	$11^h36^m.1$	−61°.62
Kohlensack	Cru		(3) (14)	360	0 Dunkelnebel			2000	12 52	−63.3
4755	Cru		4½ 9	10	O m	**OS**		5000	12 53.6	−60.33

3766 ..... Aufgelöst im Fernglas, wunderbar im Teleskop, interessante Form; einige helle Sterne leuchten auffällig durch ihre gelbe Färbung.

Kohlensack Auffälligster Dunkelnebel für das freies Auge, strukturreich im Fernglas, nördlicher Rand rund, südlicher Rand zerfasert.

4755 ..... **Schmuckkästchen, Kappa** (κ) **Crucis**, aufgelöst im Fernglas, eindrucksvoll im Teleskop, pfeilförmige Struktur mit $5^m.8$ Stern an der Pfeilspitze, $6^m.0$ κ Crucis am südlichen Pfeilende, dazwischen ein auffallend gelber Stern, sonst meist weiße Sterne, stärker vergrößern!

STERN		Ort	V-Helligk.	B−V	Te.	Abs.	Name	Entf.	Rekt.	Dekl.
π	Cen		• $3^m.9$	$-^m.2$		-1^M	....	330Lj	$11^h21^m.0$	−54°.49
o	Cen		• 4.3–4.5☆	0.7		−7	....	5000	11 31.8	−59.48
λ	Cen		● 3.1	0.0		−2	....	420	11 35.8	−63.02
λ	Mus		• 3.6	0.2		1	....	130	11 45.6	−66.73
δ	Cen		● 2.4 ☆	−.1		−3	....	380	12 08.3	−50.71
ϱ	Cen		• 4.0	−.2		−1	....	330	12 11.7	−52.37
δ	Cru		● 2.8	−.2		−3	....	370	12 15.1	−58.75
ε	Mus		• 4.0–4.3	1.6		−1	....	300	12 17.6	−67.96
ζ	Cru		• 4.1	−.2		−1	....	370	12 18.4	−64.00
ε	Cru		• 3.5–3.6	1.4		−1	....	230	12 21.4	−60.40
α	Cru		● 0.7 ☆	−.2		−4	. . **Acrux** . .	340	12 26.6	−63.10
σ	Cen		• 3.9	−.2		−2	....	450	12 28.0	−50.23
γ	Cru		● 1.6 ☆	1.5		−1	. . Gacrux .	88, 400	12 31.2	−57.11
γ	Mus		• 3.8	−.2		−1	....	320	12 32.5	−72.13
α	Mus		● 2.7	−.2		−2	....	300	12 37.2	−69.14
τ	Cen		• 3.9	0.0		1	} Dist. 45′	130	12 37.7	−48.54
γ	Cen		● 2.2	0.0		−1	....	130	12 41.5	−48.96
β	Mus		• 3.0 ☆	−.2		−2	....	320	12 46.3	−68.11
β	Cru		● 1.3	−.2		−4	. . **Mimosa** . .	340	12 47.7	−59.69
μ	Cru		• 3.7 ☆	−.2		−2	....	370	12 54.6	−57.18
δ	Mus		• 3.6	1.2		1	....	90	13 02.3	−71.55

DOPPELSTERN			V-Helligk.		B−V		Te.	Dist.	∀	Kl.
o	Cen		• 5^m	$5^m.1$	$1^m.0$	$0^m.4$		265″.7		
δ	Cen		● 2.6	4.5	−.1	−.2		269.0		
			”	6.4	”	0.0		216.7		
α	Cru		● 0.8☆	4.8	−.2	−.1		90.0		
			1.3	1.7	−.2	−.2		4.0		
γ	Cru		● 1.6	6.4	1.6	0.2		128		
β	Mus		• 3.6	4.0	−.2	−.2		1.1		
μ	Cru		• 4.0	5.1	−.2	−.1		34.8		

VERÄNDERLICHER		
o	Cen	• halbreg.
	Per.	ca. 200 d ?
	Hauptst.	$5^m.0$–$5^m.3$
	Begleitstern	$5^m.1$
ε	Mus	• halbreg.
	Per.	ca. 40 d
ε	Cru	• unreg.?
	Extrema	$3^m.4$–$4^m.0$

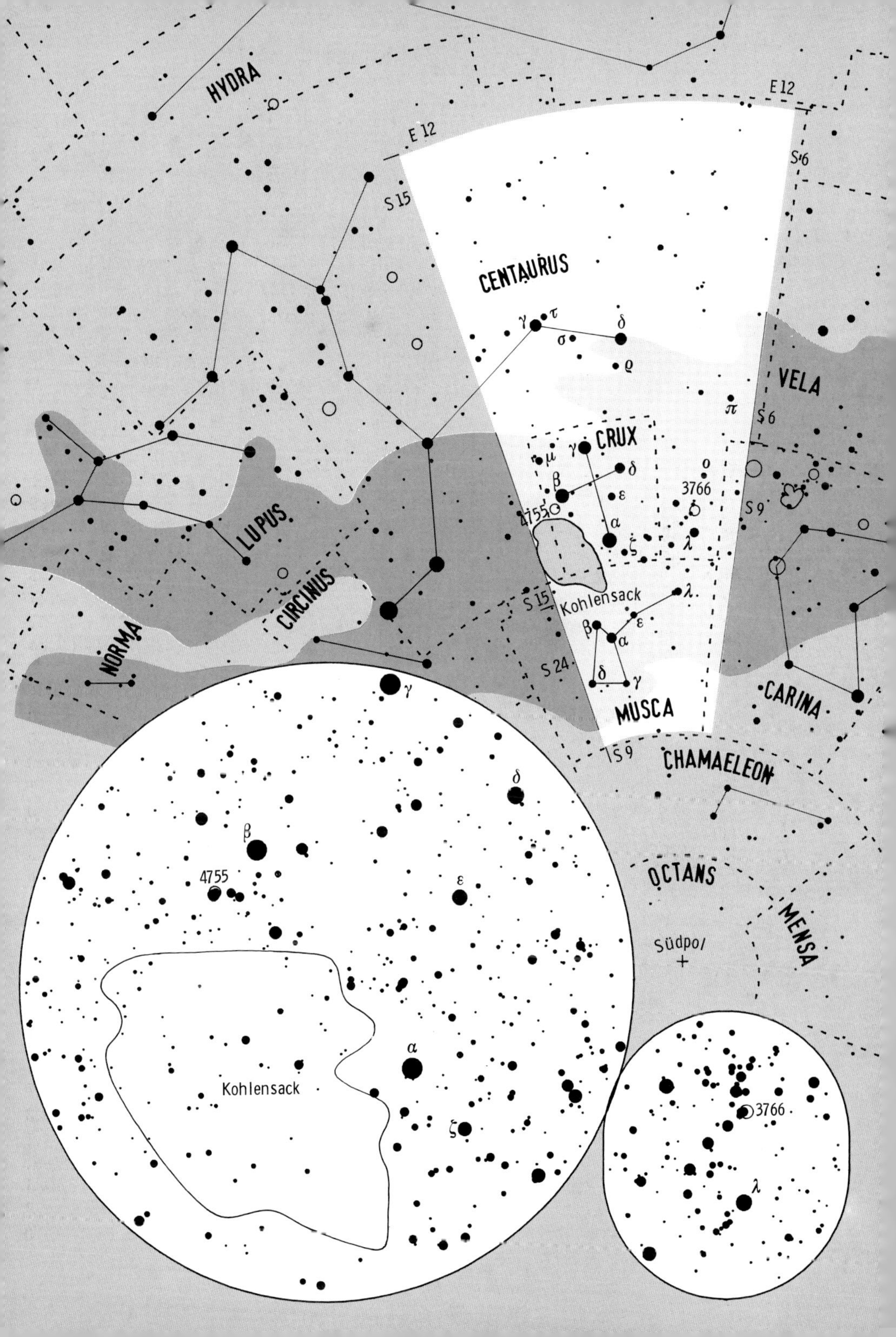

HYDRA
E 12
S 15
S 6
CENTAURUS
VELA
CRUX
3766
4755
S 9
LUPUS
CIRCINUS
Kohlensack
NORMA
S 15
S 24
MUSCA
CARINA
S 9
CHAMAELEON
OCTANS
MENSA
Südpol
Kohlensack
4755
3766

NEBEL	Bild	Ort	v-Helligk.		Größe	Form		Typ	Kl.	Entf.	Rekt.	Dekl.
5128 ..	Cen		$7\frac{1}{2}^m$	12^m	12′	0	S0	**Glx**		20 MLj	$13^h25.^m5$	$-43.^\circ02$
5139 ..	Cen		4	11	30	0	VIII	**KS**		16 000	13 26.8	−47.48
5460 ..	Cen		6	13	30	0	p	**OS**		2 500	14 07.6	−48.32
5822 ..	Lup		$6\frac{1}{2}$	14	40	0	r	**OS**		2 500	15 05.2	−54.33

5128 .. **Centaurus A**, dunkles Staubband mit Struktur, bemerkenswert.
5139 .. **Omega** (ω) **Centauri**, hellster, leuchtkräftigster und größter Kugelsternhaufen, deutlich mit freiem Auge, heller ovaler Nebel im Fernglas, unübertroffener Sternenreichtum im Teleskop, faszinierend.
5460 .. Helle Sterngruppen aufgelöst im Fernglas, verstreut im Teleskop.
5822 .. Fernglasobjekt bei dunklem Himmel, sehr sternenreich im Teleskop.

STERN		Ort	V-Helligk.		B–V	Te.	Abs.	Name	Entf.	Rekt.	Dekl.
ι	Cen		$2.^m8$		$0.^m1$		1^M	....	58Lj	$13^h20.^m6$	$-36.^\circ71$
J	Cen		4.3	⁑	−.1		−1	....	360	13 22.6	−60.99
d	Cen		3.9		1.2		−4	....	1 000	13 31.0	−39.41
ε	Cen		2.3		−.2		−3	....	380	13 39.9	−53.47
Q	Cen		5.0	⁑	0.0		0	....	270	13 41.7	−54.56
ν	Cen		3.4		−.2		−3	} Dist. 47′	500	13 49.5	−41.69
μ	Cen		3.0–3.5		−.2		−3	....	500	13 49.6	−42.47
ζ	Cen		2.5		−.2		−3	....	400	13 55.5	−47.29
φ	Cen		3.8		−.2		−2	....	500	13 58.3	−42.10
υ^1	Cen		3.9		−.2		−2	....	400	13 58.7	−44.80
β	Cen		0.6		−.2		−5	**Hadar, Agena**	520	14 03.8	−60.37
5 ϑ	Cen		2.1		1.0		1	....	62	14 06.7	−36.37
R	Cen		5.8–10		1.9		−3	....	2 000	14 16.6	−59.91
η	Cen		2.3		−.2		−3	....	300	14 35.5	−42.16
α	Cen		−0.3	⁑	0.7		4	**Rigil Kentaurus,**	4.40	14 39.6	−60.83
b	Cen		4.0		−.2		−1	. [**Toliman**] .	300	14 42.0	−37.79
α	Cir		3.2		0.3		2	....	53	14 42.5	−64.98
κ	Cen		3.1		−.2		−3	....	500	14 59.2	−42.10
δ	Cir		4.6	⁑	−.1		−6	....	3 000	15 16.8	−60.94
β	Cir		4.1		0.1		2	....	98	15 17.5	−58.80
γ	Cir		4.5		0.2		−1	....	450	15 23.4	−59.32

DOPPELSTERN			V-Helligk.		B–V		Te.	Dist.	∀	Kl.
J	Cen		$4.^m5$	$6.^m2$	$-.^m1$	$0.^m0$		60.″6		
Q	Cen		5.3	6.6	−.1	0.1		5.5		
α	Cen		0.0	1.4	0.7	0.9	'0	14.1		
							2003	12.0		
							2006	9.7		
							2009	7.4		
							2012	5.4		
							2015	4.1		
δ	Cir		5.1	5.7	−.1	−.1		241.7		

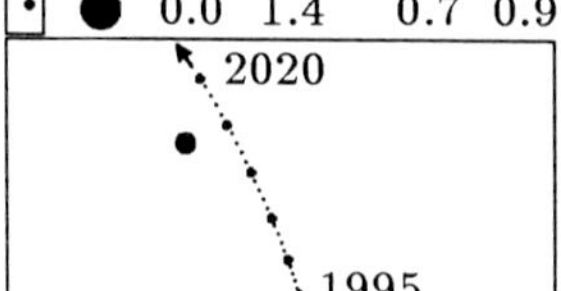

VERÄNDERLICHER

μ Cen unregel.
R Cen 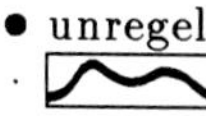
Per. 550 d
Max. 2451355

Nächster Fixstern
11^m Proxima Centauri, 4.22 Lj, Begleiter von Toliman in 2° Distanz.

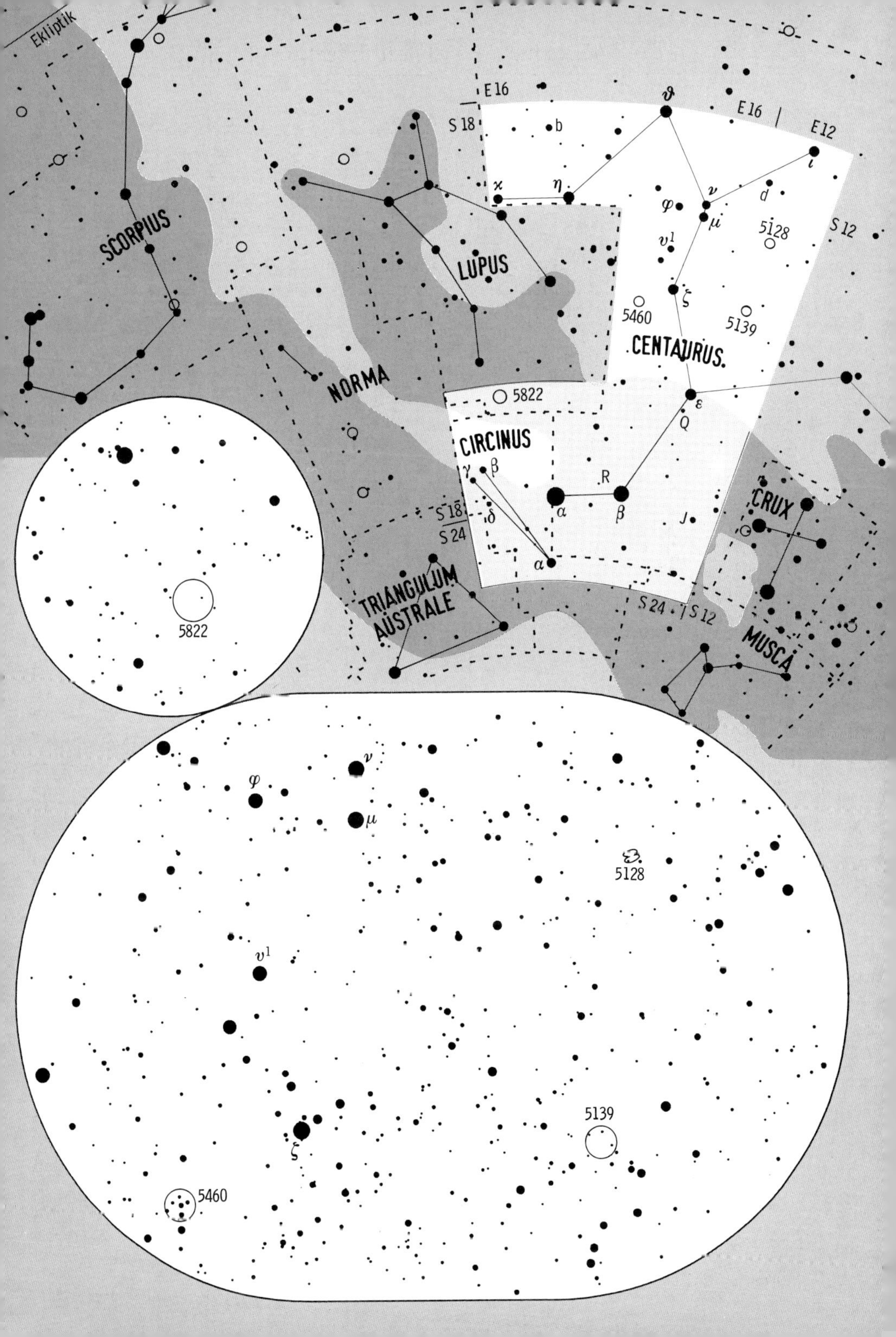

Ekliptik
SCORPIUS
LUPUS
NORMA
CENTAURUS
CIRCINUS
TRIANGULUM AUSTRALE
CRUX
MUSCA
E16
E12
S18
S12
S24
5128
5460
5139
5822

NEBEL	Bild	Ort	v-Helligk.		Größe	Form	Typ	Kl.	Entf.	Rekt.	Dekl.
5986 ..	Lup		$7\frac{1}{2}^{m}$	$11^{m}/\square'$	5′	O VII	**KS**		35 000Lj	$15^{h}46^{m}.1$	$-37^{\circ}.79$
6067 ..	Nor		6	11	15	O r	**OS**		6 000	16 13.2	−54.22
6087 ..	Nor		6	11	15	O p	**OS**		3 000	16 18.9	−57.90
6397 ..	Ara		6	12	20	O IX	**KS**		7 000	17 40.7	−53.67

5986 .. Gleichmäßig runder Nebel, Randpartien auflösbar im Teleskop.
6067 .. Hellerer Sternhaufen, sehr reiche Sternenzahl im Teleskop.
6087 .. Schön aufgelöst im Fernglas, mit Teleskop schwach vergrößern!
6397 .. Dreiecksförmig im Fernglas, gut aufgelöst im Teleskop, Sternenketten.

STERN		Ort	V-Helligk.		B–V	Te.	Abs.	Name	Entf.	Rekt.	Dekl.
ι	Lup		$3^{m}.5$		$-^{m}.2$		-2^{M}	....	330Lj	$14^{h}19^{m}.4$	$-46^{\circ}.06$
α	Lup		2.3		−.2		−4	....	500	14 41.9	−47.39
β	Lup		2.7		−.2		−3	....	500	14 58.5	−43.13
π	Lup		3.9	⁑	−.1		−2	....	500	15 05.1	−47.05
κ	Lup		3.7	⁑	0.0		0	....	185	15 11.9	−48.74
ζ	Lup		3.4	⁑	0.9		1	....	115	15 12.3	−52.10
μ	Lup		4.1	⁑	0.0		−1	(siehe unten)	270	15 18.5	−47.88
δ	Lup		3.2		−.2		−3	....	600	15 21.4	−40.65
φ^{1}	Lup		3.6		1.5		−1	....	310	15 21.8	−36.26
ε	Lup		3.4		−.2		−3	....	500	15 22.7	−44.69
γ	Lup		2.8		−.2		−4	....	600	15 35.1	−41.17
d	Lup		4.5	⁑	−.2		−1	....	450	15 35.9	−44.96
η	Lup		3.4	⁑	−.2		−3	....	500	16 00.1	−38.40
γ^{2}	Nor		4.0		1.1		1	....	128	16 19.8	−50.16
ε	Nor		4.4	⁑	−.1		−1	....	440	16 27.2	−47.55
η	Ara		3.8		1.6		−1	....	310	16 49.8	−59.04
ζ	Ara		3.1		1.6		−3	....	550	16 58.6	−55.99
ε^{1}	Ara		4.1		1.4		−1	....	300	16 59.6	−53.16
β	Ara		2.8		1.5		−3	} Dist. 51′	550	17 25.3	−55.53
γ	Ara		3.3		−.1		−5	....	1 200	17 25.4	−56.38
δ	Ara		3.6		−.1		0	....	185	17 31.1	−60.68
α	Ara		2.9		−.1		−1	....	240	17 31.8	−49.88
ϑ	Ara		3.7		−.1		−4	....	1 200	18 06.6	−50.09

DOPPELSTERN			V-Helligk.		B–V		Te.	Dist.	∀	Kl.
π	Lup		$4^{m}.6$	$4^{m}.7$	$-^{m}.1$	$-^{m}.1$		1″.7		
κ	Lup		3.9	5.7	0.0	0.2		26.4		
ζ	Lup		3.4	6.7	0.9	0.5		71.7		
μ	Lup		4.2⁑	7.0	−.1	0.5		240.5		
			4.3⁑	6.8	−.1	0.1		23.2		
			5.0	5.1	−.1	−.1		1.0		
d	Lup		4.7	6.7	−.2	−.1		2.1		
η	Lup		3.4	7.8	−.2	0.3		15.0		
ε	Nor		4.5	7.2	−.1	0.0		22.8		

Bemerkung zu μ Lupi

Er ist ein sehr interessanter Mehrfachstern. Er zeigt sich als Doppelstern ($4^{m}.2$, $7^{m}.0$) im Sucher und Fernglas, Dreifachstern ($4^{m}.3$, $6^{m}.8$, $7^{m}.0$) im Leitrohr und Vierfachstern ($5^{m}.0$, $5^{m}.1$, $6^{m}.8$, $7^{m}.0$) im Teleskop.

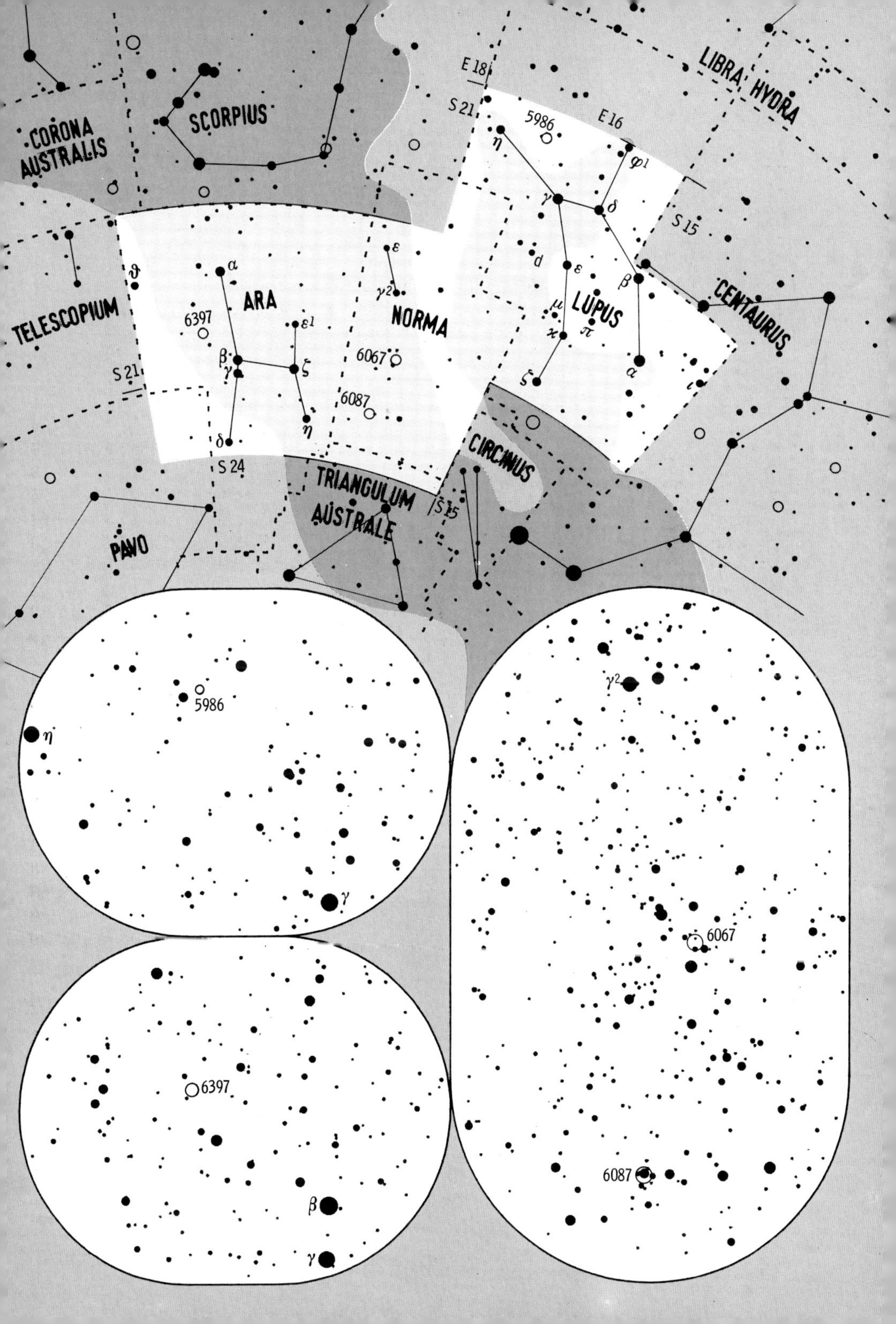
CORONA AUSTRALIS
SCORPIUS
LIBRA
HYDRA
E 18
S 21
E 16
5986
S 15
TELESCOPIUM
ARA
NORMA
LUPUS
CENTAURUS
6397
6067
6087
S 21
S 24
CIRCINUS
TRIANGULUM AUSTRALE
S 15
PAVO
5986
6397
6067
6087

NEBEL	Bild	Ort	v-Helligk.		Größe	Form	Typ	Kl.	Entf.	Rekt.	Dekl.
6124 ..	Sco		6^m	$12^m_{\square'}$	$25'$	O r	**OS**		2000Lj	$16^h25^m.6$	$-40^\circ.67$
6231 ..	Sco		3½	9	15	O p n	**OS**		5000	16 54.0	−41.80
6388 ..	Sco		7	10	4	O III	**KS**		40000	17 36.3	−44.73
6541 ..	CrA		6½	10	7	O III	**KS**		22000	18 08.0	−43.71
6723 ..	Sgr		7½	11	6	O VII	**KS**		30000	18 59.6	−36.63

6124 .. Im Fernglas teilweise aufgelöst, aber schwache Sterne noch neblig.
6231 .. Einer der hellsten Sternhaufen, deutlich mit freiem Auge; nur wenige, aber dafür sehr helle Sterne im Fernglas, einige schwächere im Teleskop.
6388 .. Einfach als Nebel sichtbar, auffallend helles Zentrum, nicht auflösbar.
6541 .. Länglich im Fernglas, teilweise aufgelöst im Teleskop, asymmetrisch.
6723 .. Ovaler Nebel im Fernglas, aufgelöst im Teleskop, kaum erkennbarer Kern, 30′ südöstlich ist lichtschwacher Reflexionsnebel NGC 6726, 6727.

STERN		Ort	V-Helligk.		B−V	Te.	Abs.	Name	Entf.	Rekt.	Dekl.
μ^1	Sco		• $2^m.9$–$3^m.2$		$-^m.1$		-3^M	} Dist. 5′.8 ••	550Lj	$16^h51^m.9$	$-38^\circ.05$
μ^2	Sco		• 3.6		−.2		−3	}	550	16 52.3	−38.02
ζ^2	Sco		• 3.6		1.4		0	....	150	16 54.6	−42.36
η	Sco		• 3.3		0.4		2	....	71	17 12.2	−43.24
34 υ	Sco		• 2.7		−.2		−4	.. Lesath ..	600	17 30.8	−37.30
35 λ	Sco		• 1.6		−.2		−5	.. Shaula ..	600	17 33.6	−37.10
ϑ	Sco		• 1.9		0.4		−3	.. Sargas ..	270	17 37.3	−43.00
κ	Sco		• 2.4		−.2		−3	....	450	17 42.5	−39.03
ι^1	Sco		• 3.0		0.5		−6	....	2000	17 47.6	−40.13
G	Sco		• 3.2		1.2		0	....	127	17 49.9	−37.04
η	Sgr		• 3.1	⁑	1.6		0	....	150	18 17.6	−36.76
α	Tel		• 3.5		−.2		−1	....	260	18 27.0	−45.97
ζ	Tel		• 4.1		1.0		1	....	130	18 28.8	−49.07
κ	CrA		• 5.2	⁑	0.0		−2	....	800	18 33.4	−38.72
ε	CrA		• 4.7–5.0		0.4		2	....	97	18 58.7	−37.11
ζ	CrA		• 4.7		0.0		1	....	180	19 03.1	−42.10
γ	CrA		• 4.2	⁑	0.5		3	....	58	19 06.4	−37.06
δ	CrA		• 4.6		1.1		1	....	175	19 08.3	−40.50
α	CrA		• 4.1		0.0		1	....	130	19 09.5	−37.90
β	CrA		• 4.1		1.2		−2	....	500	19 10.0	−39.34
β^1	Sgr		• 3.9	⁑	−.1		−1	....	380	19 22.6	−44.46
α	Sgr		• 4.0		−.1		0	....	175	19 23.9	−40.62

DOPPELSTERN			V-Helligk.		B−V		Te.	Dist.	∀	Kl.
η	Sgr		• $3^m.1$	$7^m.8$	$1^m.6$	$0^m.8$		$3''.6$	••	
κ	CrA		· 5.6	6.3	−.1	0.0		21.4	:	
γ	CrA		• 4.9	5.1	0.5	0.5	’0	1.3	••	
							2007	1.3	:	
							2015	1.4	:	
β^1	Sgr		• 4.0	7.1	−.1	0.3		28.3	••	

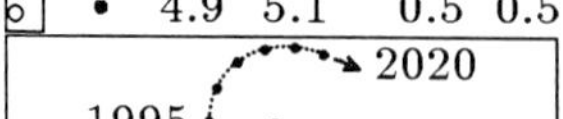

VERÄNDERLICHER

μ^1 Sco •
Per. 1.44627 d
Min. 2451000.70

ε CrA ·
Per. 0.591436 d
Min. 2451000.54

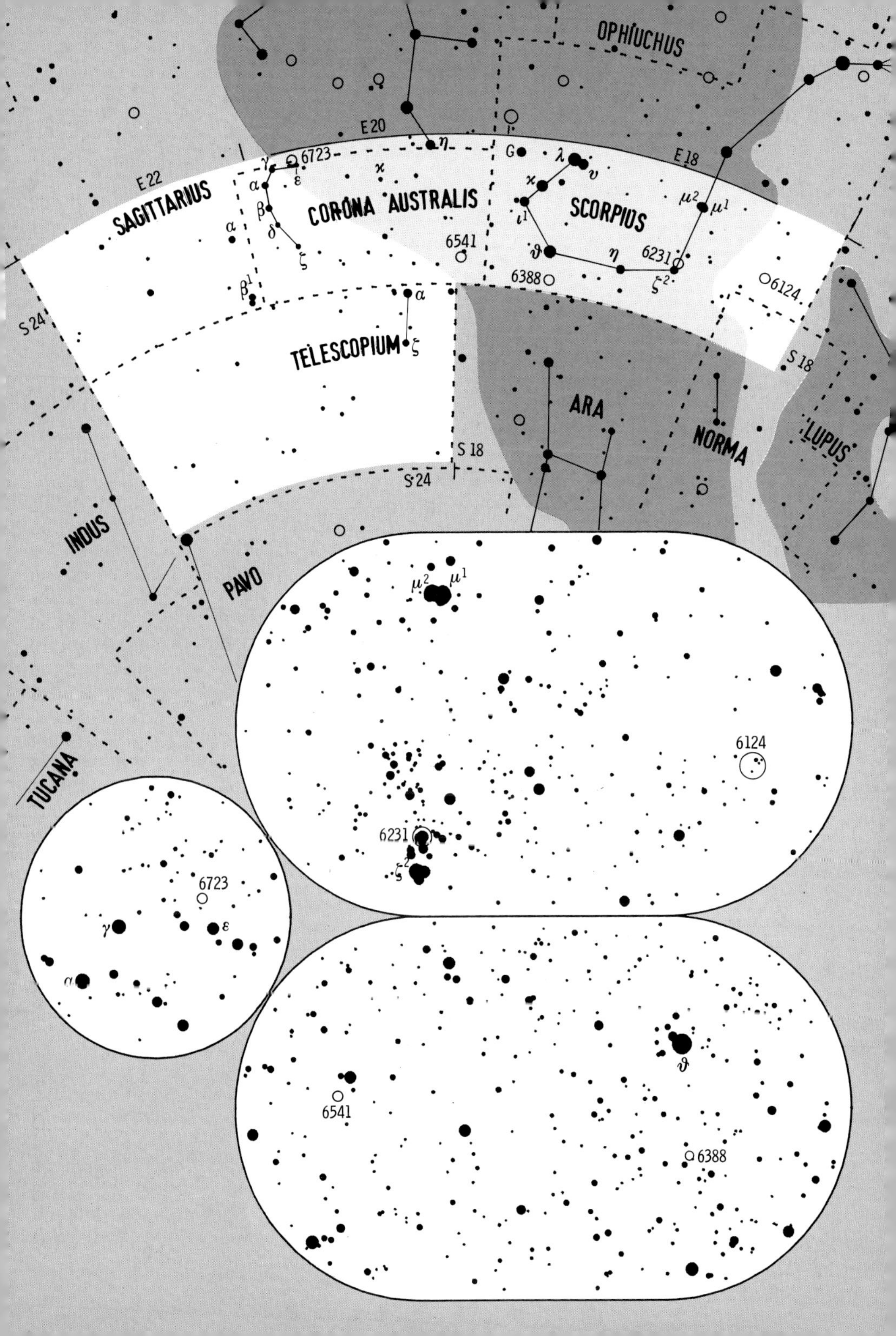
OPHIUCHUS
E 20
E 18
E 22
SAGITTARIUS
CORONA AUSTRALIS
SCORPIUS
6723
6541
6388
6231
6124
TELESCOPIUM
ARA
NORMA
LUPUS
S 18
S 24
INDUS
PAVO
TUCANA

NEBEL	Bild	Ort	v-Helligk.	Größe	Form	Typ	Kl.	Entf.	Rekt.	Dekl.
6752 ..	Pav		$5\frac{1}{2}^m$ $11^m_{□'}$	15′	○ VI	**KS**		13000Lj	$19^h10^m.9$	−59°.98

6752 .. Vierthellster Kugelsternhaufen, eventuell schon mit freiem Auge sichtbar, heller Nebel im Fernglas, wunderbar aufgelöst im Teleskop, interessante Struktur, deutliche radiale Sternenketten, spinnenähnlich.

STERN		Ort	V-Helligk.		B–V	Te.	Abs.	Name	Entf.	Rekt.	Dekl.
δ	Oct		$4^m.3$		$1^m.3$		0^M		280Lj	$14^h26^m.9$	−83°.67
α	Aps		3.8		1.4		−2		410	14 47.9	−79.04
γ	TrA		2.9		0.0		−1		185	15 18.9	−68.68
ε	TrA		4.1		1.2		0		215	15 36.7	−66.32
β	TrA		2.8		0.3		2		40	15 55.1	−63.43
δ	TrA		3.9		1.1		−3		600	16 15.4	−63.69
δ	Aps		4.2	⁑	1.6		−3	} Dist. 40′	700	16 20.4	−78.69
γ	Aps		3.9		0.9		0		155	16 33.5	−78.90
β	Aps		4.2		1.0		1		155	16 43.1	−77.52
α	TrA		1.9		1.4		−4		420	16 48.7	−69.03
η	Pav		3.6		1.2		−2		380	17 45.7	−64.72
ζ	Pav		4.0		1.1		0		210	18 43.0	−71.43
λ	Pav		4.2		−.1		−4		1500	18 52.2	−62.19
κ	Pav		3.9–4.8		0.6		−2		550	18 56.9	−67.23
ε	Pav		4.0		0.0		1		106	20 00.6	−72.91
δ	Pav		3.6		0.8		5		19.9	20 08.7	−66.18
α	Pav		1.9		−.1		−2	Peacock	185	20 25.6	−56.74
α	Ind		3.1		1.0		1		102	20 37.6	−47.29
β	Pav		3.4		0.2		0		140	20 45.0	−66.20
β	Ind		3.7		1.2		−3		600	20 54.8	−58.45
ϑ	Ind		4.4	⁑	0.2		2		97	21 19.9	−53.45
ν	Oct		3.7		1.0		2		72	21 41.5	−77.39
γ	Gru		3.0		−.1		−1		200	21 53.9	−37.37
α	Gru		1.7		−.1		−1	Alnair	100	22 08.2	−46.96
α	Tuc		2.9		1.4		−1		200	22 18.5	−60.26
π	Gru		5.2	⁑	0.7		0		133,500	22 23.0	−45.93
$δ^1$	Gru		4.0		1.0		−1	} Dist. 16′.1	340	22 29.3	−43.50
$δ^2$	Gru		4.1		1.6		−1		340	22 29.8	−43.75
β	Gru		2.1		1.6		−2		170	22 42.7	−46.88
β	Oct		4.1		0.2		1		142	22 46.1	−81.38
ε	Gru		3.5		0.1		0		130	22 48.6	−51.32
ι	Gru		3.9		1.0		0		190	23 10.4	−45.25
γ	Tuc		4.0		0.4		2		72	23 17.4	−58.24

DOPPELSTERN			V-Helligk.		B–V		Te.	Dist.	∀	Kl.
δ	Aps		$4^m.7$	$5^m.3$	$1^m.7$	$1^m.4$		103″.3		
ϑ	Ind		4.5	6.9	0.2	0.6		7.0		
π	Gru		5.6	6.3	0.4	2.2		258		

VERÄNDERLICHER

κ Pav

Per. 9.095 d

Max. 2451003

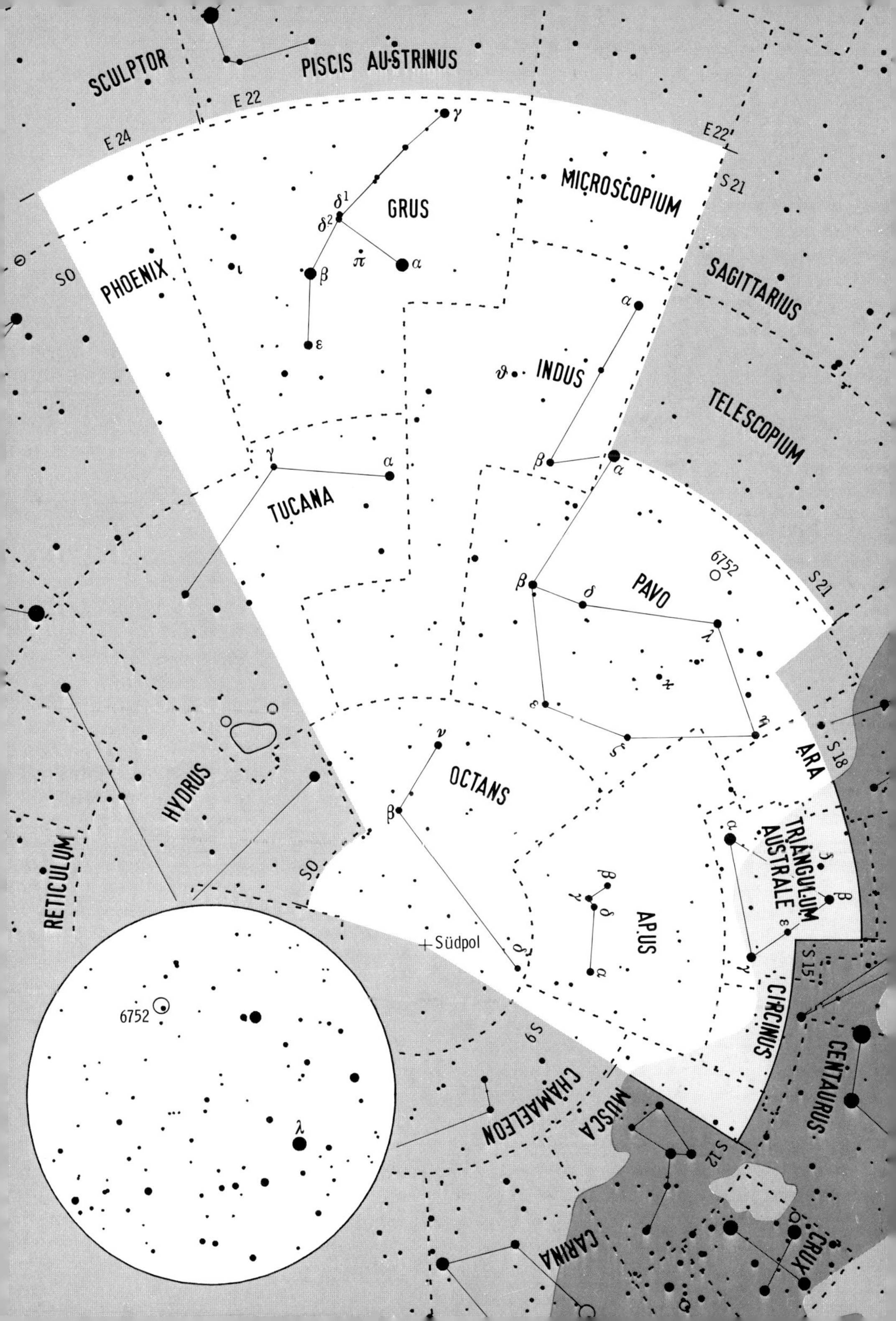
SCULPTOR
PISCIS AUSTRINUS
E 22
E 24
E 22
GRUS
MICROSCOPIUM
S 21
PHOENIX
SO
SAGITTARIUS
INDUS
TELESCOPIUM
TUCANA
PAVO
6752
S 21
HYDRUS
OCTANS
ARA
S 18
RETICULUM
TRIANGULUM AUSTRALE
APUS
SO
Südpol
S 15
CIRCINUS
S 9
CENTAURUS
CHAMAELEON
MUSCA
S 12
CARINA
CRUX
6752

Verzeichnisse

Hellste Sterne		Name	V-Helligk.	B–V	Te.	Abs.	Entf.	Karte
		Sonne	$-26\overset{\text{m}}{.}74$	$0\overset{\text{m}}{.}66$	↓	$4\overset{\text{M}}{.}8$	8L-Min.	
Alpha	Canis Majoris	Sirius	−1.46	0.01	│	1.4	8.6Lj	E6
Alpha	Carinae . . .	Canopus . .	−0.71	0.16	│	−5.6	310	S3
Alpha	Centauri . . .	Toliman[1] . .	−0.28 ⁑	0.73	↓	4.1	4.40	S15
Alpha	Bootis	Arcturus . .	−0.05	1.23	↓	−0.3	36.5	E15
Alpha	Lyrae	Vega, Wega	0.03	0.00	│	0.6	25.3	N18
Alpha	Aurigae . . .	Capella . . .	0.07	0.80	↓	−0.5	42	N6
Beta	Orionis	Rigel	0.14 ⁑	−0.03	│	−6.9	800	E4
Alpha	Canis Minoris	Prokyon . .	0.39	0.42	↓	2.7	11.4	E9
Alpha	Eridani	Achernar . .	0.45	−0.16	│	−2.8	143	S0
Alpha	Orionis	Beteigeuze[2]	0.3–0.9	1.84	↓	−4.9	350	E5
Beta	Centauri . . .	Hadar, Agena	0.61	−0.24	│	−5.5	520	S15
Alpha	Crucis	Acrux . . .	0.75 ⁑	−0.24	│	−4.4	340	S12
Alpha	Aquilae	Atair, Altair	0.77	0.22	│	2.2	16.7	E21
Alpha	Tauri	Aldebaran .	0.87	1.54	↓	−0.7	66	E3
Alpha	Virginis . . .	Spica	0.98	−0.23	│	−3.5	260	E16
Alpha	Scorpii	Antares . .	0.9–1.1⁑	1.84	↓	−4.8	450	E18
Beta	Geminorum .	Pollux . . .	1.14	1.00	↓	1.1	33.5	E7
Alpha	Piscis Austrini	Fomalhaut .	1.16	0.12	│	1.7	25.2	E22
Beta	Crucis	Mimosa . .	1.25	−0.24	│	−3.9	340	S12
Alpha	Cygni	Deneb . . .	1.25	0.09	│	−7.7	2000	N20
Alpha	Leonis	Regulus . .	1.36 ⁑	−0.10	│	−0.5	77	E11
Epsilon	Canis Majoris	Adhara . . .	1.50	−0.21	│	−4.1	430	E6
Alpha	Geminorum .	Castor . . .	1.58 ⁑	0.03	│	0.6	52	E7

[1] auch Rigil Kentaurus genannt [2] auch Betelgeuse genannt

Meteorstrom	Beginn	Max.	Ende	Zeit	Zahl	Radiant		Geschw.	Ursprungs-Komet
Quadrantiden	Jan 2	Jan 3	Jan 4	0–7^{h}	40/h	15^{h}20^{m}	+50°	45 $\frac{km}{s}$	planetar
Lyriden	Apr 15	Apr 22	Apr 24	21–4	10	18 10	+35	50	1861 I
η Aquariden	Mai 1	Mai 5	Mai 10	3–4	15	22 30	0	65	Halley
δ Aquariden	Jul 24	Jul 31	Aug 10	0–3	15	23 00	−15	30	ekliptikal
Perseiden	Jul 28	Aug 11	Aug 20	21–4	80	3 00	+58	60	Swift-Tuttle
Orioniden	Okt 15	Okt 20	Okt 25	23–6	15	6 20	+15	65	Halley
Tauriden	Okt 20	Nov 10	Nov 30	19–6	10	3 50	+20	30	Encke
Leoniden	Nov 15	Nov 17	Nov 19	1–6	10	10 10	+20	70	Tempel-Tuttle
Geminiden	Dez 8	Dez 13	Dez 15	19–7	50	7 30	+30	35	ekliptikal
Ursiden	Dez 20	Dez 22	Dez 23	18–7	10	14 30	+75	35	Tuttle?

Zeit: Beobachtungszeitraum für mittlere nördliche Breiten.
Zahl: Meteorhäufigkeit im Maximum und für Radiant im Zenit.

Mittel- und Extremwerte

Parameter	Kategorie	mittl. W.		Extremwert	Objekt	Karte
Entfernung	Nebel	9 000 Lj	gr.	2.5 Mrd. Lj	Quasar 3 C 273	E14
	Galaxien	40 Mio. Lj	gr.	90 Mio. Lj	NGC 5746	E15
			kl.	180 000 Lj	Gr. Magellansche W.	S3
	Kugelsternhaufen	30 000 Lj	gr.	80 000 Lj	M 54, NGC 6715	E20
			kl.	7 000 Lj	M 4, NGC 6121	E18
	Offene Sternhaufen	3 000 Lj	gr.	12 000 Lj	NGC 2324	E9
			kl.	150 Lj	Hyaden	E3
	Gasnebel	3 000 Lj	gr.	180 000 Lj	Tarantelnebel	S3
			kl.	1 200 Lj	M 78, NGC 2068	E5
	Planetarische Nebel	3 000 Lj	gr.	6 000 Lj	NGC 6818	E22
			kl.	500 Lj	Helixnebel	E24
	Sterne	240 Lj	gr.	6 000 Lj	ϱ Cassiopeiae	N22
			kl.	4.40 Lj	Toliman, α Centauri	S15
Wahre Größe	Nebel	45 Lj	kl.	0.1 Lj	NGC 6572	E19
	Galaxien	70 000 Lj	gr.	250 000 Lj	NGC 4565	E13
	Kugelsternhaufen	60 Lj	gr.	140 Lj	ω Centauri	S15
	Offene Sternhaufen	18 Lj	gr.	60 Lj	h und χ im Perseus	N2
	Gasnebel	25 Lj	gr.	1 300 Lj	Tarantelnebel	S3
	Plantarische Nebel	0.6 Lj	gr.	3 Lj	NGC 1360	E2
	Doppelstern-Distanzen	2 Licht-Tage	gr.	5 Lj	o Centauri	S12
			kl.	40 Licht-Min.	Porrima, Jahr 2006	E12
	Sterne	7 Mio. km	gr.	2 Mrd. km	μ Cephei	N22
			kl.	20 000 km	o^2 Eridani Begleiter	E2
Scheinbare Größe	Nebel	$10'$	gr.	$420' = 7^\circ$	Gr. Magellansche W.	S3
Helligkeit	Nebel	8^m	gr.	0^m	Gr. Magellansche W.	S3
Leuchtkraft	Nebel	40 000 ☉	gr.	4 Bill. ☉	Quasar 3 C 273	E14
	Galaxien	22 Mrd. ☉	gr.	120 Mrd. ☉	M 49, NGC 4472	E14
	Kugelsternhaufen	80 000 ☉	gr.	700 000 ☉	ω Centauri	S15
	Offene Sternhaufen	3 500 ☉	gr.	140 000 ☉	h und χ im Perseus	N2
	Gasnebel	1 000 ☉	gr.	50 Mio. ☉	Tarantelnebel	S3
	Planetarische Nebel	180 ☉	gr.	800 ☉	NGC 7662	N24
	Sterne ☉ = Sonnen	$0^M.2$ 70 ☉	gr.	100 000 ☉	Deneb, α Cyg $-7^M.7$	N20
			kl.	0.000 4 ☉	Barnards Stern $13^M.2$	E17
Farbe	**B–V**	weiß $0^m.4$ ↓	gr.	rot $3^m.4$	R Leporis	E4
			kl.	blau $-0^m.26$	ζ Puppis	S6
Farbkontrast		$0^m.4$, $0^m.2$ ↓↓	gr.	$1^m.9$, $0^m.0$	Antares, α Scorpii	E18
Rotation	**2000–2015**	1°	gr.	242°	Porrima, γ Virginis	E12
Distanz–Änderung	"	$0''.1$	gr.	$10''.0$	Toliman, α Centauri	S15
Eigenbewegung/Jahr		$0''.05$	gr.	$10''.4$	Barnards Pfeilstern	E17
Periode	Veränderliche	90 Tage	gr.	27 Jahre	ε Aurigae	N6
			kl.	2 Min.	Suhail Al Muhlif	S6
Amplitude	Veränderliche	$0^m.6$	gr.	7^m	R Serpentis 6^m–13^m	E16

Vermerkt sind mittlerer Wert (Median) und kleinster/größter Wert im Katalog.

Kalendarium 1998–2007

Jahr:	98		99		00		01		02		03		04		05		06		07	
Mond	Ne	Vo	Ne	Vo	Ne	Vo	Ne	Vo	Ne	Vo	Ne	Vo	Ne	Vo	Ne	Vo	Ne	Vo	Ne	Vo
Januar	28	12	17	2/31	6	21	24	9	13	28	2	18	21	7	10	25	29	14	19	3
Februar	26	11	16	-	5	19	23	8	12	27	1	16	20	6	8	24	28	13	17	2
März	28	13	17	2/31	6	20	25	9	14	28	3	18	20	6	10	25	29	14	19	3
April	26	11	16	30	4	18	23	8	12	27	1	16	19	5	8	24	27	13	17	2
Mai	25	11	15	30	4	18	23	7	12	26	1/31	16	19	4	8	23	27	13	16	2
Juni	24	10	13	28	2	16	21	6	10	24	29	14	17	3	6	22	25	11	15	1/30
Juli	23	9	13	28	1/31	16	20	5	10	24	29	13	17	2/31	6	21	25	11	14	30
August	22	8	11	26	29	15	19	4	8	22	27	12	16	30	5	19	23	9	12	28
September	20	6	9	25	27	13	17	2	7	21	26	10	14	28	3	18	22	7	11	26
Oktober	20	5	9	24	27	13	16	2	6	21	25	10	14	28	3	17	22	7	11	26
November	19	4	8	23	25	11	15	1/30	4	20	23	9	12	26	2	16	20	5	9	24
Dezember	18	3	7	22	25	11	14	30	4	19	23	8	12	26	1/31	15	20	5	9	24

Jahr:	98	99	00	01	02	03	04	05	06	07
Merkur Ost	-	Mrz 3	Feb 15	Jan 28	Jan 11	-	-	Mrz 12	Feb 24	Feb 7
• West	Jan 6	Apr 16	Mrz 28	Mrz 11	Feb 21	Feb 4	Jan 17	Apr 26	Apr 8	Mrz 22
• Ost	Mrz 20	Jun 28	Jun 9	Mai 22	Mai 4	Apr 16	Mrz 29	Jul 9	Jun 20	Jun 2
• West	Mai 4	Aug 14	Jul 27	Jul 9	Jun 21	Jun 3	Mai 14	Aug 23	Aug 7	Jul 20
• Ost	Jul 17	Okt 24	Okt 6	Sep 18	Sep 1	Aug 14	Jul 27	Nov 3	Okt 17	Sep 29
• West	Aug 31	Dez 3	Nov 15	Okt 29	Okt 13	Sep 27	Sep 9	Dez 12	Nov 25	Nov 8
• Ost	Nov 11	-	-	-	Dez 26	Dez 9	Nov 21	-	-	-
• West	Dez 20	-	-	-	-	-	Dez 29	-	-	-
Venus Ost	-	Jun 11	-	Jan 17	Aug 22	-	Mrz 29	Nov 3	-	Jun 9
u.K.	Jan 16	Aug 20	-	Mrz 30	Okt 31	-	Jun 8	-	Jan 13	Aug 18
West	Mrz 27	Okt 30	-	Jun 8	-	Jan 11	Aug 17	-	Mrz 25	Okt 28
o.K.	Okt 30	-	Jun 11	-	Jan 14	Aug 18	-	Mrz 31	Okt 27	-
Mars Op.	-	Apr 24	-	Jun 13	-	Aug 28	-	Nov 7	-	Dez 24
Sternbild	-	Vir	-	Oph	-	Aqr	-	Ari	-	Gem
Jupiter Op.	Sep 16	Okt 23	Nov 28	-	Jan 1	Feb 2	Mrz 4	Apr 3	Mai 4	Jun 6
Sternbild	Aqr	Psc	Tau	-	Gem	Cnc	Leo	Vir	Lib	Oph
Saturn Op.	Okt 23	Nov 6	Nov 19	Dez 3	Dez 17	Dez 31	-	Jan 13	Jan 27	Feb 10
Sternbild	Psc	Ari	Tau	Tau	Tau	Gem	-	Gem	Cnc	Leo

1. Sonntag, J.D.	**2450/1**	**2451**	**2451**	**2451/2**	**2452**	**2452**	**2453**	**2453**	**2453/4**	**2454**
Januar	4 814	3 179	2 544	7 910	6 275	5 640	4 005	2 371	1 736	7 101
Februar	1 845	7 210	6 575	4 941	3 306	2 671	1 036	6 402	5 767	4 132
März	1 873	7 238	5 604	4 969	3 334	2 699	7 065	6 430	5 795	4 160
April	5 904	4 269	2 635	1 000	7 365	6 730	4 096	3 461	2 826	1 191
Mai	3 934	2 299	7 665	6 030	5 395	4 760	2 126	1 491	7 856	6 221
Juni	7 965	6 330	4 696	3 061	2 426	1 791	6 157	5 522	4 887	3 252
Juli	5 995	4 360	2 726	1 091	7 456	6 821	4 187	3 552	2 917	1 282
August	2 026	1 391	6 757	5 122	4 487	3 852	1 218	7 583	6 948	5 313
September	6 057	5 422	3 788	2 153	1 518	7 883	5 249	4 614	3 979	2 344
Oktober	4 087	3 452	1 818	7 183	6 548	5 913	3 279	2 644	1 009	7 374
November	1 118	7 483	5 849	4 214	3 579	2 944	7 310	6 675	5 040	4 405
Dezember	6 148	5 513	3 879	2 244	1 609	7 974	5 340	4 705	3 070	2 435

Neumond, Vollmond: unterstrichen sind Sonnen-, Mondfinsternisse, totale F.
Merkur, Venus: größte östl./westliche Elongation, untere/obere Konjunktion.
Mars, Jupiter, Saturn: Oppositionsdatum, Position und Planetenscheibchen.

Kalendarium 2008–2017

Jahr:	08	09	10	11	12	13	14	15	16	17
Mond	Ne Vo	Ne Vo	Ne Vo	Ne Vo	Ne Vo	Ne Vo	Ne Vo	Ne Vo	Ne Vo	Ne Vo
Januar	8 22	26 11	15 30	4 19	23 9	11 27	1/30 16	20 5	10 24	28 12
Februar	7 21	25 9	14 28	3 18	21 7	10 25	- 14	18 3	8 22	26 11
März	7 21	26 11	15 30	4 19	22 8	11 27	1/30 16	20 5	9 23	28 12
April	6 20	25 9	14 28	3 18	21 6	10 25	29 15	18 4	7 22	26 11
Mai	5 20	24 9	14 27	3 17	20 6	10 25	28 14	18 4	6 21	25 10
Juni	3 18	22 7	12 26	1 15	19 4	8 23	27 13	16 2	5 20	24 9
Juli	3 18	22 7	11 26	1/30 15	19 3	8 22	26 12	16 2/31	4 19	23 9
August	1/30 16	20 6	10 24	29 13	17 2/31	6 21	25 10	14 29	2 18	21 7
September	29 15	18 4	8 23	27 12	16 30	5 19	24 9	13 28	1 16	20 6
Oktober	28 14	18 4	7 23	26 12	15 29	5 18	23 8	13 27	1/30 16	19 5
November	27 13	16 2	6 21	25 10	13 28	3 17	22 6	11 25	29 14	18 4
Dezember	27 12	16 2/31	5 21	24 10	13 28	3 17	22 6	11 25	29 14	18 3

Jahr:	08	09	10	11	12	13	14	15	16	17
Merkur Ost	Jan 22	Jan 4	-	-	Mrz 5	Feb 16	Jan 31	Jan 14	-	-
West	Mrz 3	Feb 13	Jan 27	Jan 9	Apr 18	Mrz 31	Mrz 14	Feb 24	Feb 7	Jan 19
Ost	Mai 14	Apr 26	Apr 8	Mrz 23	Jul 1	Jun 12	Mai 25	Mai 7	Apr 18	Apr 1
West	Jul 1	Jun 13	Mai 26	Mai 7	Aug 16	Jul 30	Jul 12	Jun 24	Jun 5	Mai 17
Ost	Sep 11	Aug 24	Aug 7	Jul 20	Okt 26	Okt 9	Sep 21	Sep 4	Aug 16	Jul 30
West	Okt 22	Okt 6	Sep 19	Sep 3	Dez 4	Nov 18	Nov 1	Okt 16	Sep 28	Sep 12
Ost	-	Dez 18	Dez 1	Nov 14	-	-	-	Dez 29	Dez 11	Nov 24
West	-	-	-	Dez 23	-	-	-	-	-	-
Venus Ost	-	Jan 14	Aug 20	-	Mrz 27	Nov 1	-	Jun 6	-	Jan 12
u.K.	-	Mrz 27	Okt 29	-	Jun 6	-	Jan 11	Aug 15	-	Mrz 25
West	-	Jun 5	-	Jan 8	Aug 15	-	Mrz 22	Okt 26	-	Jun 3
o.K.	Jun 9	-	Jan 11	Aug 16	-	Mrz 28	Okt 25	-	Jun 6	-
Mars Op.	-	-	Jan 29	-	Mrz 3	-	Apr 8	-	Mai 22	-
Sternbild	-	-	Cnc ○	-	Leo ○	-	Vir ○	-	Sco ○	-
Jupiter Op.	Jul 9	Aug 14	Sep 21	Okt 29	Dez 3	-	Jan 5	Feb 6	Mrz 8	Apr 7
Sternbild	Sgr ○	Cap ○	Psc ○	Ari ○	Tau ○	-	Gem ○	Cnc ○	Leo ○	Vir ○
Saturn Op.	Feb 24	Mrz 8	Mrz 22	Apr 3	Apr 15	Apr 28	Mai 10	Mai 23	Jun 3	Jun 15
Sternbild	Leo	Leo	Vir	Vir	Vir	Lib	Lib	Lib	Oph	Oph

1. Sonntag, J.D.	**2454**	**2454/5**	**2455**	**2455**	**2455/6**	**2456**	**2456**	**2457**	**2457**	**2457/8**
Januar	6 466	4 832	3 197	2 562	1 927	6 293	5 658	4 023	3 388	1 754
Februar	3 497	1 863	7 228	6 593	5 958	3 324	2 689	1 054	7 419	5 785
März	2 526	1 891	7 256	6 621	4 987	3 352	2 717	1 082	6 448	5 813
April	6 557	5 922	4 287	3 652	1 018	7 383	6 748	5 113	3 479	2 844
Mai	4 587	3 952	2 317	1 682	6 048	5 413	4 778	3 143	1 509	7 874
Juni	1 618	7 983	6 348	5 713	3 079	2 444	1 809	7 174	5 540	4 905
Juli	6 648	5 013	4 378	3 743	1 109	7 474	6 839	5 204	3 570	2 935
August	3 679	2 044	1 409	7 774	5 140	4 505	3 870	2 235	7 601	6 966
September	7 710	6 075	5 440	4 805	2 171	1 536	7 901	6 266	4 632	3 997
Oktober	5 740	4 105	3 470	2 835	7 201	6 566	5 931	4 296	2 662	1 027
November	2 771	1 136	7 501	6 866	4 232	3 597	2 962	1 327	6 693	5 058
Dezember	7 801	6 166	5 531	4 896	2 262	1 627	7 992	6 357	4 723	3 088

J.D.: **Julianisches Datum** = Tausender (Spaltenkopf) + Tabellenangabe + + Tag im Monat + (MEZ – 13^h) / 24^h Beispiel: 25. Dez. 2010, 2^h19^m: J.D. = 2455000 + 531 + 25 + ($2\frac{19}{60}$ – 13) / 24 = 2455555.555.

Nebelnummern

M = Messier, Karte

M	Karte	M	Karte
M 1	E3	M 56	N18
M 2	E24	M 57	N18
M 3	E15	M 58	E14
M 4	E18	M 59	E14
M 5	E15	M 60	E14
M 6	E18	M 61	E14
M 7	E18	M 62	E18
M 8	E20	M 63	N12
M 9	E17	M 64	E13
M 10	E17	M 65	E11
M 11	E19	M 66	E11
M 12	E17	M 67	E9
M 13	N14	M 68	E12
M 14	E17	M 69	E20
M 15	E23	M 70	E20
M 16	E20	M 71	E21
M 17	E20	M 72	E24
M 18	E20	M 73	E24
M 19	E18	M 74	E1
M 20	E20	M 75	E22
M 21	E20	M 76	N0
M 22	E20	M 77	E0
M 23	E20	M 78	E5
M 24	E20	M 79	E4
M 25	E20	M 80	E18
M 26	E19	M 81	N8
M 27	E21	M 82	N8
M 28	E20	M 83	E16
M 29	N20	M 84	E14
M 30	E22	M 85	E14
M 31	N0	M 86	E14
M 32	N0	M 87	E14
M 33	N0	M 88	E14
M 34	N4	M 89	E14
M 35	E7	M 90	E14
M 36	N6	M 91	E14
M 37	N6	M 92	N14
M 38	N6	M 93	E6
M 39	N24	M 94	N12
M 40	N10	M 95	E11
M 41	E6	M 96	E11
M 42	E4	M 97	N10
M 43	E4	M 98	E14
M 44	E9	M 99	E14
M 45	E3	M 100	E14
M 46	E8	M 101	N10
M 47	E8	M 102	N16
M 48	E10	M 103	N2
M 49	E14	M 104	E12
M 50	E8	M 105	E11
M 51	N12	M 106	N12
M 52	N22	M 107	E17
M 53	E13	M 108	N10
M 54	E20	M 109	N10
M 55	E22	M 110	N0

NGC = New General Catalogue, Kartennummer

NGC	Karte	NGC	Karte	NGC	Karte	NGC	Karte	NGC	Karte
55	S0	2068	E5	3242	E10	4736	N12	6543	N16
104	S0	2070	S3	3293	S9	4755	S12	6572	E19
205	N0	2099	N6	3351	E11	4762	E14	6611	E20
221	N0	2129	E7	3368	E11	4826	E13	6613	E20
224	N0	2168	E7	3372	S9	5024	E13	6618	E20
247	E0	2175	E7	3379	E11	5055	N12	6626	E20
253	E0	2237	E9	3384	E11	5128	S15	6633	E19
281	N2	2244	E9	3532	S9	5139	S15	6637	E20
288	E0	2261	E7	3556	N10	5194	N12	6656	E20
292	S0	2264	E7	3587	N10	5195	N12	6681	E20
362	S0	2281	N6	3623	E11	5236	E16	6694	E19
457	N2	2287	E6	3627	E11	5272	E15	6705	E19
559	N2	2301	E9	3628	E11	5457	N10	6712	E19
581	N2	2323	E8	3766	S12	5460	S15	6715	E20
598	N0	2324	E9	3992	N10	5746	E15	6720	N18
628	E1	2359	E8	4192	E14	5822	S15	6723	S21
650	N0	2360	E8	4216	E14	5866	N16	6752	S24
654	N2	2362	E6	4244	N12	5904	E15	6779	N18
663	N2	2392	E7	4254	E14	5907	N16	6809	E22
752	N0	2403	N8	4258	N12	5986	S18	6818	E22
869	N2	2422	E8	4303	E14	6067	S18	6822	E22
884	N2	2423	E8	4321	E14	6087	S18	6826	N18
891	N0	2437	E8	4361	E12	6093	E18	6838	E21
1023	N4	2438	E8	4374	E14	6121	E18	6853	E21
1039	N4	2447	E6	4382	E14	6124	S21	6864	E22
1068	E0	2451	S6	4406	E14	6171	E17	6913	N20
1245	N4	2477	S6	4449	N12	6205	N14	6939	N22
1291	S0	2516	S3	4472	E14	6210	E19	6940	N20
1316	S0	2539	E8	4486	E14	6218	E17	6946	N22
1360	E2	2546	S6	4490	N12	6231	S21	6960	N20
1365	S0	2547	S6	4494	E13	6254	E17	6981	E24
1491	N4	2548	E10	4501	E14	6266	E18	6992	N20
1528	N4	2632	E9	4526	E14	6273	E18	6994	E24
1535	E2	2682	E9	4548	E14	6333	E17	7000	N20
1647	E3	2683	N8	4552	E14	6341	N14	7009	E24
1788	E5	2808	S9	4559	E13	6369	E18	7027	N20
1851	S3	2841	N8	4565	E13	6388	S21	7078	E23
1904	E4	2903	E11	4569	E14	6397	S18	7089	E24
1912	N6	2976	N8	4579	E14	6402	E17	7092	N24
1931	N6	3031	N8	4590	E12	6405	E18	7099	E22
1952	E3	3034	N8	4594	E12	6475	E18	7209	N24
1960	N6	3077	N8	4621	E14	6494	E20	7243	N24
1973	E4	3114	S9	4631	E13	6503	N16	7293	E24
1976	E4	3115	E10	4649	E14	6514	E20	7331	E23
1981	E4	3132	S6	4656	E13	6523	E20	7654	N22
1982	E4	3184	N10	4697	E12	6531	E20	7662	N24
2024	E5	3201	S6	4725	E13	6541	S21	7789	N22

IC	Karte
IC 1396	N22
IC 2391	S6
IC 2602	S9
IC 4665	E17
IC 4725	E20
IC 4756	E19
IC 5067	N20

Name		Nummer	Karte
η Carinae Nebel	=	NGC 3372	S9
o Velorum Haufen	=	IC 2391	S6
ω Centauri	=	NGC 5139	S15
47 Tucanae	=	NGC 104	S0
Centaurus A	=	NGC 5128	S15
Fornax A	=	NGC 1316	S0
Virgo A	=	M 87	E14

Deutscher Nebelname	Englischer Nebelname	Nummer	Kl.	Karte
Adlernebel	Eagle Nebula	M 16		E20
Andromedanebel, Andromeda–Galaxie	Andromeda Galaxy	M 31		N0
Barnards Galaxie	Barnard's Galaxy	6822		E22
Blinkender Planetarischer Nebel	Blinking Planetary	6826		N18
Cirrusnebel, Schleiernebel	Cirrus, Veil Nebula	6960, 6992		N20
Coma Haufen (Sternhaufen)	Coma Cluster			E13
Doppel–Sternhaufen, h und χ im Perseus	Double Cluster	869, 884		N2
Eskimonebel	Eskimo Nebula	2392		E7
Eulennebel	Owl Nebula	M 97		N10
Fornax Haufen (Galaxienhaufen)	Fornax Cluster	1316, 1365		S0
Galaxie mit dem schwarzen Auge	Black Eye Galaxy	M 64		E13
Große Magellansche Wolke	Large Magellanic Cloud	LMC		S3
Hantelnebel	Dumbbell Nebula	M 27		E21
Helixnebel, Sonnenblumennebel	Helix Nebula	7293		E24
Hubbles Veränderlicher Nebel	Hubble's Variable Nebula	2261		E7
Hyaden	Hyades			E3
Jupiters Geist	Jupiter's Ghost	3242		E10
Kleine Magellansche Wolke	Small Magellanic Cloud	SMC		S0
Kleiner Hantelnebel	Little Dumbbell	M 76		N0
Kohlensack	Coalsack			S12
Krabbennebel	Crab Nebula	M 1		E3
Kugelsternhaufen im Herkules	Hercules Cluster	M 13		N14
Lagunennebel	Lagoon Nebula	M 8		E20
Makarians Galaxienkette	Makarian's Chain	M 86–M 88		E14
Nordamerikanebel	North America Nebula	7000		N20
Omeganebel, Schwanennebel	Omega, Swan Nebula	M 17		E20
Orionnebel	Orion Nebula	M 42		E4
Pelikannebel	Pelican Nebula	IC 5067		N20
Plejaden, Siebengestirn	Pleiades, Seven Sisters	M 45		E3
Praesepe, Bienenstock, Krippe	Praesepe, Beehive	M 44		E9
Quasar 3 C 273	Quasi–Stellar Object	3 C 273		E14
Ringnebel in der Leier	Ring Nebula	M 57		N18
Rosettennebel	Rosette Nebula	2237		E9
Saturnnebel	Saturn Nebula	7009		E24
Schmetterlingshaufen	Butterfly Cluster	M 6		E18
Schmuckkästchen, Kappa Crucis	Jewel Box, κ Crucis	4755		S12
Sculptor–Galaxie, Galaxie im Bildhauer	Sculptor Galaxy	253		E0
Sombrero–Galaxie	Sombrero Galaxy	M 104		E12
Spindel–Galaxie	Spindle Galaxy	3115		E10
Spiralrad–Galaxie	Pinwheel Galaxy	M 101		N10
Strudel–Galaxie	Whirlpool Galaxy	M 51		N12
Südliche Plejaden	Southern Pleiades	IC 2602		S9
Tarantelnebel	Tarantula Nebula	2070		S3
Triangulum–Galaxie, Galaxie im Dreieck	Triangulum Galaxy	M 33		N0
Trifidnebel	Trifid Nebula	M 20		E20
Virgo Haufen (Galaxienhaufen)	Virgo Cluster			E14
Weihnachtsbaum–Sternhaufen	Christmas Tree	2264		E7

Sternnamen A–I

Sternname	Bezeichng.		Hell.	Karte
Acamar	ϑ Eri	•	$2\overset{m}{.}9$ ⁑	S0
Achernar	α Eri	●	0.5	S0
Acrab	β Sco	•	2.4 ⁑	E18
Acrux	α Cru	●	0.7 ⁑	S12
Acubens	α Cnc	·	4.3	E9
Adhara	ε CMa	●	1.5 ⁑	E6
Agena	β Cen	●	0.6	S15
Alamak	γ And	•	2.1 ⁑	N0
Albireo	β Cyg	•	2.9 ⁑	N18
Alchiba	α Crv	·	4.0	E12
Alcor	80 UMa	·	4.0	N10
Alcyone	η Tau	•	2.8	E3
Aldebaran	α Tau	●	0.9	E3
Alderamin	α Cep	•	2.5	N22
Aldhafera	ζ Leo	•	3.4	E11
Alfirk	β Cep	•	3.2 ⁑	N22
Algenib	γ Peg	•	2.8	E1
Algieba	γ Leo	●	2.0 ⁑	E11
Algiedi	α Cap	•	3.1 ⁑	E22
Algol	β Per	•	2.1–3.4	N4
Algorab	δ Crv	•	2.9	E12
Alhena	γ Gem	●	1.9	E7
Alioth	ε UMa	●	1.8	N10
Alkaid	η UMa	●	1.9	N10
Alkalurops	μ Boo	·	4.2 ⁑	N14
Alkes	α Crt	·	4.1	E12
Alnair	α Gru	●	1.7	S24
Alnasl	γ Sgr	•	3.0	E20
Alnilam	ε Ori	●	1.7	E5
Alnitak	ζ Ori	●	1.7 ⁑	E5
Alphard	α Hya	●	2.0	E10
Alphekka	α CrB	●	2.2	E15
Alpheratz	α And	●	2.1	N0
Alschain	β Aql	·	3.7	E21
Altair	α Aql	●	0.8	E21
Altais	δ Dra	•	3.1	N16
Altarf	β Cnc	•	3.5	E9
Alterf	λ Leo	·	4.3	E11
Aludra	η CMa	•	2.4 ⁑	E6
Alula Australis	ξ UMa	·	3.8 ⁑	N12
Alula Borealis	ν UMa	·	3.5	N12
Alya	ϑ Ser	·	4.0 ⁑	E19
Ankaa	α Phe	•	2.4	S0
Antares	α Sco	●	0.9–1.1 ⁑	E18
Arcturus	α Boo	●	0.0	E15
Arneb	α Lep	•	2.6	E4
Asellus Australis	δ Cnc	·	3.9	E9
Asellus Borealis	γ Cnc	·	$4\overset{m}{.}7$	E9
Aspidiske	ξ Pup	•	3.2 ⁑	E6
Atair	α Aql	●	0.8	E21
Atik	o Per	•	3.8	N4
Atlas	27 Tau	•	3.6	E3
Avoir	ε Car	●	1.9	S3
Baham	ϑ Peg	•	3.5	E23
Barnards (Pfeil-)Stern		↑	9.5	E17
Baten Kaitos	ζ Cet	•	3.7	E0
Bellatrix	γ Ori	●	1.6	E5
Benetnasch	η UMa	●	1.9	N10
Beteigeuze	α Ori	●	0.3–0.9	E5
Betelgeuse	α Ori	●	0.3–0.9	E5
Canopus	α Car	●	−0.7	S3
Capella	α Aur	●	0.1	N6
Castor	α Gem	●	1.6 ⁑	E7
Cebalrai	β Oph	•	2.8	E17
Ceginus	γ Boo	•	3.0	N14
Chaph	β Cas	●	2.3	N2
Cor Caroli	α CVn	•	2.8 ⁑	N12
Coxa	ϑ Leo	•	3.3	E11
Cursa	β Eri	•	2.8	E2
Deneb	α Cyg	●	1.3	N20
Deneb Algedi	δ Cap	•	2.8–3.1	E22
Deneb Kaitos	β Cet	●	2.0	E0
Denebola	β Leo	●	2.1	E11
Diadem	α Com	·	4.3	E13
Diphda	β Cet	●	2.0	E0
Dubhe	α UMa	●	1.8	N10
Edasich	ι Dra	•	3.3	N16
Electra	17 Tau	•	3.7	E3
Elmuthalleth	α Tri	•	3.4	N0
Elnath	β Tau	●	1.7	E3
Enif	ε Peg	•	2.4	E23
Errai	γ Cep	•	3.2	N22
Ettanin	γ Dra	●	2.2	N16
Fomalhaut	α PsA	●	1.2	E22
Gacrux	γ Cru	●	1.6 ⁑	S12
Gemma	α CrB	●	2.2	E15
Giauzar	λ Dra	•	3.8	N16
Gienah	γ Crv	•	2.6	E12
Gomeisa	β CMi	•	2.9	E9
Grumium	ξ Dra	•	3.7	N16
Hadar	β Cen	●	0.6	S15
Hamal	α Ari	●	2.0	E1
Homam	ζ Peg	•	3.4	E23
Izar	ε Boo	●	2.4 ⁑	E15

Sternname	Bezeichng.	Hell.	Karte
Kaus Australis	ε Sgr	● $1^{\mathrm{m}}.8$	E20
Kaus Borealis	λ Sgr	• 2.8	E20
Kaus Media	δ Sgr	• 2.7	E20
Kitalphar	α Equ	• 3.9	E23
Kochab	β UMi	● 2.1	NP
Lesath	υ Sco	• 2.7	S21
Maia	20 Tau	• 3.8	E3
Marfik	λ Oph	• 3.8 ⁑	E17
Markab	α Peg	● 2.5	E23
Matar	η Peg	• 2.9	E23
Mebsuta	ε Gem	• 3.1	E7
Megrez	δ UMa	• 3.3	N10
Mekbuda	ζ Gem	• 3.6–4.2 ⁑	E7
Menkalinan	β Aur	● 1.9	N6
Menkar	α Cet	• 2.5	E0
Menkib	ξ Per	• 4.0	N4
Merak	β UMa	● 2.3	N10
Merope	23 Tau	• 4.1	E3
Mesarthim	γ Ari	• 3.9 ⁑	E1
Miaplacidus	β Car	● 1.7	S9
Mimosa	β Cru	● 1.3	S12
Mintaka	δ Ori	• 2.2 ⁑	E5
Mira	ο Cet	· 3.4–9.2	E0
Mirach	β And	● 2.1	N0
Mirphak	α Per	● 1.8	N4
Mirzam	β CMa	● 2.0	E6
Mizar	ζ UMa	● 2.0 ⁑	N10
Muphrid	η Boo	• 2.7	E15
Nath	β Tau	● 1.7	E3
Nekkar	β Boo	• 3.5	N14
Nihal	β Lep	• 2.8	E4
Nunki	σ Sgr	● 2.0	E20
Nusakan	β CrB	• 3.7	E15
Peacock	α Pav	● 1.9	S24
Phact	α Col	• 2.6	E2
Phad	γ UMa	• 2.4	N10
Phegda	γ UMa	• 2.4	N10
Pherkad	γ UMi	• 3.0	NP
Phurud	ζ CMa	• 3.0 ⁑	E6
Pleione	28 Tau	· 4.9–5.2	E3
Polaris	α UMi	● 2.0	NP
Pollux	β Gem	● 1.1	E7
Porrima	γ Vir	• 2.7 ⁑	E12
Prokyon	α CMi	● 0.4	E9
Rasalgethi	α Her	• 2.6–3.4 ⁑	E19
Rasalhague	α Oph	• 2.1	E17
Rastaben	β Dra	• 2.8	N16
Regulus	α Leo	● $1^{\mathrm{m}}.4$ ⁑	E11
Rigel	β Ori	● 0.1 ⁑	E4
Rigil Kentaurus	α Cen	● −0.3 ⁑	S15
Ruchbah	δ Cas	• 2.7	N2
Ruticulus	β Her	• 2.8	E19
Sabik	η Oph	• 2.4	E17
Sadachbia	γ Aqr	• 3.9	E24
Sadalbari	μ Peg	• 3.5	E23
Sadalmelik	α Aqr	• 3.0	E24
Sadalsuud	β Aqr	• 2.9	E24
Sadr	γ Cyg	● 2.2	N20
Saiph	κ Ori	● 2.1	E4
Sargas	ϑ Sco	● 1.9	S21
Scheat	β Peg	• 2.4–2.6	E23
Schedir	α Cas	• 2.2	N2
Shaula	λ Sco	● 1.6	S21
Sheliak	β Lyr	• 3.3–4.2 ⁑	N18
Sheratan	β Ari	• 2.6	E1
Sirius	α CMa	● −1.5	E6
Sirrah	α And	• 2.1	N0
Spica	α Vir	● 1.0	E16
Suhail Al Muhlif	γ Vel	● 1.5–1.7 ⁑	S6
Suhail Al Wazn	λ Vel	• 2.2	S6
Sulaphat	γ Lyr	• 3.2	N18
Talitha	ι UMa	• 3.1	N8
Tania Australis	μ UMa	• 3.1	N10
Tania Borealis	λ UMa	• 3.5	N10
Tarazed	γ Aql	• 2.7	E21
Taygeta	19 Tau	• 4.3	E3
Tejat Posterior	μ Gem	• 2.9	E7
Tejat Prior	η Gem	• 3.2–3.4	E7
Thuban	α Dra	• 3.7	N16
Toliman	α Cen	● −0.3 ⁑	S15
Unukalhai	α Ser	• 2.6	E16
Vega	α Lyr	● 0.0	N18
Vindemiatrix	ε Vir	• 2.8	E16
Wasat	δ Gem	• 3.5	E7
Wega	α Lyr	● 0.0	N18
Wezen	δ CMa	● 1.8	E6
Yed Posterior	ε Oph	• 3.2	E17
Yed Prior	δ Oph	• 2.7	E17
Zaniah	η Vir	• 3.9	E12
Zaurak	γ Eri	• 3.0	E2
Zawijava	β Vir	• 3.6	E12
Zosma	δ Leo	• 2.6	E11
Zubenelgenubi	α Lib	• 2.6 ⁑	E16
Zubeneschemali	β Lib	• 2.6	E16

Sternbilder

Abk.	Sternbildname	Latein. Genitiv	Deutscher Name	Karte	Neb.	St.
And	Andromeda	Andromedae	Andromeda	N0 (N24)	6	16
Ant	Antlia	Antliae	Luftpumpe	E10	-	1
Aps	Apus	Apodis	Paradiesvogel	S24	-	4
Aqr	Aquarius	Aquarii	Wassermann	E24	5	19
Aql	Aquila	Aquilae	Adler	E21	-	15
Ara	Ara	Arae	Altar	S18	1	8
Ari	Aries	Arietis	Widder	E1	-	8
Aur	Auriga	Aurigae	Fuhrmann	N6	5	14
Boo	Bootes	Bootis	Bärenhüter	E15 (N14)	-	18
Cae	Caelum	Caeli	Grabstichel	S3	-	-
Cam	Camelopardalis	Camelopadalis	Giraffe	N2 (NP)	1	6
Cnc	Cancer	Cancri ⌈rum⌉	Krebs	E9	2	11
CVn	Canes Venatici	Canum Venatico-	Jagdhunde	N12	11	5
CMa	Canis Major	Canis Majoris	Großer Hund	E6	4	18
CMi	Canis Minor	Canis Minoris	Kleiner Hund	E9	-	3
Cap	Capricornus	Capricorni	Steinbock	E22	1	12
Car	Carina	Carinae	Schiffskiel	S9 (S3)	7	20
Cas	Cassiopeia	Cassiopeiae	Kassiopeia	N2	8	17
Cen	Centaurus	Centauri	Zentaur	S15 (S12)	4	26
Cep	Cepheus	Cephei	Kepheus	N22	3	13
Cet	Cetus	Ceti	Walfisch	E0	2	18
Cha	Chamaeleon	Chamaeleontis	Chamäleon	S9	-	4
Cir	Circinus	Circini	Zirkel	S15	-	4
Col	Columba	Columbae	Taube	E2 (S3)	1	6
Com	Coma Berenices	Comae Berenices	Haar der Berenike	E13	13	8
CrA	Corona Australis	Coronae Australis	Südliche Krone	S21	1	7
CrB	Corona Borealis	Coronae Borealis	Nördliche Krone	E15	-	10
Crv	Corvus	Corvi	Rabe	E12	1	5
Crt	Crater	Crateris	Becher	E12	-	4
Cru	Crux	Crucis	Kreuz des Südens	S12	2	7
Cyg	Cygnus	Cygni	Schwan	N20 (N18)	8	31
Del	Delphinus	Delphini	Delphin	E21	-	5
Dor	Dorado	Doradus	Schwertfisch	S3	2	3
Dra	Draco	Draconis	Drache	N16	4	21
Equ	Equuleus	Equulei	Füllen	E23	-	4
Eri	Eridanus	Eridani	Eridanus	E2 (S0)	2	27
For	Fornax	Fornacis	Chemischer Ofen	E2	3	3
Gem	Gemini	Geminorum	Zwillinge	E7	3	17
Gru	Grus	Gruis	Kranich	S24	-	8
Her	Hercules	Herculis	Herkules	N14 (E19)	3	23
Hor	Horologium	Horologii	Pendeluhr	S3 (S0)	-	2
Hya	Hydra	Hydrae	Wasserschlange	E10 (E12)	4	24
Hyi	Hydrus	Hydri	Kleine Wasser-	S0	-	3
Ind	Indus	Indi	Inder ⌊schlange⌋	S24	-	3
Lac	Lacerta	Lacertae	Eidechse	N24	2	7
Leo	Leo	Leonis	Löwe	E11	8	17
LMi	Leo Minor	Leonis Minoris	Kleiner Löwe	N8	-	2

Abk.	Sternbildname	Latein. Genitiv	Deutscher Name	Karte	Neb.	St.
Lep	Lepus	Leporis	Hase	E4	1	11
Lib	Libra	Librae	Waage	E16	-	8
Lup	Lupus	Lupi	Wolf	S18	2	15
Lyn	Lynx	Lyncis	Luchs	N8 (N6)	1	8
Lyr	Lyra	Lyrae	Leier	N18	2	8
Men	Mensa	Mensae	Tafelberg	S9	-	-
Mic	Microscopium	Microscopii	Mikroskop	E22	-	-
Mon	Monoceros	Monocerotis	Einhorn	E8 (E9)	7	9
Mus	Musca	Muscae	Fliege	S12	-	6
Nor	Norma	Normae	Winkelmaß	S18	2	2
Oct	Octans	Octantis	Oktant	S24	-	3
Oph	Ophiuchus	Ophiuchi	Schlangenträger	E17	11	21
Ori	Orion	Orionis	Orion	E5 (E4)	8	24
Pav	Pavo	Pavonis	Pfau	S24	1	8
Peg	Pegasus	Pegasi	Pegasus	E23	2	16
Per	Perseus	Persei	Perseus	N4	8	19
Phe	Phoenix	Phoenicis	Phönix	S0	-	7
Pic	Pictor	Pictoris	Maler	S3	-	4
Psc	Pisces	Piscium	Fische	E1 (E23)	1	19
PsA	Piscis Austrinus	Piscis Austrini	Südlicher Fisch	E22	-	6
Pup	Puppis	Puppis	Achterschiff	S6 (E6)	9	18
Pyx	Pyxis	Pyxidis	Schiffskompaß	E10	-	3
Ret	Reticulum	Reticuli	Netz	S3	-	4
Sge	Sagitta	Sagittae	Pfeil	E21	1	5
Sgr	Sagittarius	Sagittarii	Schütze	E20	18	16
Sco	Scorpius	Scorpii	Skorpion	E18 (S21)	7	22
Scl	Sculptor	Sculptoris	Bildhauer	E0	3	3
Sct	Scutum	Scuti	Schild	E19	3	3
Ser	Serpens (Caput)	Serpentis (Caputis)	Schlange (Kopf)	E16	1	8
	(Cauda)	(Caudae)	(Schwanz)	E19	2	4
Sex	Sextans	Sextantis	Sextant	E10	1	3
Tau	Taurus	Tauri	Stier	E3	4	24
Tel	Telescopium	Telescopii	Teleskop	S21	-	2
Tri	Triangulum	Trianguli	Dreieck	N0	1	6
TrA	Triangulum Australe	Trianguli Australis	Südliches Dreieck	S24	-	5
Tuc	Tucana	Tucanae	Tukan	S0 (S24)	3	3
UMa	Ursa Major	Ursae Majoris	Großer Bär	N10 (N8)	11	24
UMi	Ursa Minor	Ursae Minoris	Kleiner Bär	NP	-	8
Vel	Vela	Velorum	Segel	S6	4	16
Vir	Virgo	Virginis	Jungfrau	E16	17	13
Vol	Volans	Volantis	Fliegender Fisch	S3	-	6
Vul	Vulpecula	Vulpeculae	Füchschen	E21	2	3
88	88 (89)	88 (89)	88 (89)	48	250	900

Karte: Kartennummer für den wesentlichen Teil des Sternbildes.
Neb., St.: Anzahl der Nebel und Sterne im Katalog.

Glossar A–M

In Klammern ist jeweils die Seitenzahl der genaueren Beschreibung angegeben.

Abs., absolute Helligkeit (S. 16 und Abbildung S. 15): Die V-Helligkeit eines Sterns in 32.6 Lichtjahren (= 10 parsec) Entfernung. Für Veränderliche ist die absolute Helligkeit im Maximum verzeichnet, für Doppelsterne die des Gesamtlichts. Die absolute Helligkeit der Sonne beträgt $4^{\mathrm{M}}.8$.

Bild, Sternbild (S. 124–125): Die Himmelssphäre wurde 1930 von der Internationalen Astronomischen Union in 88 Sternbilder nach Koordinatengrenzen aufgeteilt, die in den Sternkarten getrichelt markiert sind.

B–V Farbindex (S. 14–15): Die Helligkeitsdifferenz zwischen blauem (B) und gelb-grünem (V) Licht. Sie zeigt die Farbe eines Sterns an. Bläuliche Sterne haben einen negativen Farbindex, gelbliche ein B–V von $1\text{–}2^{\mathrm{m}}$.

Dauer (S. 17): Bedeckungsdauer von bedeckungsveränderlichen Sternen. Das ist die Gesamtdauer des Lichtabfalls und Lichtanstiegs. Der Minimumszeitpunkt liegt zentral in dieser Dauer.

Dekl., Deklination (S. 7): Winkelabstand vom Himmelsäquator, positiv nach Norden gezählt. Äquinoktium: 2000.0.

Dist., Distanz (S. 16 und Abbildung S. 9): Der scheinbare Abstand zwischen zwei Komponenten eines Doppelsterns, gemessen in Bogensekunden.

⁑ **Doppelstern** (S. 16): Ein mit freiem Auge sichtbarer Stern, der sich im Fernrohr als zwei (oder mehr) Sterne entpuppt, die weniger als fünf Bogenminuten voneinander entfernt stehen. Stehen beide Komponenten nur optisch nahe beieinander, dann sind beide Entfernungen verzeichnet und die Distanz ist auf volle Bogensekunden gerundet. Der Katalog enthält 250 Doppelsterne mit Komponenten heller als $8^{\mathrm{m}}.0$.

Entf., Entfernung (Abbildung S. 6 und Tabelle S. 7): Entfernungen zu Sternen und Nebeln sind in Lichtjahren (Lj) oder Millionen Lichtjahren (M Lj) verzeichnet. Ein Lichtjahr ist die Strecke, die das Licht in einem Jahr zurücklegt. Das sind 9.46 Billionen Kilometer oder 2100 Mal die Entfernung Sonne–Neptun. Ein parsec entspricht 3.26 Lichtjahren.

Extrema (S. 17): Maximale und minimale je beobachtete Helligkeit eines Veränderlichen. Diese extremen Helligkeiten werden selten erreicht.

Form (Tabelle S. 18): Klassifikation von Nebeln gemäß ihres Anblicks im Teleskop.

Größe (Tabelle S. 12 und Abbildung S. 9): Scheinbarer Längsdurchmesser von Nebeln, angegeben in Bogenminuten.

Kl., Klasse (Tabellen S. 12 und 14): Ein in diesem Atlas verwendetes Sichtbarkeitskriterium für Nebel und Doppelsterne, eingeteilt nach sechs Instrumentenklassen. Objekte der Klasse ⚀ lassen sich nur im Teleskop als Nebel bzw. Doppelstern erkennen, Objekte der Klasse ⚅ auch mit freiem Auge. Offene Würfelaugen weisen auf geringe Flächenhelligkeit hin, also auf die Notwendigkeit sehr dunklen Himmels zur Beobachtung.

Max., Maximum, Min., Minimum (S. 17): Der Zeitpunkt maximaler und minimaler Helligkeit von Veränderlichen Sternen, angegeben in der fortlaufenden Tageszählung des Julianischen Datums (siehe S. 118–119). „Min. = Max. + 10" bedeutet, daß das Minimum 10 Tage nach dem Maximum eintritt.

Name (S. 11 und 122–123): Ein früher geläufiger Sternname in internationaler Schreibweise. Heutzutage bekannte Sternnamen sind fett gedruckt.

Nebel (S. 17–19 und 120–121): Ein ausgedehntes Objekt, bezeichnet mit einer Zahl (NGC-Nummer), mit einer IC-Nummer oder M-Nummer. Sternhaufen werden in diesem Atlas auch unter der Kategorie Nebel geführt. Beschreibungen für die 250 ausgewählten Nebel gelten für ein 12×50 mm Fernglas und ein 150 mm Teleskop bei guten Bedingungen.

Ort (S. 10): Lage in der Sternkarte, angedeutet in einem verkleinerten Rechteck. Für Hauptsternkarten ist die Lage durch einen Punkt markiert, für runde Ausschnittsvergrößerungen durch einen kleinen Kreis.

Per., Periode (S. 17): Periodendauer des Lichtwechsels von Veränderlichen Sternen, angegeben in Tagen (d).

Rekt., Rektaszension (S. 7): Länge eines Objekts an der Himmelssphäre, gemessen vom Frühlingspunkt (Widderpunkt) aus nach Osten in 0–24 Stunden ($1^h = 15^\circ$). Äquinoktium: 2000.0.

Stern (S. 11): Ein mit freiem Auge sichtbarer Stern, einschließlich seiner Komponenten innerhalb von fünf Bogenminuten Distanz. Bezeichnet werden die meisten Sterne mit einer Nummer nach Flamsteed und einem griechischen Buchstaben nach Bayer zusammen mit dem lateinischen Sternbildnamen im Genitiv. Der Katalog enthält 900 Sterne, darunter alle 556 Sterne bis zur Helligkeit $4\overset{m}{.}0$.

Sternkarten (S. 9): Hauptsternkarten enthalten alle 5700 Sterne bis zur Helligkeit $6\overset{m}{.}0$ im Maßstab 4°/cm. Runde Ausschnittsvergrößerungen enthalten 30 000 von den 200 000 Sternen bis zur Größe $9\overset{m}{.}0$ im Maßstab 1°/cm.

Te., Temperatur (S. 15): Sterntemperatur mittels eines Thermometersymbols dargestellt. Heiße Sterne sind bläulich: ↓, kühle gelblich: ↓. Doppelsterne mit verschiedenen Temperaturen zeigen eindrucksvolle Farbkontraste.

Typ (S. 17–19): Klassifikation der Nebel in PN: Planetarische Nebel, GN: Gas-Nebel oder Galaktische Nebel, OS: Offene Sternhaufen, KS: Kugelförmige Sternhaufen oder Kugel-Sternhaufen, und Glx: Galaxien.

Veränderlicher (Stern) (S. 16–17): Ein Stern, der seine Helligkeit ändert. Der Katalog enthält 80 Veränderliche mit einer Helligkeitsvariation von mindestens einer viertel Größenklasse und einer Maximalhelligkeit von mindestens etwa fünfter Größenklasse.

v-Helligk., v-Helligkeit (S. 13–14 und Abbildung S. 8): Visuelle Helligkeit, gemäß der spektralen Empfindlichkeit des nacht-adaptierten Auges beim indirekten Sehen. Sie wird in diesem Atlas für die Gesamthelligkeit (^{m}) und Flächenhelligkeit ($\frac{m}{\square'}$) von Nebeln verwendet. Die Flächenhelligkeit ist die mittlere Helligkeit pro Quadratbogenminute.

V-Helligk., V-Helligkeit (S. 13 und Abbildung S. 8): Helligkeit im UBV-System, entspricht der spektralen Empfindlichkeit des Auges beim direkten Sehen. Sie wird in diesem Atlas für Sterne verwendet. Für die meisten Objekte kann der Unterschied zwischen v-Helligkeit und V-Helligkeit vernachlässigt werden. Ein schwarzes Scheibchen vor jeder V-Helligkeitsangabe zeigt die Größe des Sternscheibchens in der Sternkarte.

∀ **Winkel** (S. 16): Die Richtung an der Himmelssphäre zwischen zwei Komponenten eines Doppelsterns. Sie ist graphisch gezeigt mit Norden oben.

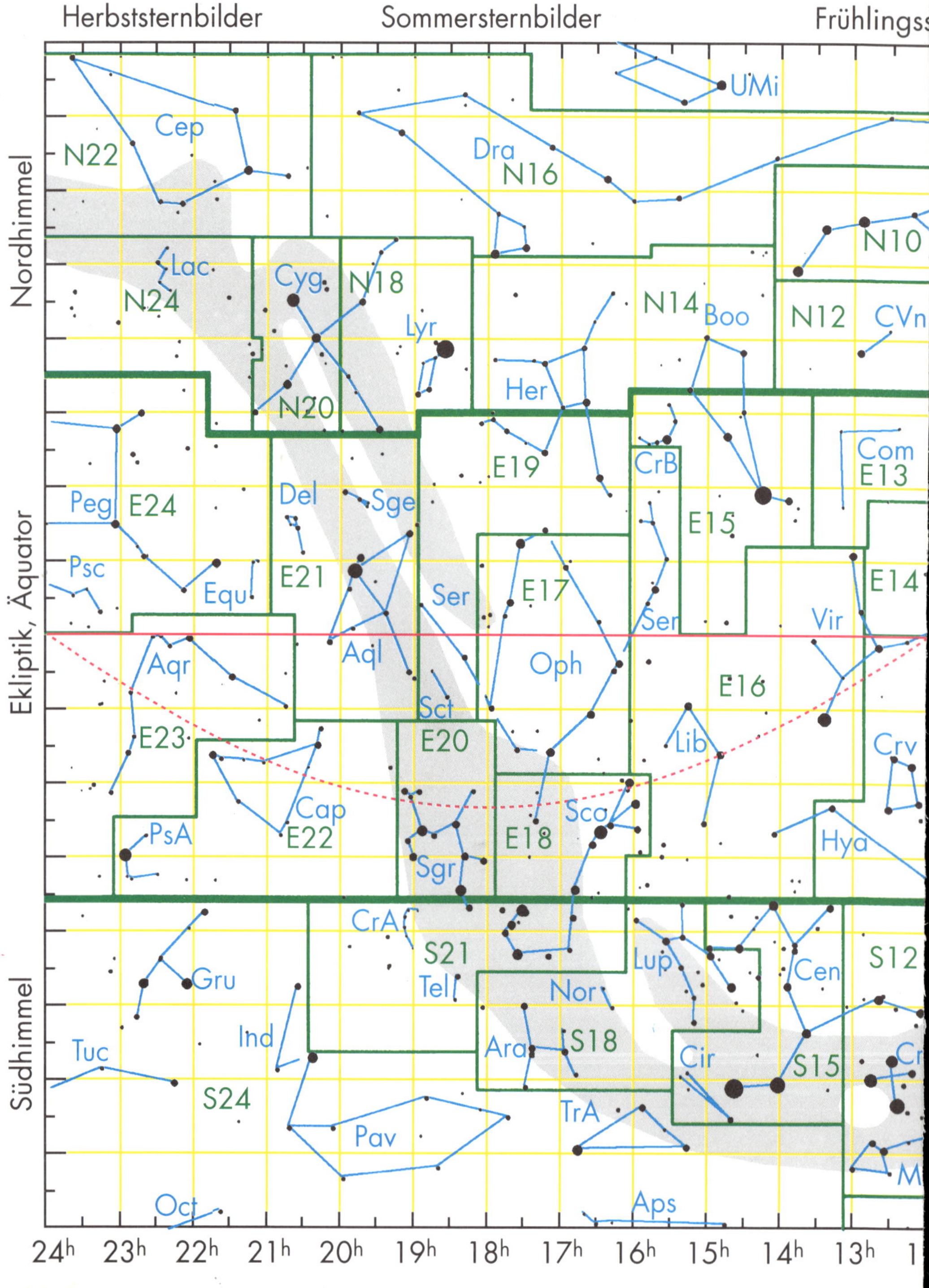

Übersichtskarte In grüner Farbe ist die Aufteilung des Himmels in die Sternkarten der Seiten 21-115 aufgezeigt